"十三五"国家重点出版物出版规划项目
卓越工程能力培养与工程教育专业认证系列规划教材
（电气工程及其自动化、自动化专业）

计算机网络教程

主　编　张剑飞
副主编　高　璐　于丽萍
参　编　高殿武　单振辉

机械工业出版社

本书在深入介绍计算机网络基本原理，以及在做到系统性好、概念准确、层次清晰、易于学习、语言简练的基础上，强调了以下三个方面：其一，在计算机网络技术的基本原理介绍上更侧重于目前广泛应用的主流技术与实用技术；其二，加强了适合计算机网络发展方向的、比较新的、比较成熟的网络技术方面的知识内容的介绍；其三，更注重学生实践应用能力的培养。

本书全面介绍了计算机网络概论、物理层、数据链路层、局域网、网络层、传输层、应用层、网络管理与网络安全、无线网络等内容。本书附录提供了相关的实验指导，便于教师指导学生进行实践教学。

本书可作为本科院校计算机、通信、电子信息类等专业的计算机网络课程教材，也可作为其他相关专业学生、教师、网络技术人员自学的参考书。

图书在版编目（CIP）数据

计算机网络教程/张剑飞主编. —北京：机械工业出版社，2020.8
"十三五"国家重点出版物出版规划项目　卓越工程能力培养与工程教育专业认证系列规划教材. 电气工程及其自动化、自动化专业
ISBN 978-7-111-65771-2

Ⅰ.①计…　Ⅱ.①张…　Ⅲ.①计算机网络-高等学校-教材
Ⅳ.①TP393

中国版本图书馆 CIP 数据核字（2020）第 094186 号

机械工业出版社（北京市百万庄大街 22 号　邮政编码 100037）
策划编辑：路乙达　责任编辑：路乙达　张翠翠
责任校对：肖　琳　封面设计：鞠　杨
责任印制：常天培
北京虎彩文化传播有限公司印刷
2020 年 8 月第 1 版第 1 次印刷
184mm×260mm · 16.75 印张 · 409 千字
标准书号：ISBN 978-7-111-65771-2
定价：45.00 元

电话服务	网络服务
客服电话：010-88361066	机　工　官　网：www.cmpbook.com
010-88379833	机　工　官　博：weibo.com/cmp1952
010-68326294	金　书　网：www.golden-book.com
封底无防伪标均为盗版	机工教育服务网：www.cmpedu.com

"十三五"国家重点出版物出版规划项目
卓越工程能力培养与工程教育专业认证系列规划教材
（电气工程及其自动化、自动化专业）
编审委员会

序

工程教育在我国高等教育中占有重要地位，高素质工程科技人才是支撑产业转型升级、实施国家重大发展战略的重要保障。当前，世界范围内新一轮科技革命和产业变革加速进行，以新技术、新业态、新产业、新模式为特点的新经济蓬勃发展，迫切需要培养、造就一大批多样化、创新型卓越工程科技人才。目前，我国高等工程教育规模世界第一。我国工科本科在校生约占我国本科在校生总数的1/3，近年来我国每年工科本科毕业生约占世界总数的1/3以上。如何保证和提高高等工程教育质量，如何适应国家战略需求和企业需要，一直受到教育界、工程界和社会各方面的关注。多年以来，我国一直致力于提高高等教育的质量，组织并实施了多项重大工程，包括卓越工程师教育培养计划（以下简称卓越计划）、工程教育专业认证和新工科建设等。

卓越计划的主要任务是探索建立高校与行业企业联合培养人才的新机制，创新工程教育人才培养模式，建设高水平工程教育教师队伍，扩大工程教育的对外开放。计划实施以来，各相关部门建立了协同育人机制。卓越计划要求试点专业要大力改革课程体系和教学形式，依据卓越计划培养标准，遵循工程的集成与创新特征，以强化工程实践能力、工程设计能力与工程创新能力为核心，重构课程体系和教学内容；加强跨专业、跨学科的复合型人才培养；着力推动基于问题的学习、基于项目的学习、基于案例的学习等多种研究性学习方法，加强学生创新能力训练，"真刀真枪"做毕业设计。卓越计划实施以来，培养了一批获得行业认可、具备很好的国际视野和创新能力、适应经济社会发展需要的各类型高质量人才，教育培养模式改革创新取得突破，教师队伍建设初见成效，为卓越计划的后续实施和最终目标的达成奠定了坚实基础。各高校以卓越计划为突破口，逐渐形成各具特色的人才培养模式。

2016年6月2日，我国正式成为工程教育"华盛顿协议"第18个成员国，标志着我国工程教育真正融入世界工程教育，人才培养质量开始与其他成员国达到了实质等效，同时，也为以后我国参加国际工程师认证奠定了基础，为我国工程师走向世界创造了条件。专业认证把以学生为中心、以产出为导向和持续改进作为三大基本理念，与传统的内容驱动、重视投入的教育形成了鲜明对比，是一种教育范式的革新。通过专业认证，把先进的教育理念引入了我国工程教育，有力地推动了我国工程教育专业教学改革，逐步引导我国高等工程教育实现从课程导向向产出导向转变、从以教师为中心向以学生为中心转变、从质量监控向持续改进转变。

在实施卓越计划和开展工程教育专业认证的过程中，许多高校的电气工程及其自动化、自动化专业结合自身的办学特色，引入先进的教育理念，在专业建设、人才培养模式、教学内容、教学方法、课程建设等方面积极开展教学改革，取得了较好的效果，建设了一大批优质课程。为了将这些优秀的教学改革经验和教学内容推广给广大高校，中国工程教育专业认证协会电子信息与电气工程类专业认证分委员会、教育部高等学校电气类专业教学指导委员会、教育部高等学校自动化类专业教学指导委员会、中国机械工业教育协会自动化学科教学委员会、中国机械工业教育协会电气工程及其自动化学科教学委员会联合组织规划了"卓越工程能力培养与工程教育专业认证系列规划教材（电气工程及其自动化、自动化专业）"。本套教材通过国家新闻出版广电总局的评审，入选了"十三五"国家重点图书。本套教材密切联系行业和市场需求，以学生工程能力培养为主线，以教育培养优秀工程师为目标，突出学生工程理念、工程思维和工程能力的培养。本套教材在广泛吸纳相关学校在"卓越工程师教育培养计划"实施和工程教育专业认证过程中的经验和成果的基础上，针对目前同类教材存在的内容滞后、与工程脱节等问题，紧密结合工程应用和行业企业需求，突出实际工程案例，强化学生工程能力的教育培养，积极进行教材内容、结构、体系和展现形式的改革。

经过全体教材编审委员会委员和编者的努力，本套教材陆续跟读者见面了。由于时间紧迫，各校相关专业教学改革推进的程度不同，本套教材还存在许多问题。希望各位老师对本套教材多提宝贵意见，以使教材内容不断完善提高。也希望通过本套教材在高校的推广使用，促进我国高等工程教育教学质量的提高，为实现高等教育的内涵式发展贡献一份力量。

卓越工程能力培养与工程教育专业认证系列规划教材
（电气工程及其自动化、自动化专业）
编审委员会

前言

计算机网络是当今计算机科学与技术学科中发展非常迅速的技术之一，同时，网络相关产业的发展也极为迅速，并成为计算机、通信、电子信息等专业大学生未来从业的方向。因此，如何让学生更好地掌握计算机网络的基本理论、目前 Internet 的应用技术、支持 Internet 发展的网络技术，以及如何更好地培养学生的网络实践应用能力，是至关重要的。

本书共 9 章。第 1 章计算机网络概论，主要介绍了计算机网络的一些基本概念、发展与体系结构等；第 2 章物理层，介绍了物理层的基本服务功能、基本概念，并对数据通信的基本概念、传输介质、数据编码与传输方式、多路复用技术、同步数字体系与接入技术的基本概念等进行了讨论；第 3 章数据链路层，介绍了数据链路层的差错控制、基本概念和主要功能，并详细介绍了滑动窗口协议、HDLC 协议和 PPP；第 4 章局域网，介绍了局域网的基本概念、体系结构、交换式局域网、虚拟局域网及相应的组网方法等；第 5 章网络层，介绍了网络层的相关协议、网络互联、路由选择协议及路由器工作原理等；第 6 章传输层，介绍了传输层基本功能以及传输层协议 TCP 与 UDP 等；第 7 章应用层，介绍了域名解析系统（DNS）、远程登录服务与 TELNET 协议、电子邮件服务与 SMTP、文件传输协议（FTP）、DHCP，以及相关的 TCP/IP 测试命令等；第 8 章网络管理与网络安全，介绍了网络管理、网络安全的相关概念，并对加密及认证技术、防火墙技术、入侵检测等技术进行了介绍；第 9 章无线网络，介绍了无线局域网的基本概念及协议，无线个人区域网及无线城域网。本书附录为实验部分，介绍了与理论课程匹配的实验指导内容。

本书第 1~2 章由黑龙江科技大学的张剑飞编写，第 3~5 章由哈尔滨信息学院的高璐编写，第 6~8 章由绥化学院的于丽萍编写，第 9 章由黑龙江科技大学的高殿武编写，附录部分由黑龙江科技大学的张剑飞与哈尔滨信息学院的单振辉共同编写。

由于计算机网络技术发展迅速，再加上编者水平有限，书中不足之处在所难免，恳请广大读者批评指正。

编　者

目录

第1章

计算机网络概论

本章对计算机网络的定义与分类、组成、体系结构等方面进行了讨论，帮助读者对计算机网络与 Internet 技术建立一个全面的认识。

本章教学要求

了解：计算机网络定义与发展。

掌握：计算机网络分类。

掌握：计算机网络体系结构。

掌握：数据交换方式、数据报与虚电路的特点。

计算机网络是计算机技术与通信技术高度发展且密切结合的产物。随着计算机网络技术的飞速发展，特别是因特网（Internet）的飞速发展与全球普及，计算机网络已遍及全球政治、经济、军事、科技、生活等人类活动的一切领域，对社会发展、经济结构以及人们的日常生活方式产生着深刻的影响。

1.1 计算机网络的定义和发展

1.1.1 计算机网络的定义

在计算机网络发展过程的不同阶段，人们对计算机网络提出了不同的定义。联系日常使用的计算机网络，从现在计算机网络的特点看，可以认为资源共享的观点能比较准确地描述计算机网络的基本特征，如图 1-1 所示。

资源共享观点将计算机网络定义为"以能够相互共享资源的方式互联起来的自治计算机系统的集合"。这一定义可以从以下 4 个方面来理解。

1）计算机网络建立的主要目的是实现资源共享。

资源共享包括硬件资源共享和软件资源共享。网络用户不但可以使用本地计算机资源，而且可以通过网络访问联网的远程计算机资源，还可以调用网络中几台不同的计算机共同完成某项任务。要实现这一目的，网络中需配备功能完善的网络软件，包括网络通信协议（如 TCP/IP、IPX/SPX 等）和网络操作系统（如 Netware、Windows 2000 Server、Linux 等）。

2）互联的计算机是分布在不同地理位置的多台独立的"自治计算机"。

互联的计算机之间可以没有明确的主从关系。每台计算机既可以联网工作，也可以脱网

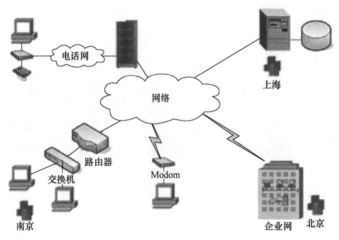

图 1-1　计算机网络示意图

独立工作。联网计算机可以为本地用户提供服务，也可以为远程网络用户提供服务。通常，将独立的"自治计算机"称为主机（Host），在网络中也称为结点（Node）。网络中的结点不仅仅是计算机，还可以是其他通信设备，如交换机、路由器等。

3）网络中各结点之间的连接需要有一条通道，即由传输介质实现物理互联。

物理通道可以是双绞线、同轴电缆或光纤等"有线"传输介质，也可以是激光、微波或卫星等"无线"传输介质。

4）联网计算机之间的通信必须遵守共同的网络协议。

计算机网络是由多个互连的结点组成的。结点之间要做到有条不紊地交换数据，每个结点都必须遵守一些事先约定好的通信规则，例如，Internet 上使用的通信协议是 TCP/IP。

1.1.2　计算机网络的发展

任何一种新技术的出现都必须具备两个条件，一是强烈的社会需求，二是前期技术的成熟。计算机网络技术的形成与发展也遵循这样一个技术发展轨迹。纵观计算机网络的形成与发展历史，大致可以将它划分为 4 个阶段（各阶段之间无明确分界，且部分重叠）。

1. 第一阶段：计算机网络技术与理论准备阶段

第一阶段（始于 20 世纪 50 年代）的特点与标志性成果主要表现在：

1）数据通信技术日趋成熟，为计算机网络的形成奠定了技术基础。

2）分组交换概念的提出为计算机网络的研究奠定了理论基础。

2. 第二阶段：计算机网络的组成

第二阶段（始于 20 世纪 60 年代）出现了 ARPANET 与分组交换技术。ARPANET 是计算机网络技术发展中的一个里程碑，它的研究对网络技术的发展和理论体系的形成起到了重要的推动作用，并为 Internet 的形成奠定了坚实的基础。这个阶段出现了标志性的成果。

1）ARPANET 的成功运行证明了分组交换理论的正确性。

2）TCP/IP 的广泛应用为更大规模的网络互联奠定了坚实的基础。

3）E-mail、FTP、TELNET、BBS 等应用展现出网络技术广阔的应用前景。

3. 第三阶段：网络体系结构的研究

在第三阶段（始于 20 世纪 70 年代），国际上的各种广域网、局域网与公用分组交换网技术发展迅速，各个计算机生产商纷纷发展自己的计算机网络，提出了各自的网络协议标准。网络体系结构与协议的标准化研究，对更大规模的网络互联起到了重要的推动作用。

国际标准化组织 ISO 在推动"开发系统互联（OSI）参考模型"与网络协议标准化研究方面做了大量工作，同时它也面临着 TCP/IP 的严峻挑战。这个阶段研究成果的重要性主要表现在：

1）OSI 参考模型的研究对网络理论体系的形成与发展，以及在网络协议标准化研究方面起到了重要的推动作用。

2）TCP/IP 经受了市场和用户的检验，吸引了大量的投资，推动了 Internet 应用的发展，成为业界标准。

4. 第四阶段：Internet 应用、无线网络与网络安全技术研究的发展

第四阶段（始于 20 世纪 90 年代）的特点是出现向互联、高速方向发展的计算机网络。这个阶段的特点主要表现在：

1）Internet 作为全球性的国际网与大型信息系统，在当今政治、经济、文化、科研、教育与社会生活等方面发挥了越来越重要的作用。

2）Internet 大规模接入推动了接入技术的发展，促进了计算机网络、电信通信网与有线电视网的"三网融合"。

3）无线个人区域网、无线局域网与无线城域网技术日趋成熟，并已进入应用阶段。无线自组网、无线传感器网络的研究与应用受到了高度重视。

4）在 Internet 应用中，数据采集与录入从人工方式逐步扩展到自动方式，通过射频标签 RFID、各种类型的传感器与传感器网络，以及光学视频感知与摄录设备，能够方便、自动地采集各种物品与环境信息，拓宽了人与人、人与物、物与物之间更为广泛的信息交互，促进了物联网技术的形成与发展。

5）随着网络应用的快速增长，社会对网络安全问题的重视程度也越来越高。

1.2　计算机网络分类

随着计算机网络的不断发展，出现了多种形式的计算机网络，因此也就有许多不同的分类方法。分类的标准不同，类别也不一样。下面介绍几种不同的分类。

1.2.1　按网络的覆盖范围进行分类

计算机网络按照其覆盖的地理范围进行分类，可以很好地反映不同类型网络的技术特征。由于网络覆盖的地理范围不同，它们所采用的传输技术也就不同，因而形成了不同的网络技术特点与网络服务功能。

按覆盖的地理范围划分，计算机网络可以分为 3 类：局域网（Local Area Network，LAN）、城域网（Metropolitan Area Network，MAN）和广域网（Wide Area Network，WAN）。

1. 局域网

局域网用于将有限范围内（如一个实验室、一幢大楼、一个校园）的各种计算机、终端与外部设备互联成网。局域网技术发展非常迅速，并且应用日益广泛，是计算机网络中最为活跃的领域之一。

计算机网络教程

从局域网应用的角度看，局域网的技术特点主要表现在以下几个方面：

1）局域网覆盖有限的地理范围，它适用于机关、校园、工厂等有限范围内的计算机、终端与各类信息处理设备联网的需求。

2）局域网提供高数据传输速率（10Mbit/s～10Gbit/s）、低误码率（一般在 10^{-8}～10^{-11} 之间）的高质量数据传输环境。

3）局域网一般由一个单位所有，易于建立、维护与扩展。

4）从介质访问控制方法的角度，局域网可分为共享介质式局域网与交换式局域网两类。

局域网包括个人计算机局域网、大型计算设备群的后端网络与存储区域网络、高速办公室网络、企业与学校的主干局域网等。

2. 城域网

城市地区的网络常简称为城域网。城域网是介于广域网与局域网之间的一种高速网络。城域网设计的目标是要满足几十千米范围内的大量企业、机关、公司的多个局域网互联的需求，以实现大量用户之间的数据、语音、图形与视频等多种信息的传输。从技术上看，很多城域网采用的是以太网技术，由于城域网与局域网使用相同的体系结构，一般并入局域网进行讨论。

3. 广域网

广域网也称为远程网。它所覆盖的地理范围从几十千米到几千千米。广域网覆盖一个国家、地区，或横跨几个洲，形成国际性的远程网络。广域网的通信子网主要使用分组交换技术。广域网的通信子网可以利用公用分组交换网、卫星通信网和无线分组交换网，将分布在不同地区的计算机系统互联起来，达到资源共享的目的。

4. 个人区域网

随着笔记本计算机、智能手机、PDA 与信息家电的广泛应用，人们逐渐提出自身附近 10m 范围内的个人操作空间（Personal Operating Space，POS）移动数字终端设备联网的需求。由于个人区域网络（Personal Area Network，PAN）主要用无线通信技术实现联网设备之间的通信，因此就出现了无线个人区域网络（WPAN）的概念。目前，无线个人区域网主要使用 802.15.4 标准、蓝牙与 ZigBee 标准。

IEEE 802.15 工作组致力于无线个人区域网的标准化工作，它的任务组 TG4 制定 IEEE 802.15.4 标准，主要考虑低速无线个人区域网络（Low Rate WPAN，LR WPAN）应用问题。2003 年，IEEE 批准低速无线个人区域网 LR WPAN 标准——IEEE 802.15.4，为近距离范围内不同移动办公设备之间低速互联提供统一标准。物联网应用的发展更凸显出个人区域网络技术与标准研究的重要性。

（1）无线个人区域网络技术研究的现状

无线个人区域网络的技术、标准与应用是当前网络技术研究的热点之一。尽管 IEEE 希望将 802.15.4 推荐为近距离范围内移动办公设备之间的低速互联标准，但是业界已经存在着两个有影响力的无线个人区域网络技术，即蓝牙技术与 ZigBee 技术。

（2）蓝牙技术特点

1997 年，当电信业与便携设备制造商用蓝牙技术这种无线通信方法替代近距离有线通信时，并没有意识到会引起整个业界和媒体如此强烈的反响。蓝牙（Bluetooth）技术制定了实现近距离无线语音和数据通信的规范。

蓝牙技术具有以下几个重要特点。

1）开放的规范。

为了促进人们广泛接受这项技术，蓝牙特别兴趣小组（SIG）成了促进人们广泛接受这项技术的无线通信规范。

2）近距离无线通信。

在计算机外部设备与通信设备中，有很多近距离连接的缆线，如打印机、扫描仪、键盘、鼠标投影仪与计算机的连接线。这些缆线与连接器在解决10m以内的近距离通信时会给用户带来很多麻烦。蓝牙技术的设计初衷有两个：一是解决10m以内的近距离通信问题；二是低消耗，以适用于使用电池的小型便携式个人设备。

3）语音和数据传输。

iPhone、iPad的出现使得计算机与智能手机、PDA之间的界线越来越不明显了。业界预测：未来各种与Internet相关的移动终端设备数量将超过个人计算机的数量。蓝牙技术希望成为各种移动终端设备、嵌入式系统与计算机之间近距离通信的标准。

4）在世界任何地方都能进行通信。

世界上很多地方的无线通信是受到限制的。无线通信频段与传输功率的使用需要有许可证。蓝牙无线通信选用的频段属于工业、科学与医药专用频段，是不需要申请许可证的。因此具有蓝牙功能的设备，不管在任何地方都可以方便的使用。

（3）ZigBee技术特点

ZigBee的基础是IEEE 802.15.4标准，早期的名字是HomeRF或FreFly。它是一种面向自动控制的近距离、低功耗、低速率、低成本的无线网络技术。ZigBee联盟成立于2001年8月。2002年，摩托罗拉公司、飞利浦公司、三菱公司等宣布加入ZigBee联盟，研究下一代无线网络通信标准，并命名为ZigBee。

ZigBee联盟在2005年公布了第一个ZigBee规范——ZigBee Specification V.10，它的物理层与MAC层采用了IEEE 802.15.4标准。ZigBee适应于数据采集与控制结点多、数据传输量不大、覆盖面广、造价低的应用领域。基于ZigBee的无线传感器网络已在家庭网络、安全监控，特别是在家庭自动化医疗保健与控制中展现出广阔的应用前景，引起产业界的高度关注。

1.2.2 按网络传输技术进行分类

网络所采用的传输技术决定了网络的主要技术特点，因此根据网络所采用的传输技术对网络进行分类是一种很重要的方法。

在通信技术中，通信信道的类型有两类：广播通信信道与点对点通信信道。在广播通信信道中，多个结点共享一个通信信道，一个结点广播信息，其他结点必须接收信息。而在点对点通信信道中，一条通信线路只能连接一对结点，如果两个结点之间没有直接连接的线路，那么只能通过中间结点转接。

显然，网络要通过通信信道完成数据传输任务，网络所采用的传输技术也只可能有两类：广播方式与点对点方式。因此，相应的计算机网络也可以分为两类：广播式网络与点对点式网络。

1．广播式网络

在广播式网络中，所有联网计算机都共享一个公共通信信道。当一台计算机利用共享通信信道发送报文分组时，其他的计算机都会"收听"到这个分组。由于发送的分组中带有目的地址与源地址，接收到该分组的计算机将检查目的地址是否与本结点地址相同。如果被接收报文分组的目的地址与本结点的地址相同，则接收该分组，否则丢弃该分组。显然，在广播式网络中，发送的报文分组的目的地址可以有3类：单一结点地址、多结点地址与广播地址。

2．点对点式网络

与广播式网络相反，在点对点式网络中，每条物理线路连接两台计算机。假如两台计算机之间没有直接连接的线路，那么它们之间的分组传输就要通过中间结点的接收、存储与转发，直至目的结点。由于连接多台计算机之间的线路结构可能是复杂的，因此，从源结点到目的结点可能存在多条路由（即路径）。决定分组从通信子网的源结点到达目的结点的路由需要有路由选择算法。采用分组存储转发与路由选择机制是点对点式网络和广播式网络的重要区别之一。

1.2.3　按网络的使用者进行分类

1．公用网

公用网（Public Network）简称公网，是指国家的电信公司（国有或私有）出资建造的大型网络。"公用"的意思就是所有愿意按电信公司的规定交纳费用的人都可以使用，因此公用网也称为公众网。

2．专用网

专用网（Private Network）简称专网，是某个部门为单位的特殊业务工作的需要而建造的网络。这种网络不向本单位以外的人提供服务。例如，军队、铁路、电力、银行、证券等系统均有本系统的专用网。

公用网和专用网都可以传送多种业务。如果传送的是计算机数据，则可使用公用计算机网和专用计算机网。

1.2.4　按网络的管理方式进行分类

1．对等网络

对等网络是最简单的网络，网络中不需要专门的服务器，接入网络的每台计算机没有工作站和服务器之分，都是平等的，既可以使用其他计算机上的资源，也可以为其他计算机提供共享资源。该网络比较适合部门内部协同工作的小型网络，适合小于10台的网络连接，自行管理。对等网络组建简单，不需要专门的服务器，各用户分散管理自己机器的资源，因而网络维护容易，但较难实现数据的集中管理与监控，整个系统的安全性也较低。

2．客户机/服务器（Client/Server，C/S）网络

在客户机/服务器网络中，有一台或多台高性能的计算机专门为其他计算机提供服务，这类计算机称为服务器。而其他与之相连的用户计算机通过向服务器发出请求可获得相关服务，这类计算机称为客户机。C/S形式是一种由客户机向服务器发出请求并获得服务的网络形式，而服务器专门提供客户端所需的资源，这些服务器会根据其提供的服务配备相应的硬件设备。在C/S中可能有一台或数台服务器。例如，提供文件资源的服务器可能配备容量

较大、访问速度快的硬盘等。一般实现某种服务时，服务器端的安装软件和客户端的安装软件不同。

C/S 方式是最常用、最重要的一种网络类型，不仅适合同类计算机联网，也适合不同类型的计算机联网。它的优点是适用于较大网络，便于网络管理员管理；缺点是服务器操作与应用较复杂。银行、证券公司等都采用这种类型的网络，因特网上的服务也大都基于这种类型。

随着 Internet 技术的发展与应用，出现了一种对 C/S 结构的改进结构，即浏览器/服务器（Browser/Server，B/S）结构。B/S 中，客户机上可安装浏览器（Browser），如 Netscape Navigator 或 Internet Explorer，服务器安装 Oracle、Sybase、Informix 或 SQL Server 等数据库。浏览器通过 Web 服务器与数据库进行数据交互。

B/S 最大的优点就是可以在任何地方进行操作，而在客户端不用安装任何专门的软件。只要有一台能上网的计算机就可以使用，客户端零维护。系统的扩展非常容易，只要能上网，再由系统管理员分配一个用户名和密码，就可以使用了。

1.2.5 按网络的拓扑结构进行分类

所谓"拓扑"，就是把所研究的实体抽象成与其大小、形状无关的"点"，而把实体之间的联系抽象成"线"，进而以"图"的形式来表示和研究这些"点"与"线"之间关系的一种数学方法。这种表示"点"与"线"之间关系的"图"称为"拓扑结构"。

在计算机网络中，为了便于对计算机网络的结构进行研究和设计，人们借用拓扑学的概念，通常把计算机、终端、通信处理机等设备抽象为"点"，把连接这些设备的通信线路抽象为"线"，并将这些"点"和"线"构成的拓扑图称为计算机网络拓扑结构。其中，计算机及通信设备是拓扑结构中的结点，两个结点间的连线称为链路。但在实际应用中，网络的拓扑结构往往指网络的物理结构或逻辑结构。

计算机网络拓扑结构反映了计算机网络中各设备结点之间的内在结构关系，对计算机网络的性能、网络的可靠性与通信费用都有很大的影响。所以，构建网络时要慎重考虑选择哪种网络拓扑结构。

常见的计算机网络拓扑结构有总线型、星形、环形、树形和网状形，如图 1-2 所示。其中星形、总线型、环形是 3 种基本的拓扑结构。实际网络往往是多种拓扑结构的组合。

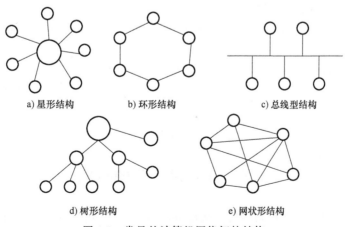

a) 星形结构　　　b) 环形结构　　　c) 总线型结构

d) 树形结构　　　e) 网状形结构

图 1-2　常见的计算机网络拓扑结构

1. 星形结构

星形结构是局域网中最常用的物理拓扑结构，它是一种集中控制式的结构，如图 1-2a 所示。星形结构以一台设备为中央结点，其他外围结点都通过一条点到点的链路单独与中央结点相连，各外围结点之间的通信必须通过中央结点进行。中央结点可以是服务器或专门的网络设备（如集线器（HUB）、交换机），负责信息的接收和转发。

这种拓扑结构的优点是：结构简单，容易实现，在网络中增加新的结点也很方便，易于维护、管理及实现网络监控，某个结点与中央结点的链路故障不影响其他结点的正常工作。缺点是：对中央结点的要求较高。如果中央结点发生故障，就会造成整个网络的瘫痪。

2. 环形结构

环形结构如图 1-2b 所示，各结点通过链路连接，在网络中形成一个首尾相接的闭合环路，信息在环中单向流动，通信线路共享。

这种拓扑结构的优点是：结构简单，容易实现，信息的传输延迟时间固定，且每个结点的通信机会相同。缺点是：网络建成后，增加新的结点较困难；链路故障对网络的影响较大，只要有一个结点或一处链路发生故障，就会造成整个网络的瘫痪。

3. 总线型结构

总线型结构如图 1-2c 所示，网络中的所有结点均连接到一条称为总线的公共线路上，即所有的结点共享同一条数据通道，结点间通过广播进行通信。

这种拓扑结构的优点是：连接形式简单，易于实现，组网灵活方便，所用的线缆最短，增加和撤销结点比较灵活（不如星形结构），个别结点发生故障不影响网络中其他结点的正常工作。缺点是：传输能力低，易发生"瓶颈"现象；安全性低，链路故障对网络的影响大，总线的故障会导致网络瘫痪；结点数量的增多也影响网络性能。

4. 树形结构

树形结构可以看作星形结构的扩展，是一种分层结构，具有根结点和各分支结点，如图 1-2d 所示。除了叶结点之外，所有根结点和子结点都具有转发功能，其结构比星形结构复杂，数据在传输的过程中需要经过多条链路，延迟较大，适用于分级管理和控制的网络系统，是一种广域网或规模较大的快速以太网常用的拓扑结构。

5. 网状形结构

网状形结构由分布在不同地点、各自独立的结点经链路连接而成。每一个结点至少有一条链路与其他结点相连，每两个结点间的通信链路可能不止一条，需进行路由选择，如图 1-2e 所示。

其优点是：可靠性高，灵活性好，结点的独立处理能力强，信息传输容量大。缺点是：结构复杂，管理难度大，投资费用高。网状形结构是一种广域网常用的拓扑结构，互联网大多也采用这种结构。

和其拓扑结构相对应，计算机网络可分为总线网、星形网、环网、树形网和网状网等。

1.3   计算机网络的组成

计算机网络由网络硬件和网络软件两部分组成。而从逻辑功能上，典型的计算机网络又可分为资源子网和通信子网两部分。

1.3.1 网络硬件和网络软件

网络硬件包括计算机系统、传输介质和网络设备等，网络软件包括网络操作系统、网络协议和通信软件、网络管理及网络应用软件。

1. 计算机系统

计算机系统包括网络服务器和工作站，是网络的主要资源。服务器的配置一般都比较高，运行速度快，功能比较强，可以是微机、小型机甚至中型机。它主要为整个网络服务，而且是不间断服务，必须长时间运行。工作站就是供网络用户使用网络的本地计算机，其配置与服务器相比一般低一些，通常为一台普通微机。用户通过操作工作站，利用网络访问网络服务器上的资源。

2. 传输介质

传输介质是指计算机网络中用来连接各个计算机和网络设备的物理介质。常用的有两类：有线传输介质和无线传输介质。有线传输介质包括同轴电缆、双绞线和光纤。无线传输介质包括无线电波、微波、红外线和激光。

3. 网络设备

网络设备是指在计算机网络中起连接和转换作用的一些部件，如调制解调器、网卡、集线器、中继器、交换机、路由器、网关等。

4. 网络操作系统

网络操作系统是最主要的网络系统软件，用于实现系统资源共享，管理用户的应用程序对不同资源的访问，如 Windows 2000/2003 Server、UNIX、NetWare 等。

5. 网络协议和通信软件

通过网络协议和通信软件可实现网络通信，如 TCP/IP、IPX/SPX 协议及协议软件等。

6. 网络管理及网络应用软件

网络管理软件是用来对网络资源进行监控管理、对网络进行维护的软件，如简单网络管理协议（SNMP）、Sniffer Pro、OpenView、NetView 等。网络应用软件是为用户提供网络应用服务的软件，如网络售票系统等。

1.3.2 资源子网和通信子网

计算机网络要完成数据处理与数据通信两大基本功能。它在逻辑结构上必然分成两个部分：负责数据处理的主计算机与终端；负责数据通信的通信控制处理机（Communication Control Processor，CCP）与通信线路。

资源子网由主计算机系统、终端、终端控制器、联网外设、各种软件资源与信息资源组成。资源子网负责全网的数据处理业务，向网络用户提供各种网络资源与网络服务。

通信子网由通信控制处理机、通信线路与其他通信设备组成，完成网络数据传输、转发等通信处理任务。

1. 主计算机系统

主计算机系统简称为主机（Host），它可以是大型机、中型机、小型机、工作站或微机。

主机是资源子网的主要组成单元，它通过高速通信线路与通信子网的通信控制处理机相连接，普通用户终端通过主机联入网内。主机要为本地用户访问网络中的其他主机设备与资源提供服务，同时要为网络中的远程用户共享本地资源提供服务。

随着微型机的广泛应用，联入计算机网络的微型机数量日益增多，它可以作为主机的一种类型，直接通过通信控制处理机联入网内，也可以通过联网的大、中、小型计算机系统间接联入网内。

2. 终端

终端（Terminal）是用户访问网络的界面。终端可以是简单的输入/输出终端，也可以是带有微处理机的智能终端。智能终端除具有输入/输出信息的功能外，本身具有存储与处理信息的能力。终端可以通过主机联入网内，也可以通过终端控制器、报文分组组装与拆卸装置或通信控制处理机联入网内。

3. 通信控制处理机

通信控制处理机在网络拓扑结构中被称为网络结点。一方面，它作为与资源子网的主机、终端的连接接口，将主机和终端联入网内；另一方面，它又作为通信子网中的分组存储转发结点，完成分组的接收、校验、存储、转发等功能，实现将源主机报文准确发送到目的主机的作用。

早期的 ARPANET 中，承担通信控制处理机功能的设备是接口报文处理机（Interface Message Processor，IMP）。

4. 通信线路

通信线路为通信控制处理机与通信控制处理机之间、通信控制处理机与主机之间提供通信信道。计算机网络采用了多种通信线路，如双绞线、同轴电缆、光导纤维线缆（简称光缆）、无线通信信道、微波与卫星通信信道等。

需要指出的是，广域网可以明确地划分出资源子网与通信子网，而局域网由于采用的工作原理与结构的限制，不能明确地划分出资源子网与通信子网。

随着微型计算机和局域网的广泛应用，使用大型机与中型机的主机——终端系统的用户减少，目前的网络结构已经发生变化。其常见结构为大量的微型计算机通过局域网联入广域网，而局域网与广域网、广域网与广域网的互联是通过路由器实现的。

图 1-3 给出了目前常见的计算机网络结构示意图。

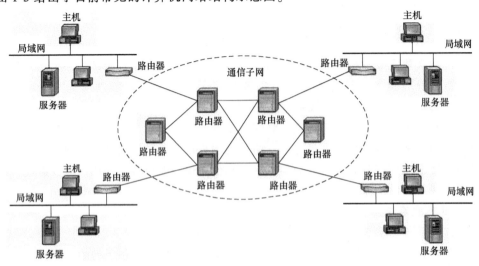

图 1-3 计算机网络的结构示意图

1.4　计算机网络体系结构

在计算机网络的基本概念中，分层次的体系结构是最基本的。计算机网络体系结构涉及的抽象概念较多，并且很重要，是后面学习的基础。

1.4.1　协议与层次

1. 网络协议的概念

一个计算机网络通常由多个互联的结点组成，而结点之间需要不断地交换数据与控制信息。要做到有条不紊地交换数据，每个结点都要遵守一些事先约定好的规则。这些为网络数据交换而制定的规则、约定与标准被称为网络协议（Protocol）。一台网络设备只有在遵守网络协议的前提下，才能在网络上与其他设备进行正常的通信。网络协议是网络上所有设备（如网络服务器、计算机、交换机、路由器和防火墙等）之间通信规则的集合，它定义了通信时信息必须采用的格式和这些格式的意义，包括传送信息采用哪种数据交换方式、采用什么样的数据格式来表示数据信息和控制信息、采用哪种差错控制方式、采用哪种同步方式等。

网络协议主要由以下 3 个要素组成。

1）语法：是用户数据与控制信息的结构与格式。

2）语义：是需要发出的何种控制信息，以及要完成的动作与应做出的响应。

3）时序：是对事件实现顺序的说明，解决何时进行通信的问题。

"语法"规定通信双方"如何讲"，"语义"规定通信双方准备"讲什么"，"时序"规定通信双方的"应答关系"。网络协议是计算机网络不可缺少的组成部分，它是计算机网络中的"交通规则"。

2. 协议的组织与分层

ARPANET 的研究经验表明，对于非常复杂的计算机网络协议，其组织结构应该是层次化的（即分层的），否则网络协议的设计会由于过于复杂而无法实现。为了更好地理解这一点，下面给出邮政系统进行信件传递的层次模型的例子。

假设处于 A 地的用户 A 要给处于 B 地的用户 B 发送信件，要完成这一信件传递工作，需要涉及用户、邮局和运输部门 3 个层面上的工作。在每个层面上开展工作时均应遵守该层面上的工作规则（约定），各部门（层面）之间也有联系工作的规则（约定）。

1）用户层面。用户 A 写好信的内容与信封，将信装到信封里，投入邮局设定的邮筒。写信时，内容要使对方能看懂，格式要符合习惯。信封上的格式也有严格的规定。也就是说，用户要遵守"用户之间的约定"。

2）邮局层面。邮局要定时从邮筒中将信取出来，进行分拣和整理，加盖邮戳，然后装入邮包，交付给 A 地的运输部门，并要求运输部门在规定的时间内安全送到指定的地点，而不必过问其如何去运送。邮局要遵守"邮局之间的约定"。

3）运输层面。运输部门应遵守交通规则，负责将邮包在规定时间内从 A 地安全运送到 B 地，并不关心邮包的内容。可以采用航空、公路、铁路、水路等多种运输形式。所以，运输部门要遵守"运输部门之间的约定"。

B 地的运输部门收到邮包后交给 B 地的邮局，B 地的邮局将信件从邮包中取出并投入用户信箱中，从而用户 B 收到来自 A 的信件。

这里，用户与邮局之间也有约定，即规定信封写法，并且要贴邮票。邮局与运输部门之间也有约定，如到站时间、地点、包裹形式等。图 1-4 给出了邮政系统的分层模型。

网络通信比邮政系统传递邮件要复杂得多，但这种层次化的思想是一致的。实际上，这种层次化思想在其他学科及社会生活中可以举出很多，计算机网络协议正是按照这种层次化思想来组织的。计算机网络中，结点间的通信就是按照层次结构模型进行的。

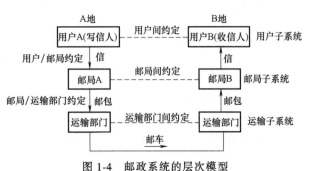

图 1-4　邮政系统的层次模型

结合上述例子可以更好地理解网络分层带来的很多好处。主要如下：

1）各层之间是独立的。某一层并不需要知道它的下一层是如何实现的，而仅仅需要知道该层通过层间的接口（即界面）所提供的服务即可。由于每一层只实现一种相对独立的功能，因而可将一个难以处理的复杂问题分解为若干个较容易处理的更小一些的问题。这样，整个问题的复杂程度就下降了。

2）灵活性好。当任何一层发生变化时（例如由于技术的变化），只要层间接口关系保持不变，则该层以上或以下的各层均不受影响。此外，对某一层提供的服务还可进行修改。当某层提供的服务不再需要时，甚至可以将这层取消。

3）结构上可分割开。各层都可以采用最合适的技术来实现。

4）易于实现和维护。这种结构使得实现和调试一个庞大而复杂的系统易于处理，因为整个系统已被分解为若干个相对独立的子系统。

5）能促进标准化工作。这是因为每一层的功能及其所提供的服务都已有了精确的说明。

分层时应注意使每一层的功能非常明确。若层数太少，就会使每一层的协议太复杂，但层数太多又会在描述和综合各层功能时遇到较多的困难。通常，网络各层所要完成的功能主要如下（可以只包括一种，也可以包括多种）。

1）差错控制：检测或纠正数据在传输过程中的差错，使得和网络对等端的相应层次的通信更加可靠。

2）流量控制：控制发送端的发送速率，使其不要太快，要使接收端来得及接收。

3）分段和重装：发送端将要发送的数据块划分为适当的大小，在接收端将其还原。

4）复用和分用：发送端的几个高层会话复用一条低层的连接，在接收端再进行分用。

5）连接建立和释放：交换数据前先建立一条逻辑连接，数据传输结束后释放连接。

6）寻址：发送端的分组通过寻址传送到目的端。

分层当然也有一些缺点，例如，有些功能会在不同的层次中重复出现，因而产生了额外开销。

3. 网络体系结构的概念

网络体系结构（Network Architecture）是网络层次模型和各层协议的集合，它是计算机网络及其构件所应完成的功能的精确定义。需要注意的是，这些功能究竟是用何种硬件或软件完成的，则是一个遵循这种体系结构的实现（Implementation）问题。体系结构只对各层功能进行定义，不讨论功能的具体实现问题。所以，体系结构是抽象的，而实现是具体的，是真正在运行的计算机硬件和软件。

4. 层次模型

计算机网络层次模型如图 1-5 所示，结合邮政系统的层次模型，能够更好地理解网络层次模型中的一些概念。

1）实体：在每一层中，任何可以发送或接收信息的硬件或软件进程都称为实体。实体在许多情况下是一个特定的软件模块。不同结点上的位于同一层次、完成相同功能的实体被称为对等实体。

2）服务：在网络分层模型中，每一层为相邻的上一层所提供的功能称为服务。

3）协议：协议是控制两个对等实体（或多个实体）进行通信的规

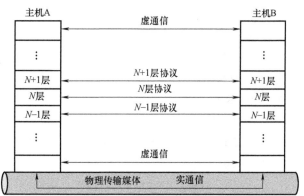

图 1-5　计算机网络层次模型

则的集合。在协议的控制下，两个对等实体间的通信使得本层能够向上一层提供服务。要实现本层协议，还需要使用下面一层所提供的服务。

4）接口：在同一系统中，相邻两层的实体交换信息的地方称为接口或服务访问点（Service Access Point，SAP）。

一定要弄清楚，协议和服务在概念上有很大差别。

服务是各工作层向上层提供的一组操作。并非在一个层内完成的全部功能都称为服务，只有那些能够被高一层实体"看得见"的功能才能称为服务。服务定义了两层之间的接口，上层是服务对象，下层是服务提供者，即服务是垂直的。

与之相比，协议是定义同层对等实体之间交换的帧、包（分组）和报文的格式及意义的一组规则，即协议是水平的。在协议的控制下，两个对等实体间的通信使得本层能够向上一层提供服务。要实现本层协议，还需要使用下面一层所提供的服务。

实体利用协议来实现它们的服务定义。只要不改变提供给用户的服务，实体可以任意地改变它们的协议。这样，服务和协议就被完全分离开了。

计算机网络层次模型中，任何相邻两层之间的关系如图 1-6 所示。

第 N 层的两个"N 层实体"之间通过"N 层协议"进行通信，而第 $N+1$ 层的两个"$N+1$ 层实体"之间则通过另外的"$N+1$ 层协议"进行通信（每一层都使用不同的协议）。第 N 层向上面的第 $N+1$ 层所提供的服务实际上已包括了在它以

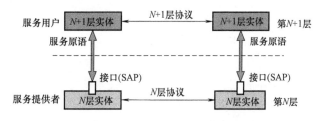

图 1-6　相邻两层之间的关系

下的各层所提供的服务。第 N 层的实体对第 $N+1$ 层的实体就相当于一个服务提供者。服务提供者的上一层的实体又称为"服务用户",因为它使用下层服务提供者所提供的服务。第 $N+1$ 层实体向第 N 层实体请求服务时,服务用户与服务提供者之间要进行交互,交互的信息称为服务原语。

再回到图1-5,可以说,主机 A 和主机 B 通过网络进行的通信是在物理传输媒体(也叫传输介质)上的实通信基础上,通过对等层(Peer Layers)之间的虚通信来完成的(对等通信)。

1.4.2 OSI 与 TCP/IP 模型

OSI/RM 是国际标准,而 TCP/IP 与体系结构已经成为业内公认的标准。这在前面计算机网络发展的第三阶段中已有所介绍。

1. OSI 模型

开放系统互联参考模型 OSI/RM(简称 OSI 模型)是个 7 层模型,如图1-7所示,分别是物理层、数据链路层、网络层、传输层、会话层、表示层和应用层,每层各自完成相应的功能。

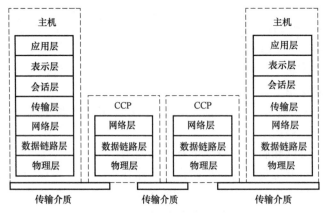

图1-7　OSI 模型的结构

"开放"是指非独家垄断,只要遵循 OSI 标准,一个系统就可以和位于世界上任何地方的也遵循这一标准的其他任何系统进行通信。但 OSI 的这一理想并没实现,只获得了一些理论研究的成果,在市场化方面 OSI 失败了。现今规模最大的、覆盖全世界的因特网并未使用 OSI 标准。OSI 失败的原因可归纳为:

1) OSI 标准完成时缺乏商业驱动力。

2) OSI 的协议实现起来过分复杂,运行效率很低。

3) OSI 标准的制定周期太长,使得按 OSI 标准生产的设备无法及时进入市场。

4) OSI 的层次划分不太合理,有些功能在多个层次中重复出现。

OSI 模型最重要的贡献是将服务、接口、协议 3 个概念区分清楚,理论也较完整,虽然既复杂又不实用,但对计算机网络技术朝标准化、规范化方向发展有指导意义。

2. TCP/IP 与 5 层模型

与 OSI 模型层次结构(图1-8a)不同,TCP/IP 模型常用 4 层表示,包括网络接口层、网络层、传输层和应用层。从实质上讲，TCP/IP 只定义了上 3 层，网络接口层未定义，如图 1-8b 所示。

TCP/IP 主要有以下几个特点：

1）开放的协议标准，可以免费使用，并且独立于特定的计算机硬件与操作系统。

2）独立于特定的网络硬件，可以运行在局域网、广域网，更适用于互联网中。

3）统一的网络地址分配方案，使得整个 TCP/IP 设备在网络中具有唯一的地址。

4）标准化的高层协议，可以提供可靠的用户服务。

5）在服务、接口与协议的区别上不很清楚，TCP/IP 模型不适合其他非 TCP/IP 协议族。

6）网络接口层本身并不是实际的一层，这使得 TCP/IP 可以兼容各种物理网络。同时，也是使 TCP/IP 模型不能成为完整体系结构的致命弱点。

7）物理层与数据链路层的划分是必要和合理的，而 TCP/IP 模型却没有做到这点。

从目前的计算机网络技术来看，所采用的是一种 5 层的协议结构，即网络层、传输层和应用层采用 TCP/IP 协议栈，而数据链路层和物理层协议标准由不同的组织或厂商制定。研究者称之为 5 层模型，如图 1-8c 所示。

3. 5 层模型各层的主要功能

下面自上而下简要地介绍 5 层模型各层的主要功能。

（1）应用层（Application Layer）

应用层是体系结构中最高的一层。应用层直接为用户的应用进程提供服务。这里的进程就是指正在运行的程序。应用层包括了所有的高层协议，并且总是不断有新的协议加入。目前，常用应用层协议主要有以下几种：

a) OSI模型   b) TCP/IP模型   c) 5层模型

图 1-8 计算机网络体系结构比较

1）远程终端协议（Telnet）。

2）文件传送协议（File Transfer Protocol，FTP）。

3）简单邮件传送协议（Simple Mail Transfer Protocol，SMTP）。

4）域名系统（Domain Name System，DNS）。

5）简单网络管理协议（Simple Network Management Protocol，SNMP）。

6）超文本传送协议（Hyper Text Transfer Protocol，HTTP）。

（2）传输层（Transport Layer）

传输层负责应用进程之间的端到端通信。传输层的主要目的是在源主机与目的主机的对等实体间建立用于会话的端到端连接。它的任务就是向两个主机中进程之间的通信提供服务。由于一个主机可同时运行多个进程，因此传输层有复用和分用的功能。复用就是多个应用层进程可同时使用下面传输层的服务，分用则是传输层把收到的信息分别交付给上面应用层中的相应的进程。

传输层主要使用以下两种协议。

1）传输控制协议（Transmission Control Protocol，TCP）。TCP 是一种可靠的面向连接的协议，它允许将一台主机的字节流（Byte Stream）无差错地传送到目的主机。TCP 将应用层的字节流分成多个报文段（Segment），然后将一个个的报文段传送到网络层，发送到目的主机。当网络层将接收到的报文段传送给传输层时，传输层再将多个报文段还原成字节流传送到应用层。TCP 同时要完成流量控制功能，协调收发双方的发送与接收速度，达到正确传输的目的。

2）用户数据报协议（User Datagram Protocol，UDP）。UDP 是一种不可靠的无连接协议，数据传输的单位是用户数据报。它主要用于不要求分组顺序到达的传输中，分组传输顺序的检查与排序由应用层完成。它也被广泛地应用于只有一次的客户机/服务器模式的请求/应答查询，以及快速递交比准确递交更重要的应用程序，如传输语音或图像。

（3）网络层（Network Layer）

网络层负责为分组交换网上的不同主机提供通信服务，即将源主机的报文分组发送到目的主机。源主机与目的主机可以在一个网上，也可以在不同的网上。

网络层的主要功能包括以下几点。

1）处理来自传输层的报文段或用户数据报发送请求。在收到报文段或用户数据报发送请求之后，报文段或用户数据报被封装成分组或包，选择发送路径，然后将分组发送到相应的网络输出线。

在 TCP/IP 体系中，由于网络层使用 IP，因此分组也叫 IP 数据报（这里针对 IPv4 而言），或简称为数据报，本书把"分组"和"数据报"作为同义词使用。还有，不要将传输层的"用户数据报"和网络层的"IP 数据报"弄混。还有一点也应注意：无论在哪一层传送的数据单元，习惯上都可笼统地用"分组"来表示。在阅读国外文献时，特别要注意packet（分组或包）往往是作为任何一层传送的数据单元的同义词。

2）处理接收的数据报。在接收到其他主机发送的数据报之后检查目的地址，如果需要转发，则选择发送路径转发出去；如果目的地址为本结点 IP 地址，则除去报头，将报文段或用户数据报交送传输层处理。

3）处理互联的路由选择、流量控制与拥塞问题。网络层的主要任务之一就是要选择合适的路由，使携带源主机传输层数据的分组能够通过网络中的路由器找到目的主机。对于由广播信道构成的分组交换网，路由选择的问题很简单，因此这种网络的网络层非常简单，甚至可以没有。

TCP/IP 模型中的网络层协议是 IP（Internet Protocol），因此网络层也称为网络互联层、网际层或 IP 层。IP 是一种提供不可靠、无连接型的数据报传送服务的协议，它提供的是一种"尽力而为（best-effort）"的服务。

（4）数据链路层（Data Link Layer）

数据链路层将物理层提供的可能出错的物理连接改造成逻辑上无差错的数据链路，向网络层提供透明的、可靠的数据传送服务。

这里，链路（Link）是从一个结点到相邻结点的一段物理线路，中间没有任何其他交换结点。在进行数据通信时，两台主机之间的通路往往是由许多链路串接而成的，一条链路只是一条通路的组成部分，因此，链路又称为物理链路。而当需要在一条链路上传送数据时，除了必须具有一条物理线路之外，还必须有一些规程或协议来控制这些数据传输，以保证传输数据的正确性。将实现这些规程和协议的硬件和软件加到物理线路上，就构成了数据链路（Data Link）。

在两个相邻结点之间传送数据时，数据链路层将网络层交下来的 IP 数据报组装成帧。在两个相邻结点间的链路上"透明"地传送帧中的数据。

数据链路层必须具有以下主要功能。

1）链路管理：为相邻结点之间的可靠数据传输提供必要的数据链路的建立、维护和释放机制。

2）帧的封装：在数据链路层，传输的协议数据单元叫帧（Frame）。数据是一帧一帧地传送的，这样做的好处是当传输出现差错时可以只重传出错的帧，不需要重传全部数据。结点在发送数据时，将网络层传下来的分组添加头部和尾部等控制信息后封装成帧发送到链路上。结点在接收过程中，数据链路层把物理层传上来的帧剥去帧的头部和尾部后的数据（分组）取出来，上交网络层。

3）帧的同步：指接收方能够从收到的比特流中准确地分出一帧的开始和结束。

4）差错控制：接收方通过对差错编码的检查，可以判断一帧在传输过程中是否出现差错。

5）流量控制：为了防止接收端因缓存空间不足而造成数据丢失，发送方发送数据的速率必须能使接收方来得及接收。当接收方来不及接收时，就必须及时控制发送方发送数据的速率。

6）透明传输：不管所传输的数据是什么样的比特组合，都应能够在链路上传输。当所传数据中的比特组合恰巧出现了与某一个控制信息完全一样的组合时，必须有可靠的措施，使接收方不会将这种比特组合的数据误认为是某种控制信息。

7）物理寻址：提供有效的物理编址与寻址功能，在多点连接的情况下，既要保证每一帧都能正确送到目的站，又要使接收方知道是哪个站发送的。

（5）物理层（Physical Layer）

物理层的主要功能是利用传输介质为通信的网络结点之间建立、管理和释放物理连接，实现比特流的透明传输，为数据链路层提供数据传输服务。物理层的数据传输单元是比特（bit）。

物理层涉及通信在信道上传输的原始比特流。设计上必须保证一方发出二进制"1"时，另一方收到的也是"1"，而不是"0"。这里的典型问题是用多少伏特电压表示"1"，用多少伏特电压表示"0"；一个比特持续多少微秒；传输是否在两个方向上同时进行；最初的物理连接在建立和完成通信后如何终止；网络接插件有多少针以及各针的用途。这里设计的主要是处理接口的 4 个基本功能特性，即机械的、电气的、功能的和规程的接口，以及物理层下的物理传输介质问题。

在 5 层的体系结构中，IP 是所有协议的核心，各层协议间的关系如图 1-9 所示。

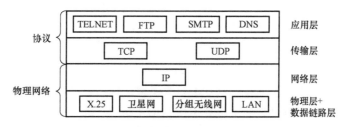

图 1-9 TCP/IP 体系结构中的各层协议间的关系

1.4.3 具有 5 层的体系结构数据的传输

计算机网络中，发送端的源主机 A 和目的主机 B 之间通信的 5 层体系结构如图 1-10 所示（以中间经过两个路由器为例），源主机 A 和目的主机 B 之间的数据传输过程如图 1-11 所示。

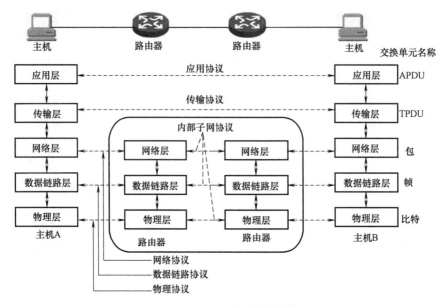

图 1-10 具有 5 层的体系结构

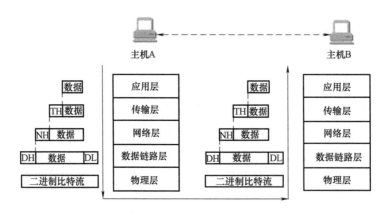

图 1-11 数据在各层之间的传递过程

5 层体系结构同样采用对等通信的模式，其数据的传输过程可以总结为源主机封装，再通过物理层的实通信到达目的主机，并在目的主机进行解封装（也叫拆装）的过程。下面结合图 1-10 详细说明，其中 PDU（Protocol Data Unit）是对等层之间传送的数据单位，称为该层的协议数据单元。这个名词来源于 OSI 参考模型，现已被许多非 OSI 标准采用。

发送端的源主机 A 应用户要求发送数据给目的主机 B。源主机的应用进程根据应用服务的要求产生数据并把它交给应用层；应用层加上头成为应用层协议数据单元（APDU），把结果交给传输层，传输层加上头（即 TH）形成传输层协议数据单元（TPDU），再把结果交给网络层；网络层把 TPDU 再加上头（即 NH）形成网络层的包，再把结果交给数据链路层；数据链路层给包加上帧头（DH）和帧尾（DL），形成数据链路层帧，交给物理层形成二进制比特流。这个过程就是封装。

在接收端，目的主机接收到对方传来的二进制比特流，把它交付给数据链路层；数据链路层读完帧头与帧尾并进行相应处理后，丢弃帧头、帧尾，把剩余数据（即"包"）上交至网络层；网络层解开包头并进行相应处理后，丢掉包头，把剩余数据（即 TPDU）继续上交给上一层传输层；传输层解释头后把头信息丢弃，变成 APDU，继续上交至应用层。这个过程就是解封装。

整个过程看起来虽然复杂，但对用户来说这个复杂的过程被屏蔽掉了，这些数据的传递就好像直接从对方获得，因此相同的两个层被叫作"对等层"，各层协议实际上就是在各个对等层之间传递数据时的各项规定。

1.5 标准化组织

计算机网络中的标准可以分为两大类：事实标准以及法定标准。

事实标准是指那些已经发生了，但是并未被相关行业标准化组织认可，却被广泛应用的标准。例如，Internet 所使用的 TCP/IP 就是事实标准。相反，法定标准是指由某个权威的标准化组织采纳的、正式的、合法的标准。例如，OSI/RM 就是 ISO（国际标准化组织）提出的。

国际性的标准化权威组织通常可以分成两类：国家政府之间通过条约建立起来的标准化组织，以及自愿的、非条约的组织。在计算机网络标准领域中有各种类型的组织，下面只简单介绍几个最有影响的组织。

1.5.1 电信界最有影响的组织

1. 国际电信联盟（International Telecommunication Union，ITU）

ITU 的工作是标准化国际电信，早期的时候是标准化电报。当电话开始提供国际服务时，ITU 又接管了电话标准化的工作。

ITU 有 3 个主要部门：

1）无线通信部门（ITU-R）。

2）电信标准化部门（ITU-T）。

3）开发部门（ITU-D）。

ITU-T 的任务是制定电话、电报和数据通信接口的技术建议。它们都逐渐成为国际承认的标准，如 V 系列建议和 X 系列建议。V 系列建议针对电话通信，这些建议定义了调制解调器如何产生和解释模拟信号；X 系列建议针对网络接口和公用网络，比如，X.25 建议定义了分组交换网络的接口标准；X.400 建议针对电子邮件系统。

1953—1993 年，ITU-T 曾被称为 CCITT（国际电报电话咨询委员会）。

2. 电子工业协会（Electronic Industries Association，EIA）

EIA 的成员包括电子公司和电信设备制造商。EIA 主要定义设备间的电气连接和数据的物理传输。如 RS-232（或称 EIA-232）标准，它已成为大多数 PC 与调制解调器或打印机等设备通信的规范。

1.5.2 国际标准界最有影响的组织

1. 国际标准化组织（International Standards Organization，ISO）

国际标准是由国际标准化组织（ISO）制定的，它是在 1946 年成立的一个自愿的、非条约的组织。ISO 为大量科目制定标准，从螺钉、螺帽到计算机网络的 7 层模型。ISO 采纳标准的程序基本上是相同的。最开始是某个国家标准化组织觉得在某领域需要有一个国际标准，随后就成立一个工作组来提出委员会草案（Committee Draft，CD），此委员会草案被成员实体中的多数赞同后，就制定一个修订的文档，称为国际标准草案（Draft International Standard，DIS）。此文本最后获得核准和出版。

2. 美国国家标准协会（American National Standards Institute，ANSI）

美国在 ISO 中的代表是美国国家标准协会（ANSI），尽管它有这样一个名字，但实际上它是一个私有的、非政府的、非营利性的组织。它的成员有制造商、公共承运商和其他感兴趣的团体。ANSI 标准常常被 ISO 采纳为国际标准。ANSI 标准广泛应用于各个领域，典型应用有美国标准信息交换码（ASCII）和光纤分布式数据接口（FDDI）等。

3. 电气和电子工程师协会（Institute of Electrical and Electronics Engineers，IEEE）

IEEE 是世界上最大的专业组织，建会于 1963 年，由从事电气工程、电子和计算机等有关领域的专业人员组成，是世界上最大的专业技术团体。除了每年出版大量的杂志和召开很多会议外，IEEE 下设许多专业委员会，其定义或开发的标准在工业界有极大的影响力和作用力。如 IEEE 802 系列，就是关于局域网的标准。

1.6 计算机网络的性能特性

网络可以不规范地分为低速（Low Speed）或高速（High Speed）。不过这种定义并不恰当，因为网络技术发展非常迅速，以至于被称为高速的网络短短三四年就会淘汰为中速或低速。因此，科学家或工程师等专业人员不用不规范的定性用语，而是用定量指标来衡量。由于定量指标可以比较任何两个网络，因此还是很重要的。

计算机网络的性能一般用几个重要的性能指标来衡量。但除了这些性能指标外，一些非性能特征也对计算机网络的性能有很大的影响，如网络的价格、网络的质量、是否遵循通用的国际标准、可靠性、可扩展性和可升级性、是否易于管理和维护等。本节只讨论几个重要的性能指标。

1.6.1 速率与带宽

1. 速率

计算机发送出的信号都是数字形式的。比特（bit）是计算机中数据量的单位，因此一个比特就是二进制数字中的一个 1 或 0。网络技术中的速率指的是连接在计算机网络上的主机在数字信道上传送数据的速率，它也称为数据率（Data Rate）或比特率（Bit Rate）。速率是计算机网络中最重要的一个性能指标。速率的单位是 bit/s（比特每秒）。表示速率的单位还有 kbit/s、Mbit/s、Gbit/s、Tbit/s。

2. 带宽

"带宽"（Band Width）有以下两种不同的意义：

1）带宽本来是指某个信号具有的频带宽度。信号的带宽是指该信号所包含的各种不同频率成分所占据的频率范围。例如，在传统的通信线路上传送的电话信号的标准带宽是 3.1kHz（从 300Hz～3.4kHz，即语音的主要成分的频率范围）。这种意义的带宽的单位是赫、千赫、兆赫、吉赫等。

2）在计算机网络中，带宽用来表示网络的通信线路所能传送数据的能力，因此网络带宽表示在单位时间内从网络中的某一点到另一点所能通过的"最高数据率"。这种意义的带宽的单位是 bit/s。在这种单位的前面也可以加上千（k）、兆（M）、吉（G）或太（T）这样的倍数。

1.6.2 延迟与吞吐量

1. 延迟

延迟（Delay 或 Latency）是指数据（一个报文或分组，甚至比特）从网络（或链路）的一端传送到另一端所需的时间。延迟是个很重要的性能指标，它也称为时延或迟延。虽然用户只关心网络的总延迟，但工程师仍需做出精确的测量。工程师通常指明最大延迟和平均延迟，并把延迟分为几个部分。

主机或路由器等发送数据帧时需要一定的时间，称为发送延迟（Transmission Delay），也就是从发送数据帧的第一个比特算起，到该帧的最后一个比特发送完毕所需的时间。对于一定的网络，发送延迟并非固定不变的，而与发送的帧长（单位是比特）成正比，与信道带宽成反比。

网络中的一些延迟是由于信号通过电缆或光纤传送时需要时间引起的，这部分延迟称为传播延迟（Propagation Delay），通常与所传播的距离成正比。例如，使用地球轨道卫星的网络在洲际间中转数据时，即使是光速，一位数据从地球到卫星再从卫星传回地球也要超过一百毫秒。

网络中的电子设备（如集线器、网桥或包交换机）引入了另一种延迟，即交换延迟（Switching Delay）。电子设备在发送包之前一般要等包的所有位都到达，还要花点时间来选择转发的输出端口等。使用高速 CPU 及专用的硬件可使交换延迟不那么明显。

还有一种延迟发生在包交换广域网中或互联网中。作为存储转发过程的一部分，每个交换机或路由器将传来的包排成队列。如果队列中已有包，则新到的包需等候，直到交换机或路由器发送完先到的包。这种延迟称为排队延迟（Queuing Delay）。排队延迟的长短往往取决于网络当时的通信量。当网络的通信量很大时会发生队列溢出，使分组丢失，这相当于排队延迟为无穷大。

在共享式局域网中，由于使用共享介质，计算机只有在通信介质空闲的时候才能进行通信。例如，以太网使用 CSMA/CD（带冲突检测的载波侦听多路访问）。这种延迟通常并不长，称为访问延迟（Access Delay）。

2. 吞吐量

吞吐量（Throughput）是数据通过网络传输的速率，它通常以位每秒（bit/s）来表示。

计算机网络教程

大多数网络吞吐量是几个兆位每秒（Mbit/s）。

由于吞吐量可用几种方法进行测量，因而要明确地指出测量了什么。例如，硬件的吞吐容量称为带宽。实际上，带宽这一术语有时作为吞吐量的同义词。但是，程序员和用户并不关心硬件容量（他们关心的是网络传输数据的速率）。尤其在大多数技术中，每帧都有一个头部，这意味着有效吞吐量（Effective Throughput，即计算机传递数据的速率）比硬件带宽低。但是硬件带宽常用来近似表示网络的吞吐量，因为带宽规定了吞吐量的上限（用户传输数据的速率不可能比硬件带宽快）。

当考虑网络的度量时，应该清楚，网络延迟用秒计量，表示一位数据在网络中传送所需的时间。而网络吞吐量用位/秒来计量，表示单位时间有多少位的数据可进入网络。吞吐量是网络容量的度量。

3. 延迟与吞吐量的关系

理论上，延迟与吞吐量是独立的，但实际上它们是相关的。可以用公路来帮助理解这一点。如果多辆汽车分别等时间间隔驶进公路，则同速的汽车在路上是等间距的。如果某辆汽车速度变慢，它后面的汽车也会随之变慢，暂时引起交通阻塞。在阻塞的公路上行驶的汽车要比在没有阻塞的公路上行驶时延迟大。网络情况与此相似。如果包交换机有一个等待队列，当新的包传来的时候，就被放置在队尾并等候交换机发送它前面的包。与严重的交通阻塞类似，过量的数据流量在网络上称为拥塞（Congestion）。显然，进入拥塞网络中的数据会比在空闲网络中的延迟长。

计算机专家研究了延迟与拥塞的关系，发现在许多情况下，延迟可由当前网络容量的百分比来估计。以 D_0 表示网络空闲时的延迟，U 是 $0\sim1$ 之间的数，表示当前网络容量的使用率，有效延迟 D 由 $D=D_0/(1-U)$ 给出。

当网络完全空闲时，U 等于零，有效延迟为 D0。当网络使用量为 1/2 容量时，有效延迟将加倍。当网络使用量接近网络容量时（即 U 约为 1 时），延迟将无限大。虽然这个公式只估计将会发生什么，但可以断定吞吐量和延迟并不完全独立。当网络流量增加时，延迟将增加；当网络流量接近于吞吐容量的 100% 时，会有很大的延迟。

4. 延迟—吞吐量的乘积

一旦知道网络的延迟与吞吐量，就可以计算另一个有趣的度量：延迟—吞吐量乘积（Delay-Throughput Product）（当用于计算机硬件时，延迟—吞吐量乘积常称为延迟—带宽乘积）。

为理解延迟—吞吐量乘积的意义，还可考虑公路的例子：如果汽车以 T 辆每秒的固定速率驶入公路，并且每辆车驶完全程需 D 秒，则当第一辆车驶完全程时，已有 $T\times D$ 辆汽车驶进公路，因此任何时候路上可有 $T\times D$ 辆车。用网络术语来表示：

延迟与吞吐量乘积表示网络中可容纳的数据量。在吞吐量为 T、延迟为 D 的网络上，任何时候都有 $T\times D$ 个位的数据。

延迟—吞吐量乘积对于延迟很长或吞吐量很大的网络很重要，因为它表示一台计算机在发出的第一个位到达目的地之前可向网络发送的最大数据量。

1.6.3 差错率

由于数据信息都由离散的二进制数字序列来表示，因此在传输过程中，不论它经历了何种变换，产生了什么样的失真，只要在到达接收端时能正确地恢复出原始发送的二进制数字

22

序列，就达到了传输的目的。所以衡量计算机网络可靠性的主要指标是差错率。表示差错率的方法常用的有三种：误码率、误字率、误组率。我们通常用误码率。

误码率又称码元差错率，是指在传输的码元总数中错误接收的码元数所占的比例。而码元是指对数据进行编码的一个编码单元。误码率指某一段时间的平均误码率，对于同一条数据线路，由于测量的时间长短不同，误码率就不一样。日常维护中使用 ITU-T 规定的测试时间。数据传输误码率一般都低于 10^{-10}。

1.7　数据交换技术的基本概念

1.7.1　数据交换方式的分类

计算机网络的数据交换方式对网络数据传输及网络的性能影响都很大。掌握网络数据交换方式的分类，以及不同数据交换方式的特点，对于理解计算机网络工作原理十分重要。

计算机网络的数据交换方式基本可以分为两大类：线路交换、存储转发交换。存储转发交换又可以分为两类：报文存储转发交换（简称为报文交换）与报文分组存储转发交换（简称为分组交换）。分组交换又可以进一步分为数据报交换与虚电路交换。图 1-12 给出了数据交换方式分类示意图。

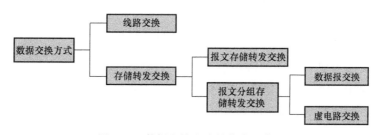

图 1-12　数据交换方式的分类示意图

1.7.2　线路交换的特点

1. 线路交换的过程

线路交换（Circuit Switching）方式与电话交换的工作过程类似。两台计算机通过通信子网进行数据交换之前，首先要在通信子网中建立一个实际的物理线路连接。图 1-13 所示为子网线路交换的工作原理。

线路交换过程的通信过程分为 3 个阶段。

（1）线路建立阶段

如果主机 A 要向主机 B 传输数据，需要在主机 A 与主机 B 之间建立线路，建立线路连接的源主机 A 向通信子网中的交换机 A 发送"呼叫请求包"，其中含有需要建立线路连接的源主机地址与目的主机地址。交换机 A 根据路由选择算法进行路径选择，如果选择下一个交换机为 B，则向交换机 B 发送"呼叫请求包"。当交换机 B 接到呼叫请求后，同样根据路由选择算法进行路径选择，如果选择下一个交换机为 C，则向交换机 C 发送"呼叫请求包"。当交换机接收到呼叫请求后，也要根据路由选择算法进行路径选择，如果选择下一个

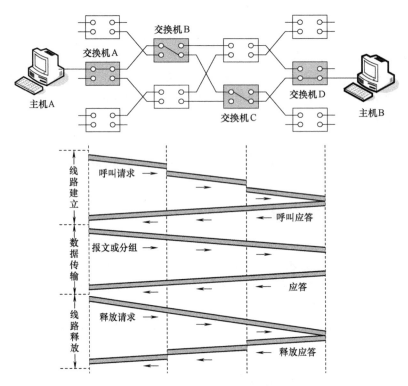

图 1-13　子网线路交换的工作原理

交换机为 D，则向交换机 D 发送"呼叫请求包"。当交换机 D 接收到呼叫请求后，向与其直接连接的主机 B 发送"呼叫请求包"。主机 B 如果接收主机 A 的呼叫连接请求，则通过交换机 D、交换机 C、交换机 B、交换机 A，向主机 A 发送"呼叫应答包"。至此，从主机 A 通过交换机 A、交换机 B、交换机 C、交换机 D 与主机 B 的专用物理线路连接建立。该物理连接用于主机 A 与主机 B 之间的数据交换。

（2）数据传输阶段

当主机 A 与主机 B 通过通信子网的物理线路连接建立后，主机 A 与主机 B 就可以通过该连接双向交换数据。需要注意的是，交换机只能够起到线路交换与连接的作用，它并不存储传输的数据，也不对数据做任何检测和处理，因此线路交换具有传输实时性好，但是不具备差错检测、平滑流量的特点。

（3）线路释放阶段

在数据传输完成后，就要进入线路释放阶段。主机 A 向主机 B 发出"释放请求包"，主机 B 同意结束传输并释放线路后，向交换机 D 发送"释放应答包"，然后按交换机 C、交换机 B、交换机 A 的次序，依次将建立的物理连接释放。至此，本次数据通信结束。

2. 线路交换方式的优点

线路交换方式的优点主要有以下几点。

1）当线路连接过程完成后，两台主机之间建立的物理线路连接为此次通信专用的，通信实时性强。

2）适用于交互式会话类通信。

3. 线路交换方式的缺点

线路交换方式的缺点主要有以下几点。

1）不适用于计算机与计算机之间的突发性通信。

2）不具备数据存储能力，不能平滑通信量。

3）不具备差错控制能力，无法发现与纠正传输差错。

因此，在线路交换的基础上，人们提出了存储转发交换方式。

1.7.3 分组交换的特点

1. 存储转发交换的特点

存储转发交换（Store and Forward Switching）方式具有以下几个主要的特点。

1）发送的数据与目的地址、源地址、控制信息一起，按照一定的格式组成一个数据单元（报文或报文分组），再发送出去。

2）路由器可以动态选择传输路径，可以平滑通信量，提高线路利用率。

3）数据单元在通过路由器时需要进行差错校验，以提高数据传输的可靠性。

4）路由器可以对不同通信速率的线路进行速率转换。

由于存储转发交换方式具有以上明显的优点，因此在计算机网络中得到了广泛的应用。

2. 报文与报文分组的比较

利用存储转发交换原理传送数据时，被传送的数据单元相应地可以分为两类：报文（Message）与报文分组（Packet）。根据数据单元的不同，存储转发交换方式可以分为报文交换（Message Switching）与分组交换（Packet Switching）。

在计算机网络中，如果人们不对传输的数据块长度做任何限制，直接封装成一个包进行传输，那么封装后的包称为报文。报文可能包含一个很小的文本文件或语音文件的数据，也可能包含一个很大的数据文件、图形文件、图像文件或视频文件的数据。将报文作为一个数据传输单元的方法称为报文存储转发交换或报文交换。报文交换方法存在着以下几个主要的缺点。

1）当一个路由器将一个长报文传送到下一个路由器时，发送报文的副本必须保留，以备出错时重传。长报文传输所需时间比较长，路由器必须等待报文正确传输确认之后才能删除报文的副本。这个过程需要花费较长的等待时间。

2）在相同误码率的情况下，报文越长，传输出错的可能性就越大，出错重传所花费的时间也就越多。

3）由于每次传输的报文长度都可能不同，在每次传输报文时都必须对报文的起始与结束字节进行判断与处理，因此报文处理的时间会比较长。

4）由于报文长度总是在变化，路出器必须根据最长的报文来预定存储空间，这样如果出现一些短报文，就会造成路由器存储空间的利用率降低。

因此，在计算机网络中，报文交换不是一个最佳的方案。在这种背景下，人们提出分组交换的概念。报文与报文分组的结构示意图如图1-14所示。

如果一个报文的数据部分长度为3500B，协议规定每个分组的数据字段长度最大为1000B，那么可以将3500B分为4个分组，前3个分组的数据字段长度为1000B，第4个分组的数据字段长度为500B。按照协议规定的格式在每个数据字段的前面加上一个分组头，可以构成4个分组。

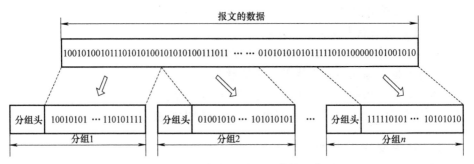

图 1-14　报文与报文分组的结构示意图

需要注意的是：在讨论数据长度时，会使用比特（bit）或字节（byte）。通常比特（bit）简写为 b，字节（byte）简写为 B。在讨论协议的某个字段的长度时，如果一个字段的长度是"128bit"，那么也可以用"128 比特"或"128 位"来表述。

3. 报文交换与分组交换的比较

图 1-15 所示为报文交换与分组交换过程的比较示意图。

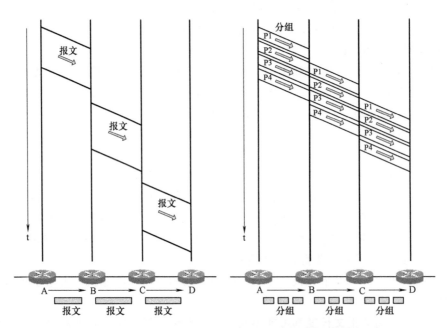

图 1-15　报文交换与分组交换过程比较示意图

从图 1-15 中可以看出，分组交换方法具有以下几个主要的优点。

1）将报文划分成有固定格式和最大长度限制的分组进行传输，有利于提高路由器检测接收的分组是否出错、出错重传处理过程的效率，有利于提高路由器存储空间的利用率。

2）路由选择算法可以根据链路通信状态、网络拓扑变化，动态地为不同的分组选择不同的传输路径，有利于减小分组传输延迟，提高数据传输的可靠性。

1.7.4　数据报方式与虚电路方式

在实际应用中，分组交换技术可以分为两类：数据报（Data Gram，DG）方式与虚电路

（Virtual Circuit，VC）方式。

1. 数据报方式

数据报方式是报文分组存储转发的一种形式。在数据报方式中，分组传输前不需要预先在源主机与目的主机之间建立"线路连接"。源主机发送的每个分组都可以独立选择一条传输路径，每个分组在通信子网中可能通过不同的传输路径到达目的主机。图1-16所示为数据报方式的工作原理示意图。

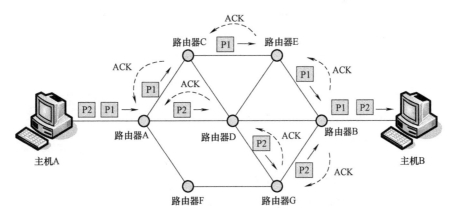

图1-16　数据报方式的工作原理示意图

（1）数据报方式的基本工作原理

数据报方式的工作过程分为以下几个步骤。

1）源主机（主机A）将报文分成多个分组P1，P2等，依次发送到直接相连的路由器A。

2）路由器A每接收到一个分组都要进行差错检测，以保证主机A与路由器A的数据传输正确；路由器A接到分组P1、P2等以后，需要为每个分组进行路由选择。由于网络通信状态是不断变化的，分组P1的下一跳可能选择路由器C，分组P2的下一跳可能选择路由器D，因此一个报文中的不同分组通过子网的传输路径可能是不同的。

3）路由器A向路由器C发送分组P1时，路由器C要对P1进行差错检测。如果P1传输正确，路由器C向路由器A发送确认报文ACK；路由器A接收到路由器C的ACK报文后，确认P1已经正确传输，这时它就可以丢弃P1的副本。分组P1通过通信子网中多个路由器存储转发，最终正确到达目的主机B。

（2）数据报传输方式的特点

根据以上分析可以看出，数据报传输方式主要有以下几个特点：

1）同一报文的不同分组可以经过不同的传输路径通过通信子网。

2）同一报文的不同分组到达目的主机时可能出现乱序、重复与丢失现象。

3）每个分组在传输过程中都必须带有目的地址与源地址。

4）数据报方式的传输延迟较大，适用于突发性通信，不适合长报文、会话式通信。

2. 虚电路方式

在研究数据报方式特点的基础上，人们进一步提出了虚电路方式。

虚电路方式试图将数据报与线路交换结合起来，发挥这两种方法各自的优点，从而达到最佳的数据交换效果。图 1-17 所示为虚电路方式的工作原理示意图。

（1）虚电路方式的基本工作原理

数据报方式在分组发送前，发送方与接收方之间不需要预先建立连接。虚电路方式在分组发送前，发送方和接收方之间需要建立一条逻辑连接的虚电路。在这点上，虚电路方式与线路交换方式相同。虚电路方式的工作过程分为 3 个阶段：虚电路建立阶段、数据传输所段与虚电路释放阶段。

1）在虚电路建立阶段，路由器 A 使用路由选择算法确定下一跳为路由器 B，然后向路由器 B 发送"呼叫请求分组"；同样，路由器 B 也要使用路由选择算法确定下一跳为路由器 C。以此类推，"呼叫请求分组"经过路由器 A、路由器 B、路由器 C 的路径到达路由器 D。路由器 D 向路由器 A 发送"呼叫接收分组"。至此，虚电路建立。

2）在数据传输阶段，利用已建立的虚电路以存储转发方式顺序传送分组。

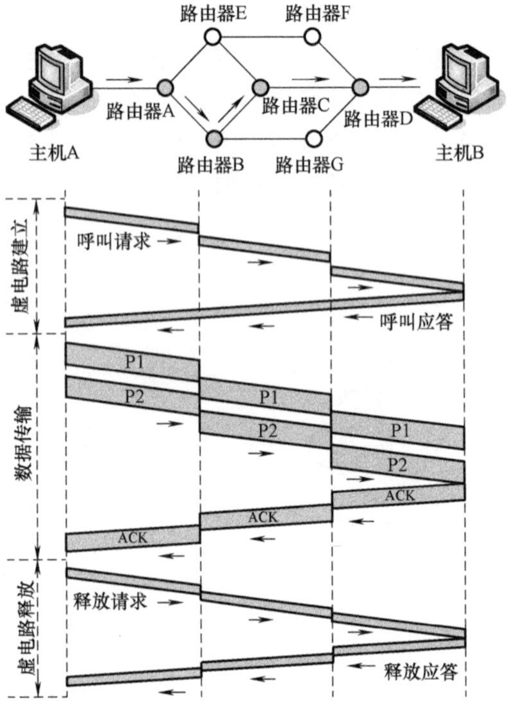

3）所有的数据传输结束后，进入虚电路释放阶段，将按照路由器 D、路由器 C、路由器 B、路由器 A 的顺序依次释放虚电路。

图 1-17 虚电路方式的工作原理示意图

（2）虚电路方式的特点

1）在每次分组传输之前，需要在源主机与目的主机之间建立一条虚电路。

2）所有分组都通过虚电路顺序传送，分组不必携带目的地址、源地址等信息。分组到达目的主机时不会出现丢失、重复与乱序的现象。

3）分组通过虚电路上的每个路由器时，路由器只需要进行差错检测即可，而不进行路由选择。

4）路由器可以为多个主机之间的通信建立多条虚电路。

虚电路是在传输分组时建立的逻辑连接，称为"虚电路"是因为这种电路不是专用的。每个主机可以同时与多个主机之间具有虚电路，每条虚电路支持这两个主机之间的数据传输。由于虚电路方式具有分组交换与线路交换的优点，因此在计算机网络中得到广泛的应用。

1.7.5　面向连接服务与无连接服务

1. 通信服务类型

计算机网络的服务是指通信子网对通信主机之间数据传输的效率和可靠性所提供的保证机制。通信服务可以分为两大类：面向连接服务（Connection Oriented Services）和无连接服务（Connectionless Services）。很显然虚电路交换属于面向连接服务，而分组交换属于无连接服务。理解网络服务类型需要注意以下两个基本问题。

1）面向连接服务与无连接服务对实现服务的协议的复杂性与传输的可靠性有很大影响。根据主机对数据传输效率和可靠性要求的不同，设计者可以选择面向连接服务或无连接服务。

2）在网络数据传输的各层（如物理层、数据链路层、网络层与传输层）都会涉及面向连接服务与无连接服务的问题。物理层、数据链路层、网络层与传输层的通信方式与协议的制定都需要事先确定，确定是采用面向连接的服务还是无连接服务。采用的通信服务类型不同，通信的可靠性与协议的复杂性也不相同。

2. 面向连接服务

面向连接服务和电话系统的工作模式相似。面向连接服务的主要特点是：

1）数据传输过程必须经过连接建立、连接维护与释放连接 3 个阶段。

2）在数据传输过程中，各个分组不需要携带目的结点的地址。

3）传输连接类似于一个通信管道，发送者在一端放入数据，接收者从另一端取出数据。传输的分组顺序不变，因此传输的可靠性好，但是协议复杂，通信效率不高。

3. 无连接服务

无连接服务与邮政系统服务的信件投递过程相似。无连接服务的主要特点是：

1）每个分组都携带源结点与目的结点地址，各个分组的转发过程都是独立的。

2）传输过程不需要经过连接建立、连接维护与释放连接 3 个阶段。

3）目的主机接收的分组可能出现乱序、重复与丢失现象。

无连接服务的可靠性不是很好，但是由于省去了很多协议处理过程，因此它的通信协议相对简单，通信效率比较高。

4. 确认和重传机制

面向连接服务与无连接服务对数据传输的可靠性有影响，但是数据传输的可靠性一般通过确认和重传机制保证。

确认是指目的主机在接收到每个分组后，要求向源主机发送正确接收分组的确认信息。如果发送主机在规定的时间内没有接收到确认信息，就会认为该分组发送失败，这时源主机会重新发送该分组。确认和重传机制可以提高数据传输的可靠性，但是需要制定较为复杂的确认和重传协议，这增加了网络通信负荷并占用网络带宽。

当然，也可以规定目的主机不需要向源主机发送分组的确认信息。目的主机不进行确认，源主机也不重新传输数据分组，这样做的优点是协议简单，不需要增加网络额外的通信负荷，但是降低了传输的可靠性。

5. 服务类型与服务质量

从数据传输的角度来看，面向连接服务、无连接服务与确认、不确认机制之间并没有必然的联系。面向连接服务可以要求采用确认和重传机制，提供最为可靠的数据传输服务；面向连接服务也可以不要求采用确认机制，数据传输的可靠性主要由面向连接服务来保证。同时，无连接服务也可以要求采用确认和重传机制，由确认和重传机制来提高数据传输的可靠性；无连接服务也可以采用不确认机制，但是数据传输的可靠性较低。面向连接服务、无连接服务与确认机制的 4 种可能组合如图 1-18 所示。

显然，要保证数据传输的高可靠性，就需要制定复杂的通信协议，需要增加额外的通信开销，协议的执行过程复杂，通信效率不高。因此，效率和可靠性是一对矛盾。在网络的各

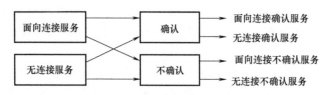

图 1-18　面向连接服务、无服务连接与确认机制的 4 种可能组合

个层次的通信协议设计中，人们可以在面向连接确认服务、面向连接不确认服务、无连接确认服务、无连接不确认服务 4 种情况中根据不同的通信要求选择不同的服务类型。

习　题

1. 简述计算机网络的定义。从该定义中，你对计算机网络有了怎样的了解？
2. 计算机网络的发展可以划分为几个阶段？每个阶段各有什么特点？
3. 计算机网络可从哪几个方面进行分类？指出常见分类并说明各分类的特点。
4. 计算机网络有哪些拓扑结构？各有什么优缺点？
5. 计算机网络系统的组成包括哪些方面？
6. 资源子网与通信子网在功能上有哪些差异？
7. 当前网络的结构特点是什么？
8. 计算机网络为什么要采用层次化体系结构？
9. 试说明层次、协议、服务和接口的关系。
10. 试述 5 层模型中每一层的主要功能。
11. 一个计算机网络的协议分成 N 层，应用程序产生 M 字节的数据，每层都加上 H 比特的协议头。问：网络带宽中有多大比例用于协议头信息的传输？
12. 下列功能应由 5 层模型的哪一层完成：
1）将传输的比特流划分成帧。
2）决定使用哪条路径通过通信子网。
3）传输线上的位流信号同步。
13. 在 5 层模型中用于数据通信的有几层？它们控制的对象分别是什么？
14. 简要总结 5 层模型数据传输的过程。
15. 列出若干最有影响的标准化组织，并举出其制定的典型标准的例子。
16. 网络协议的 3 个要素是什么？各有什么含义？
17. 计算机网络的性能一般用哪几个重要的性能指标来衡量？说明各性能指标的含义。
18. 数据交换方式有几种？
19. 数据报方式与虚电路方式的特点？

第2章

物　理　层

本章在对物理层的基本功能、基本概念讨论的基础上，对数据通信的基本概念、传输介质、数据编码与传输方式、多路复用技术、同步数字体系与接入技术等进行了讨论。

本章教学要求

理解：物理层的基本服务功能。

理解：数据通信的基本概念。

掌握：物理传输介质。

掌握：数据编码与传输方式。

掌握：多路复用技术。

理解：同步数字体系 SDH 的基本概念。

理解：接入技术的基本概念。

2.1　物理层的基本服务功能

（1）物理层与数据链路层的关系

物理层处于 OSI 参考模型的最底层，向数据链路层提供比特流的传输服务。发送端的数据链路层通过与物理层的接口，将待发送的帧传送到物理层；物理层并不关心帧的结构，它将构成帧的数据看成待发送的比特流。物理层的主要任务：保证比特流通过传输介质正确传输，为数据链路层提供数据传输服务。

（2）传输介质与信号编码的关系

连接物理层的传输介质可以有不同类型，如电话线、同轴电缆、光纤与无线通信线路。不同类型的传输介质对于被传输的信号要求不同。例如，电话线路只能用于传输模拟语音信号，不能直接传输计算机产生的二进制数字信号。如果要求通过电话线路传输数字信号，那么在发送端就要将数字信号变换成模拟信号，再通过电话线路传输；在接收端将接收的模拟信号还原成数字信号。物理层的一个重要功能是根据所使用的传输介质的不同，制定相应的物理层协议，规定数据信号编码方式、传输速率，以及相关的通信参数。

（3）设置物理层的目的

由于计算机网络使用的传输介质与通信设备种类繁多，所以各种通信线路、通信技术存在较大的差异。同时，由于通信技术飞快发展，各种新的通信设备与技术不断出现，因此需要针对不同类型的传输介质与通信技术的特点，制定相应的物理层协议。设置物理层的目的：屏蔽物理层所采用的传输介质、通信设备与通信技术的差异性，使数据链路层只需要考虑如何使用物理层的服务，而不需要考虑物理层的功能具体是使用了哪些传输介质、通信设备与技术实现的。

2.2 数据通信的基本概念

2.2.1 数据通信系统的常用术语

1. 信息、数据和信号

（1）信息

信息是人脑对客观物质的反映，既可以是对物质的形态、大小、结构、性能等特性的描述，也可以是物质与外部的联系。表现信息的具体形式可以是数据、文字、图形、声音、图像和动画等。这些"图文声符号"本身不是信息，它所表达的"意思或意义"才是信息。

（2）数据

数据是指描述物体的数字、字母或符号，是信息的载体与表示方式。在计算机网络系统中，数据可以是数字、字母、符号、声音、图形和图像等形式的，从广义上可理解为在网络中存储、处理和传输的二进制数字编码。

数据有模拟数据和数字数据之分。模拟数据是指在某个区间内连续变化的值。例如，声音和视频是幅度连续变化的波形，温度和压力（传感器收集的数据）也是连续变化的值。数字数据在某个区间内是离散的值。例如，文本信息和整数等。

（3）信号

信号是数据在传输过程中的表示形式，是用于传输的电子、光或电磁编码，有模拟信号和数字信号之分。

模拟信号（也称为连续信号）是随时间连续变化的信号，如电流、电压或电磁波。用模拟信号表示要传输的数据，是指利用其某个参量（如幅度、频率或相位等）的变化来表示数据。

数字信号（也称为离散信号）是一系列离散的电脉冲。用数字信号表示要传输的数据，是指利用其某一瞬间的状态来表示数据。

（4）信息、数据和信号三者之间的联系

从上面的表述可以得出如下结论：数据是信息的载体，信息是数据的内容和解释，而信号是数据的编码。

2. 模拟信道和数字信道

数据通信是指发送方将要发送的数据转换成信号，并通过物理信道传送到接收方的过程。由于信号可以是模拟信号，也可以是数字信号，因此传输信道被分为模拟数据信道和数字数据信道，简称模拟信道和数字信道。依此，数据通信又分为模拟通信和数字通信。

（1）模拟通信

模拟通信是指在模拟信道以模拟信号的形式来传输数据，有以下两种形式：

1）模拟信道传输模拟数据，典型的例子是声音在普通电话系统中的传输。

2）模拟信道传输数字数据，典型的例子是通过电话系统实现两个计算机（数字设备）

之间的通信。由于电话系统只能传输模拟信号，所以需要通过调制解调器（Modem）进行数字信号与模拟信号的转换。

（2）数字通信

数字通信是指在数字信道以数字信号的形式来传输数据。数字数据通信用数字信道传输数据，有以下两种形式：

1）数字信道传输模拟数据，用编码解码器（CODEC）完成，原理与 Modem 相似。

2）数字信道传输数字数据，典型的例子是将两个计算机通过接口直接相连。

模拟数据在长距离传输时，需用放大器增加电信号中的能量，虽克服了衰减，但增加了噪声。而数字数据在长距离传输时，需用中继器（重发器）提取并重发数字信号，既克服了衰减，又克服了噪声。

2.2.2 信道的极限信息传输速率

1. 码元传输速率

码元传输速率简称传码率，又称符号速率、码元速率、波特率、调制速率。它表示单位时间内（每秒）信道上实际传输码元的个数，单位是波特（Baud），常用符号"B"来表示。

值得注意的是，码元速率仅仅表征单位时间内传送的码元数目，而没有限定这时的码元应是何种进制的码元。但对于信息传输速率，则必须折合为相应的二进制码元来计算。例如，某系统每秒传送 9600 个码元，则该系统的传码率为 9600B，如果系统是二进制的，它的传输速率为 9600bit/s；如果系统是四进制的，它的传输速率是 19.2kbit/s；如果系统是八进制的，它的传输速率是 28.8kbit/s。由此可见，传输速率 R_b 与码元传输速率 R_B 之间的关系为

$$R_b = R_B \log_2 N \qquad (2\text{-}1)$$

式（2-1）中，N 为码元的进制数。

2. 信道容量

信道容量即信道的最大数据传输率，也就是信道传输数据能力的极限。

（1）离散的信道容量

奈奎斯特（Nyquist）在无噪声条件下的码元速率极限值 B 与信道带宽 H 的关系为

$$B = 2H(\text{Baud}) \qquad (2\text{-}2)$$

奈奎斯特公式即无噪声条件下的信道容量 C（单位为 bit/s）的公式为

$$C = 2H\log_2 N \qquad (2\text{-}3)$$

式（2-3）中，H 为信道的带宽，单位为 Hz；N 为码元的进制数，即为一个码元所取的离散值个数。

（2）连续的信道容量

1948 年，香农（Shannon）用信息论的理论推导出了带宽受限且有高斯白噪声干扰的信道的极限信息传输速率。当用此速率进行传输时，可以不产生差错。如果用公式表示，则信道的极限信息传输速率 C（单位为 bit/s）可表达为

$$C = W\log_2\left(1 + \frac{S}{N}\right) \qquad\qquad (2\text{-}4)$$

式 (2-4) 中，W 为信道的带宽 (以 Hz 为单位)；S 为信道内所传信号的平均功率；N 为信道内部的高斯噪声的平均功率；S/N 为信噪比。

信噪比就是信号的平均功率与噪声的平均功率之比，常用分贝 (dB) 表示。现在，信噪比一般这样定义：信噪比 = $10\log_{10}(S/N)$ (dB)。例如，当 S/N 为 100 时，信噪比为 20dB。

式 (2-4) 就是著名的香农公式。香农公式表明，信道的带宽越大或信道中的信噪比越大，信息的极限传输速率就越高。但更重要的是，香农公式指出了只要信息传输速率低于信道的极限信息传输速率，就一定可以找到某种办法来实现无差错的传输。

对于一个 3.1kHz 带宽的标准电话信道，如果信噪比 $S/N = 2500$，那么由香农公式可以知道，无论采用何种先进的编码技术，信息的传输速率一定不可能超过由式 (2-4) 算出的极限数值，即约 35kbit/s。目前的编码技术水平与此极限数值相比，差距已经很小了。

2.3 物理传输媒体 (介质)

网络传输介质是指在网络中传输信息的载体，常用的传输介质分为有线传输介质和无线传输介质两大类。

1) 有线传输介质是指在两个通信设备之间实现的物理连接部分，它能将信号从一方传输到另一方。有线传输介质主要有双绞线、同轴电缆和光纤。

2) 无线传输介质是指在两个通信设备之间不使用任何人为的物理连接，而是利用自然的空气、水、玻璃等，甚至利用空间来传输的一种技术。

2.3.1 双绞线及其制作实例

1. 双绞线

双绞线是局域网中使用非常广泛的传输介质，双绞线还可分为非屏蔽双绞线 (UTP) 和屏蔽双绞线 (STP) 两大类。STP 外面由一层金属材料包裹，以减小辐射，数据传输速率较快，但价格较高；UTP 无金属屏蔽材料，只有一层绝缘胶皮包裹，价格相对便宜。除某些特殊场合 (如受电磁辐射严重、对传输质量要求较高、室外防雷等场合) 在布线中使用 STP 外，一般情况下都采用 UTP。另外，7 类屏蔽双绞线是一种全新的布线系统，由于其价格昂贵，施工复杂且可选择的产品较少，因此很少在布线工程中采用。

双绞线 (Twisted-Pair Cable) 如图 2-1 所示，一般由绝缘套皮包裹着 4 对 22～26 号绝缘铜导线组成。4 对铜导线中，每对都按一定密度互相绞在一起，可降低信号干扰的程度。每根铜导线的绝缘层上分别涂有不同的颜色，以示区别。

双绞线广泛应用于各种类型和规模的网络中。其特点是价格比较便宜，连接可靠性好，布线施工和维护简单，可提供高达 1000Mbit/s

图 2-1 双绞线

的传输带宽等，可用于数据、语音、视频等多媒体信息的传输。

双绞线常见的有3类线、5类线、超5类线，以及最新的6类线等。

3类线：是在 ANSI 和 EIA/TIA 568 标准中指定的电缆，该电缆的传输频率为 16MHz，用于语音传输及最高传输速率为 10Mbit/s 的数据传输，主要用于 10 BASE-T 以太网。

5类线：该类电缆增加了绕线密度，外套一种高质量的绝缘材料，传输频率为 100MHz，用于语音传输和最高传输速率为 1000Mbit/s 的数据传输，主要用于 100 BASE-T 和 1000 BASE-T 以太网。5类线是目前最常用的以太网电缆。

超5类线：超5类线衰减小，串扰少，并且具有更高的衰减与串扰的比值（ACR）和更小的回波损耗（Structural Return Loss）、更小的延迟误差。和5类线相比，其性能得到很大提高。超5类线主要用于千兆位以太网（1000Mit/s）。

6类线：该类电缆的传输频率为 1~250MHz，6类布线系统在 200MHz 时综合衰减串扰比（PS-ACR）有较大的余量，它提供两倍于超5类的带宽。6类布线的传输性能远远高于超5类标准，最适用于传输速率高于 1Gbit/s 的应用。6类与超5类的一个重要的不同点在于其改善了在串扰以及回波损耗方面的性能。对于新一代全双工的高速网络应用而言，优良的回波损耗性能是极重要的。6类标准中取消了基本链路模型，布线标准采用星形的拓扑结构，要求的布线距离为永久链路的长度不能超过 90m，信道长度不能超过 100m。

双绞线中都有8根导线，导线不是随便排列的，必须遵循一定的标准，否则就会导致网线的联通性故障，或者造成网络传输距离太近和速率太低。

目前，施工布线工程中常使用的布线标准有两个，即 T568A 标准和 T568B 标准，其线序如图 2-2 所示。

T568A 标准第 1~8 根线的颜色依次为白绿、绿、白橙、蓝、白蓝、橙、白棕和棕。T568B 标准第 1~8 根线的颜色依次为白橙、橙、白绿、蓝、白蓝、绿、白棕和棕。在网络施工接线时，可以随便选择一种标准，但一般同一网络中的所有网线制作采用同一标准，这样比较规范。在实际施工布线工程中使用 T568B 标准的比较多。

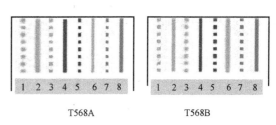

图 2-2　T568A 标准和 T568B 标准的线序

把水晶头（RJ-45 头）有塑料弹簧片的一面向下，有针脚的一面向上，使有针脚的一端指向远离自己的方向，有方形孔的一端对着自己，此时，最左边的是第 1 脚，最右边的是第 8 脚，其余按照顺序依次排列即可。

2. 双绞线制作实例

两端 RJ-45 头中的线序排列完全相同的双绞线，称为直通线（Straight Cable），即当一端线序从左到右依次为白橙、橙、白绿、蓝、白蓝、绿、白棕、棕时，另一端线序从左到右仍然为白橙、橙、白绿、蓝、白蓝、绿、白棕、棕，也就是两端使用相同的线序标准。直通线通常用于计算机与交换机或 Hub 间的连接。

交叉线（Crossover Cable）是指两端线序标准不同的双绞线，例如，当一端线序从左到右依次为白橙、橙、白绿、蓝、白蓝、绿、白棕、棕时，则另一端线序从左到右依次为白绿、绿、白橙、蓝、白蓝、橙、白棕、棕。交叉线通常用于同种设备之间的连接，例如用于

Hub 或交换机间的连接、计算机和计算机之间的连接。

双绞线制作步骤如下：

1）剥线。先利用压线钳的剪线刀口或偏口钳剪取适当长度的网线，一般剪取网线的长度应当比估计的稍长一些，然后用压线钳的剥线口在一端剥掉外面的大约 2cm 的绝缘层。

2）排线。将 8 根线拆开、理顺、拉直，然后按照规定的线序把线按颜色排列整齐。当线没有相互缠绕后，再压平，不要重叠，挤紧理顺。

3）剪线。用压线钳或偏口钳把线头剪齐。这样，当双绞线插入水晶头后，每条线都能良好地接触水晶头中的金属针，可避免接触不良。一般保留 13～14mm，这个长度正好能将各细导线插入到各自的线槽。如果露在外面的部分过长，一方面会由于线对不再互绞而增加串扰，另一方面会由于水晶头不能压住外层绝缘皮而可能导致电缆从水晶头中滑出，造成线路的接触不良甚至中断。

4）插线。用拇指和中指捏住水晶头，使有塑料弹片的一侧向下，针脚一方朝向远离自己的方向，并用食指抵住。另一只手捏住双绞线内的 8 根导线，将 8 根导线同时沿水晶头内的 8 个线槽插入，一直插到线槽的顶端。

5）压线。当所有导线都插到位后，再透过水晶头检查一遍线序是否正确。准确无误后，将水晶头从无牙的一侧推入压线钳夹槽，然后用力紧压线钳，使水晶头内的金属针与双绞线内的铜丝完全接触。

至此，这条网线的一端就制作好了，然后按照相同的方法，将双绞线的另一个水晶头压制好，一条网线的制作即可完成。网线制作好后，还需要用测线仪或两台计算机对网线进行检测，以确定该网线能不能正常通信。

2.3.2 同轴电缆

同轴电缆是由绕同一轴线的两个导体所组成的，即内导体（铜芯）和外导体（屏蔽层），外导体的作用是屏蔽电磁干扰和辐射。两导体之间用绝缘材料隔离。同轴电缆如图 2-3 所示。

常用的同轴电缆有两大类：基带同轴电缆（用于局域网传输数字信号的 50Ω 的粗缆和 50Ω 的细缆）和宽带同轴电缆（用于宽带传输模拟信号的 75Ω 电缆）。普通双绞线可以传输低频与中频信号，同轴电缆可以传输低频到特高频信号，光纤可以传输可见光信号。

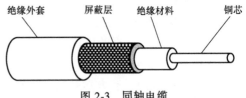

图 2-3　同轴电缆

基带同轴电缆最大距离限制在几千米，宽带同轴电缆最大距离可达几十千米，可用于点到点连接，也可多点连接。同轴电缆的结构使得它的抗干扰能力较强，基带同轴电缆的误码率低于 10^{-7}，宽带同轴电缆的误码率低于 10^{-9}。同轴电缆价格介于双绞线与光缆之间。

2.3.3 光纤

光纤是目前计算机网络的主要传输介质之一，具有传输距离远、速度快的显著特点，大规模应用于骨干网络的远距离数据传输，在局域网中的应用也非常广泛。它的发展历史只有一二十年，已经历从短波多模光纤到长波单模光纤的发展过程。目前在我国，光纤通信已进入大规模应用阶段。

光纤内部是光传播的玻璃芯，多模光纤的玻璃芯稍微粗一点，直径和人的头发粗细差不多，而单模光纤的玻璃芯的直径较小。芯外面包围着一层折射率比玻璃芯的折射率低的玻璃封套（包层），再外面的是一层薄的塑料外套，起保护作用。一根光纤中一般有很多芯，扎成束，外面有坚硬的外壳保护，如图 2-4 所示。

光纤的纤芯通常是由石英玻璃制成的横截面很小的双层同心圆柱体。其质地很脆，易断裂，因此需要外加保护层。

图 2-4　光纤

1. 光纤的通信原理

光纤通信时，在发送端，首先要把传送的信息（如图像）变成电信号，然后经过转换设备把信号调制到激光器发出的激光上，使光的强度随电信号的幅度（或频率、相位等）变化而变化，光波通过光纤传输出去，传输到另外一端后，在接收端，检测器收到光信号后用设备把它调制转换成电信号，再恢复为原始信息。

光纤是利用光的全反射原理传输信号的一种介质，由于纤芯的折射率要大于反射包层的折射率，根据全反射原理，当光线从高折射率的纤芯射向低折射率的包层时，其折射角将大于入射角，当入射角大于某一值时就会出现全反射，从而使光信号被限制在纤芯中向前传输。

对于多芯的光纤，要正常通信，必须同时使用其中的两芯，一芯用于发送光信号，另外一芯用于接收光信号。

2. 光纤的分类

光纤可以按照不同的方式和标准进行分类。

按传播模式，光纤分为单模光纤（Single Mode Fiber）和多模光纤（Multi Mode Fiber）。单模光纤的纤芯直径很小，在给定的工作波长上只能以单一模式传输，传输距离比较长。

多模光纤是指在给定的工作波长上，能以多个模式同时传输的光纤。与单模光纤相比，多模光纤的传输距离比较短。目前，单模光纤有 8/125μm、9/125μm 和 10/125μm 这 3 种标准，多模光纤有 50/125μm 和 62.5/125μm 两种标准。前面的数字，例如，8 表示中心玻璃芯的尺寸。现在的单模光纤和单模光纤的连接设备价格在下降，接近多模光纤，而单模光纤又具有传输距离长、速度更快的优点，不久的将来，多模光纤的使用率可能会越来越低。

按折射率分布，光纤分为跳变式光纤和渐变式光纤。跳变式光纤纤芯的折射率和保护层的折射率都是常数。在纤芯和保护层的交界面，折射率呈阶梯形变化。渐变式光纤纤芯的折射率随着半径的增加按一定规律减小，在纤芯与保护层交界处减小为保护层的折射率。纤芯的折射率的变化近似于抛物线。

3. 光纤的特点

光纤的特点如下：

1）通信速度快。目前，一般的光纤传输速度可以达到 1000Mbit/s，有的甚至更高。

2）传输距离长。因为光纤的损耗极低，在光波长为 1.55μm 左右时，石英光纤损耗低于 0.2dB/km，这比目前其他传输介质的损耗都低。因此，在无中继器的情况下，传输距离可达几十甚至上百千米，较适合长距离的数据通信。

3）信号干扰小。电通信不能解决各种电磁干扰问题，唯有光纤通信不受各种电磁干扰。

4）安全性较好。光纤无辐射，难于窃听，因为光纤传输的光波不能跑出光纤以外。

另外，光纤本身能抵抗一般的风吹雨打和暴晒，甚至挤压，稳定性较好，使用寿命较长，并且重量轻，便于施工布线和运输。

4. 光纤在网络中的应用

光纤一般用于距离较远或者对带宽要求很高的情况下，因为其他的传输介质要么传输距离有限，例如，双绞线一般只能传输100多米，要么传输速度较慢。

光纤要能正常使用，应先在两端把里面的芯熔接上跳线或者尾纤，如图 2-5 所示。熔接需要专门的仪器和工具，具体方法因限于篇幅，这里就不介绍了。只有熔接好跳线或者尾纤后，才能与网络设备连接。

图 2-5　各种各样的尾纤和跳线

2.3.4　无线传输媒体（介质）

电磁波是德国物理学家赫兹根据英国物理学家麦克斯韦的电磁场理论方程在 1887 年通过实验加以证明的。

描述电磁波的参数有波长 λ、频率 f 和光速 C（3×10^8 m/s）。三者之间的关系是 $\lambda \times f = C$。

电磁波的传播方式有两种：通过无线方式传播（在自由空间中传播）、通过有线方式传播（在有限的空间区域内传播）。

电磁波按照频率由高到低排列可分为无线电波、微波、红外线、可见光、紫外线、X-射线和 γ 射线。目前用于通信的主要有无线电波、微波、红外线、可见光。

对于无线媒体，发送和接收都是通过天线实现的。在发送时，天线将电磁能量发射到媒体（通常是空气）中；而在接收时，天线从周围的媒体中获取电磁波。无线传输有两种基本的构造类型：定向的和全向的。在定向的结构中，发送天线将电磁波聚集成波束后发射出去，因此发送和接收天线必须仔细校准。在全向的情况下，发送信号沿所有方向传播，并能够被许多天线接收到。通常，信号的频率越高，将信号聚集成方向性电磁波束的可能性就越大。

通常，30MHz~1GHz 适用于全向应用；而 2~40GHz 可实现高方向性的波束，它非常适用于点对点的传输。

1. 无线通信

无线通信所使用的无线电波频段覆盖低频到特高频。例如，调幅无线电使用中波（中频）MF（300kHz~3MHz），短波无线电使用高频 HF（3~30MHz），调频无线电广播使用甚高频 VHF（30~300MHz），电视广播使用甚高频到特高频 UHF（30MHz~3GHz）。

目前，802.11 系列无线局域网使用无线电波作为传输介质，主要使用 2.4GHz 的无线电波频段。应用于无线上网的蓝牙技术也使用无线电波中的 2.4GHz 频段。

对于 30MHz~1GHz 的全向应用频段，电离层是透明的，无线电波的传输范围局限于视距范围，而相距很远的发送器不会因大气层的反射而互相干扰。并且，该频段与高频（不是指 HF）处的微波区也不同，下雨对无线电波的衰减影响不大。

同样，对于 30MHz~1GHz 频段，无线电波损伤的一个主要来源是多路干扰。来自地面、水域或人造物体的反射会在天线之间产生多条传输路径。当一架飞机从上空飞过时，电视机经常会出现多个图像，这就是多路干扰存在的证据。

2. 微波通信

微波通信系统有两种形式：地面系统和卫星系统。使用微波传输要经过有关管理部门批准，而且使用的设备也需要有关部门允许。

由于微波在空间是直线传播的，而地球表面是个曲面，因此传播距离只有 50km 左右，为了增加传播距离，可以使用较高的天线塔（如 100m 的天线塔其传播距离为 100km）。为实现远距离通信，必须在一条无线电通信信道的两个终端之间建立若干个中继站，中继站把前一站送来的信号经过放大后再发送到下一站，即为地面微波"接力"通信。

地面微波系统常用的频率范围是 2~40GHz。卫星系统就是借助于通信卫星作为微波中继站来实现远距离通信的，卫星微波系统常用的频率范围是 1~10GHz。

微波天线最常见的类型是抛物面的"碟状"天线。这种天线被牢牢固定，并且将电磁波聚集成细波束，从而在可视区内发送给接收天线。

微波信号传输的特点是：只能进行视距传播；由于大气对微波信号的吸收与散射，以及雨天等气候的影响，信号将严重衰减。

3. 蜂窝无线通信

美国贝尔实验室在 1947 年就提出了蜂窝无线移动通信的概念，1977 年完成了可行性技术论证，1978 年完成了芝加哥先进移动电话系统 AMPS 的试验，并且在 1983 年正式投入运营。

早期的移动通信系统采用大区制的强覆盖区，即建立一个无线电台基站，架设很高的天线塔（高于 30m），使用很大的发射功率（50~200W），覆盖范围可以达到 30~50km。

目前的移动通信系统将一个大区制覆盖的区域划分成多个小区（Cell），每个小区制的覆盖区域设立一个基站（BS），通过基站在用户的移动站（SS）之间建立通信。小区覆盖的半径较小，一般为 1~10km，因此可用较小的发射功率实现双向通信。这样，由多个小区构成的通信系统的总容量将大大提高。由若干小区构成的覆盖区称为区群。由于区群的结构酷似蜂窝，因此人们将小区制移动通信系统称为蜂窝移动通信系统。

5G 网络也是数字蜂窝网络，在这种网络中，供应商覆盖的服务区域被划分为许多被称为蜂窝的小地理区域。表示声音和图像的模拟信号在手机中被数字化，由模数转换器转换并作为比特流传输。蜂窝中的所有 5G 无线设备通过无线电波与蜂窝中的本地天线阵和低功率自动收发器（发射机和接收机）进行通信。收发器从公共频率池分配频道，这些频道在地理上分离的蜂窝中可以重复使用。本地天线通过高带宽光纤或无线回程与电话网络和互联网连接。与目前的手机一样，当用户从一个蜂窝穿越到另一个蜂窝时，他们的移动设备将自动"切换"到新蜂窝中的天线。5G 网络的主要优势在于，数据传输速率远远高于以前的蜂窝网络，最高可达 10Gbit/s，比当前的有线互联网要快，比先前的 4GLTE 蜂窝网络快 100 倍。5G 网络另一个优点是网络延迟（更快的响应时间）较低，低于 1ms，而 4G 为 30~70ms。

在无线通信环境中的电磁波覆盖区内，建立用户的无线信道的连接就是多址连接问题，解决多址接入的方法称为多址接入技术。在蜂窝移动通信系统中，多址接入方法主要有 3

种：频分多址接入（FDMA）、时分多址接入（TDMA）和码分多址接入（CDMA），其技术核心是多路复用。

4. 卫星通信

卫星通信系统是通过卫星微波形成的点到点通信线路，是由两个地球站（发送站、接收站）与一颗通信卫星组成的。地面发送站使用上行链路向通信卫星发射微波信号。卫星起到一个中继器的作用，它接收通过上行链路发送来的微波信号，经过放大后使用下行链路（与上行链路具有不同的频率）发送回地面接收站。

由于发送站要通过卫星转发信号到接收站，因此就存在传输延迟。一般从发送站到卫星的延迟值在 250～300ms 之间，典型值为 270ms，所以卫星通信系统的传输延迟典型值为 540ms。

商用卫星通信是在地球站之间利用位于 3.59×10^4 km 高空的人造同步地球卫星作为中继器的一种微波接力通信。其覆盖跨度达 1.8 万多千米，如果在地球赤道上空的同步轨道上等距离放置 3 个相隔 120° 的卫星，就能基本上实现全球的通信。

卫星通信系统也是微波通信的一种，只不过其中继站设在卫星上。卫星通信利用地球同步卫星（在 36000km 高空轨道运行）做中继器来转发微波信号。卫星通信可以克服地面微波通信距离的限制。一个同步卫星可以覆盖地球的三分之一表面，3 个这样的卫星就可以覆盖地球上的全部区域，这样，地球上的各个地球站之间就可以互相通信了。由于卫星信道频带宽，也可采用频分多路复用技术将其分为若干子信道，有些用于由地球站向卫星发送（称为上行信道），有些用于由卫星向地面转发（称为下行信道）。

卫星通信的优点是容量大，距离远。此外，采用卫星通信方式进行数据传输的一个最大优点就是具有广播能力、多站可以同时接收一组信息。缺点是传播延迟时间长。

5. 红外通信

红外（Infrared）通信是指利用红外线进行的通信。它已广泛应用于短距离的通信。电视机、空调的遥控器就是应用红外通信的例子。它要求有一定的方向性，即发送器直接指向接收器，而且不能穿透物体。红外通信无须申请频率。

2.4 数据编码与传输方式

2.4.1 数据编码

在数据通信中，要传输的数据需要转换成信号才能在信道中传输。而数据可分为模拟数据和数字数据，信号也可分为数字信号和模拟信号。除了模拟数据的模拟信号可以直接在模拟信道上传输外（但是，大多数情况也需要编码），其余的传输均需进行编码。

需要说明的是，将模拟数据或数字数据编码为模拟信号并通过传输介质发送出去的过程通常称为调制。

1. 模拟数据的模拟信号调制

模拟数据以模拟信号传输时可以直接在模拟信道上传输，但是，出于对天线尺寸和抗干扰等诸多问题的考虑，一般也需要进行调制，其输出信号是一种带有输入数据的、频率极高的模拟信号。其调制技术有 3 种：幅度调制（调幅）、频率调制（调频）和相位调制（调相）。其中最常用的是调幅和调频，如调频广播。

（1）幅度调制

幅度调制是指载波的幅度会随着原始模拟数据的幅度变化而变化的技术。载波的幅度会在整个调制过程中变化，而载波的频率是相同的。

（2）频率调制

频率调制是一种使高频载波的频率随着原始模拟数据的幅度变化而变化的技术。载波的频率会在整个调制过程中波动，而载波的幅度是相同的。

2. 数字数据的数字信号编码

数字数据的数字信号编码，就是要解决数字数据的数字信号表示问题，即通过对数字信号进行编码来表示数据。数字信号编码的工作由网络上的硬件完成，常用的编码方法有3种：不归零码（Non-Return to Zero，NRZ）、曼彻斯特（Manchester）编码、差分曼彻斯特（Difference Manchester）编码。

（1）不归零码

不归零码又可分为单极性不归零码和双极性不归零码。图2-6a所示为单极性不归零码，在每一码元时间内，没有电压表示数字"0"，有恒定的正电压表示数字"1"。每个码元的中心是取样时间，即判决门限为0.5，0.5以下为"0"，0.5以上为"1"。图2-6b所示为双极性不归零码，在每一码元时间内，以恒定的负电压表示数字"0"，以恒定的正电压表示数字"1"。判决门限为0电平，0以下为"0"，0以上为"1"。

不归零码是指编码在发送"0"或"1"时，在一个码元的时间内不会返回初始状态（0）。当连续发送"1"或者"0"时，上一码元与下一码元之间没有间隙，使接收方和发送方无法保持同步。为了保证收发双方同步，往往在发送不归零码的同时还要用另一个信道同时发送同步时钟信号。计算机串口与调制解调器之间采用的是不归零码。

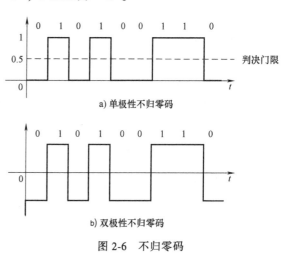

图 2-6 不归零码

（2）归零码

归零码是指编码在发送"0"或"1"时，在一个码元的时间内会返回初始状态（0），如图2-7所示。归零码可分为单极性归零码和双极性归零码。

图2-7a所示为单极性归零码，无电压表示数字"0"，恒定的正电压表示数字"1"。与单极性不归零码的区别是，"1"码发送的是窄脉冲，发完后归到0电平。图2-7b所示为双极性归零码，恒定的负电压表示数字"0"，恒定的正电压表示数字"1"。与双极性不归零码的区别是，两种信号波形发送的都是窄脉冲，发完后归到0电平。

（3）自同步码

自同步码是指编码在传输信息的同时将时钟同步信号一起传输过去。这样，在数据传输的同时就不必通过其他信道发送同步信号。局域网中的数据通信常使用自同步码，典型代表是曼彻斯特编码和差分曼彻斯特编码，如图 2-8 所示。

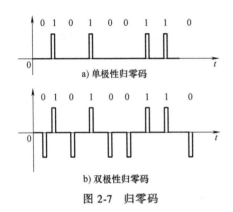

图 2-7 归零码

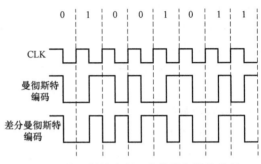

图 2-8 曼彻斯特编码和差分曼彻斯特编码

曼彻斯特（Manchester）编码：每一位的中间（1/2 周期处）有一跳变，该跳变既作为时钟信号（同步），又作为数据信号。从高到低的跳变表示数字"0"，从低到高的跳变表示数字"1"。

差分曼彻斯特（Different Manchester）编码：每一位的中间（1/2 周期处）有一跳变，但是，该跳变只作为时钟信号（同步）。数据信号根据每位开始时有无跳变进行取值：有跳变表示数字"0"，无跳变表示数字"1"。

3. 数字数据的模拟信号调制

要在模拟信道上传输数字数据，首先数字信号要对相应的模拟信号进行调制，即用模拟信号作为载波运载要传送的数字数据。载波信号可以表示为正弦波形式：$f(t) = A\sin(\omega t + \phi)$，其中幅度 A、频率 ω 和相位 ϕ 的变化均影响信号波形。因此，通过改变这 3 个参数可实现对模拟信号的编码。相应的调制方式分别称为幅度调制（ASK）、频率调制（FSK）和相位调制（PSK）。结合 ASK、FSK 和 PSK 可以实现高速调制，常见的组合是 PSK 和 ASK 的结合。

（1）幅度调制

幅度调制简称调幅，也称为幅移键控（Amplitude-Shift Keying，ASK），其调制原理是用两个不同振幅的载波分别表示二进制值"0"和"1"，如图 2-9 所示。

（2）频率调制

频率调制简称调频，也称为频移键控（Frequency-Shift Keying，FSK），其调制原理是用两个不同频率的载波分别表示二进制值"0"和"1"，如图 2-10 所示。

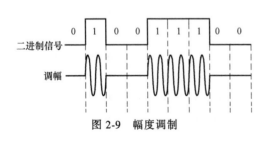

图 2-9 幅度调制

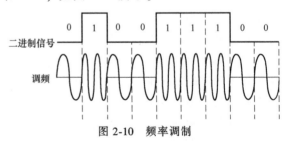

图 2-10 频率调制

（3）相位调制

1）绝对相移键控。绝对相移键控用两个固定的不同相位表示数字"0"和"1"。如

图 2-11a 所示，相位 π 表示 1，相位 0 表示 0。

2）相对相移键控。相对相移键控用载波在两位数字信号的交接处产生的相位偏移来表示载波所表示的数字信号。最简单的相对相移键控方法是，与前一个信号同相表示数字"0"，相位偏移 180° 表示"1"，如图 2-11b 所示。这种方法具有较好的抗干扰性。

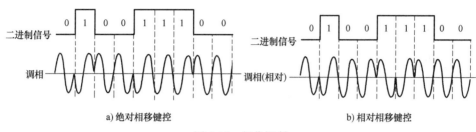

图 2-11 相位调制

4. 模拟数据的数字信号编码

由于数字信号传输具有失真小、误码率低、价格低和传输速率高等特点，所以常把模拟数据转换为数字信号来传输。将模拟数据转换为数字信号最常见的方法是脉冲编码调制（Pulse Code Modulation，PCM）技术，它包括 3 个步骤，即采样、量化和编码，如图 2-12 所示。

PCM 的理论基础是奈奎斯特（Nyquist）采样定理：若对连续变化的模拟信号进行周期性采样，只要采样频率大于或等于有效信号的最高频率或其带宽的两倍，则采样值便可包含原始信号的全部信息，可以从这些采样中重新构造出原始信号。例如，标准的电话信号的最高频率为 3.4kHz，采样频率常取 8kHz。

1）采样。根据采样频率，隔一定的时间间隔采集模拟信号的值，得到一系列模拟值。

2）量化。将采样得到的模拟值按一定的量化级（图 2-12 中采用 8 级）进行"取整"，得到一系列离散值。

3）编码。将量化后的离散值数字化，得到一系列二进制值，然后将二进制值进行编码，得到数字信号。

经过上面的处理过程，原来的模拟信号经 PCM 编码后得到图 2-12 所示的系列二进制数据。

5. 正交调制的基本概念

ADSL（非对称数字用户线路）常用正交调幅（Quadrature Amplitude Modulation，QAM）技术调制。这种调制技术是调幅与调相的综合。使用两个彼此相差 90° 的互为副本的载波频率，就有可能在相同的载波频率上同时发送两个不同的信号，QAM 正是利用了这一特点。对 QAM 来说，每个载波都通过 ASK 调制。两个独立的信号同时经过相同的媒体传送。在接收方，这两个信号分别被解调，得到的结果再合并成原始的二进制输入信号。

如果使用两电平 ASK，那么这两条数据流中的每一条都可以处于两种状态之一，那么合并后的数据流可以是 4（2×2）种状态之一。如果使用四电平 ASK（即 4 种不同的幅度），那么合并后的数据流可以是 16（4×4）种状态之一。使用 64 种甚至是 256 种状态的系统都已实现。状态数越大，那么在给定带宽中可能的数据率就越高。当然，状态数越大，因噪声和衰减而造成差错的可能性也越大。

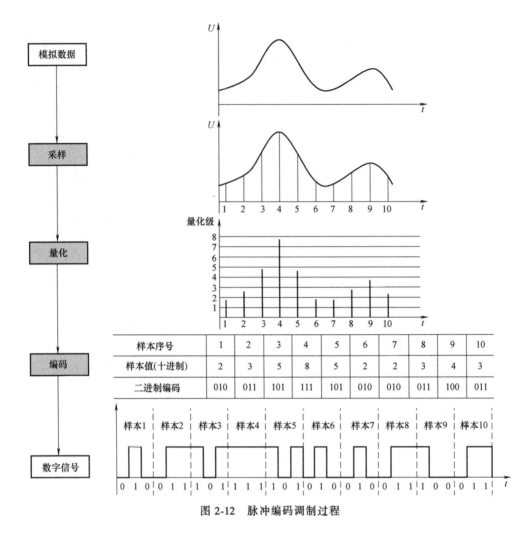

图 2-12　脉冲编码调制过程

还有一些正交调制，如 QPSK 等，这里不再介绍。

6. 扩频简介

扩频（Spread Spectrum）是一种常用的通信形式。扩频并不能完全适用于本节介绍的几种编码的分类，这是因为通过模拟信号扩频既可用于传输模拟数据，也可用于传输数字数据。扩频实质为调制技术，这里进行简单介绍。

扩频系统的主要特点是，输入的数据进入信道编码器，并产生模拟信号，这个模拟信号具有围绕某个中心频率的相对较窄的带宽。这个信号被类似随机的数字序列进一步调制，这个随机数字序列称为伪随机序列（Pseudorandom Sequence）。用伪随机序列调制后，传输信号的带宽显著增加（频谱被扩展）。在接收端，使用相同的数字序列对扩频信号进行解调。最后，信号进入信道解码器并被还原成数据。

伪随机序列是使用一些称为种子（Seed）的初始值通过某种算法得到的，除非知道算法和种子，否则就不大可能推测出这个序列。

（1）直接序列扩频

直接序列扩频（Direct Sequence Spread Spectrum，DSSS）通信技术被广泛应用于计算机无线网等许多领域。

使用这种机制时，原始信号中的一个比特在传输信号中就变成了多个比特，称为切片编码（Chipping Code）。这种切片编码将信号扩展到较宽的频带范围，而这个频带范围与使用的比特数成正比。例如，在发射端将"1"用 11000100110 代替，而将"0"用 00110010110 代替，这个过程就实现了扩频，而在接收机处，只要把收到的序列是 11000100110 的恢复成"1"，把 00110010110 恢复成"0"即可，这就是解扩。

直接序列扩频通信技术特点如下：

1）抗干扰性强。抗干扰是扩频通信的主要特性之一，比如信号扩频宽度为 100 倍时，窄带干扰基本上不起作用，而宽带干扰在不知道信号的扩频码的情况下，由于不同扩频编码之间具有不同的相关性，因此干扰也不起作用。

2）隐蔽性好。因为信号在很宽的频带上被扩展，单位带宽上的功率很小，即信号功率谱密度很低，信号淹没在白噪声之中，别人难以发现信号的存在，加之不知扩频编码，很难拾取有用信号，而极低的功率谱密度也很少对其他电信设备构成干扰。

3）易于实现码分多址（CDMA）。

4）抗多径干扰。在移动通信、室内通信等通信环境下，多径干扰是非常严重的。无线通信中的抗多径干扰一直是难以解决的问题。利用扩频编码之间的相关特性，在接收端可以用相关技术从多径信号中提取及分离出最强的有用信号，也可把多个路径来的同一伪随机序列的波形相加，使之得到加强，从而达到有效地抗多径干扰。

5）DSSS 通信速率高。其速率可达 2Mbit/s、8Mbit/s、11Mbit/s，无须申请频率资源，建网简单，网络性能好。

（2）跳频扩频

跳频扩频（Frequency Hopping Spread Spectrum，FHSS）是另一种常用的扩频技术，其实现方法是载频信号以一定的速度和顺序在多个频率点上跳变传递，接收端以相应的速度和顺序接收并解调。这个预先设定的频率跳变的序列就是伪随机序列。

在伪随机序列的控制下，收发双方按照设定的序列在不同的频点上进行通信。由于系统的工作频率在不停地跳变，在每个频率点上停留的时间仅为毫秒或微秒，因此在一个相对的时间段内，就可以看作在一个宽的频段内分布了传输信号，也就是宽带传输。跳频通信系统的跳频速度反映了系统的性能，好的跳频系统每秒的跳频次数可以达到上万跳。

跳频扩频技术的特点是抗干扰能力强，由于在实际通信中，通信频率一直是变化不定的，控制跳频的伪随机序列的周期可以长达数年，跳变的频率可以达到成千上万个，因此对于干扰信号来说，基本上不可能捕捉到传输信号，对于固定频率干扰，也可以跳变一个频点避开。相对于 DSSS，跳频技术具有更好的保密性和抗干扰性能，但带宽较低。

2.4.2 数据传输方式

根据不同的分类标准，数据传输有不同的方式，数据传输方式分为以下几种。

1. 串/并行通信

并行通信是指数字信号以成组的方式在多个并行信道上同时进行传输。

并行通信传输速度快，收发双方不存在字符同步问题。并行通信采用多条并行线路，线路间存在电平干扰，并且增加了费用。并行通信适用于近距离和高速率的通信（是计算机内的主要传输方式)。

串行通信是指数据以比特流逐位在一条信道上传输。其优点是费用低（一条线路），缺点是传输效率低，收发双方需要保证同步。串行通信适用于计算机之间的通信和远程通信（它是计算机网络的主要传输方式）。

2. 通信线路的连接方式

（1）点对点连接

点对点的线路连接就是在发送端和接收端之间采用一条线路连接，使用的线路形式包括专用线路、租用线路或交换线路。线路连接类型有点对点连接和点对多点式集中连接。点对点连接如图 2-13 所示。

（2）多点连接

多点线路连接是指各个站点通过一条公共通信线路连接，其线路形式包括空间分享线路（同时发送数据）和时间分享线路（轮流发送数据），连接类型分为点对多点式连接和多点对多点复用式连接。多点连接如图 2-14 所示。

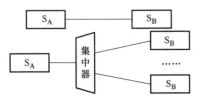

图 2-13 通信线路的点对点连接

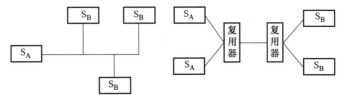

图 2-14 通信线路的多点连接

3. 单/双工通信

数据传输按数据传送的方向与时间可以分为单工、半双工、全双工 3 种传输方式，如图 2-15 所示。

单工数据传输指的是两个数据站之间只能沿一个指定的方向进行数据传输。在图 2-15a 中，数据由 A 站传到 B 站，而 B 站至 A 站只传送联络信号。前者称正向数据信道，后者称反向信道。一般正向数据信道的传输速率较高，反向信道的传输速率很低，其速率一般不超过 75bit/s。此种方式适用于数据收集系统，如气象数据的收集、电话费的集中计算等。因为在这种数据收集系统中，大量数据只需要从一端到另一端，只有少量联络信号通过反向信道传输。

半双工数据传输是两个数据之间可以在两个方向上进行数据传输，但不能同时进行。该方式要求 A 站、B 站两端都有发送装置和接收装置，如图 2-15b 所示。若想改变信息的传输方向，需要由开关 K1 和 K2 进行切换。问讯、检索、科学计算等数据通信系统运用半双工数据传输。

全双工数据传输是两个数据站之间可以在两个方向同时进行数据传输，如图 2-15c 所示。全双工通信效率高，但组成系统的造价高，适用于计算机之间的高速数据通信系统。

4. 基带传输和频带传输

（1）基带传输

基带是指离散矩形波固有的频带。基带信号是指离散矩形波（用 0、1 表示的离散矩形波信号）。基带传输是指在信道中直接传输数字信号的传输方式，且传输媒体的整个带宽都被基带信号占用，双向地传输数据。

基带传输的频带可以从 0Hz（直流）到几百 MHz，甚至几千 MHz。由于传输线路的电容对传输信号的波形影响很大，因此传输距离不大于 2.5km，否则就要使用重发器来延长传输距离。电话通信线路一般不能满足基带传输要求。

（2）频带传输

频带传输就是先将基带信号变换（调制）成便于在模拟信道中传输的、具有较高频率范围的模拟信号（称为频带信号），再将这种信号在模拟信道中传输。

计算机网络的远距离通信经常采用频带传输，如利用电话线的宽带 ADSL 接入。其基带信号与频带信号的转换是由调制解调技术完成的。

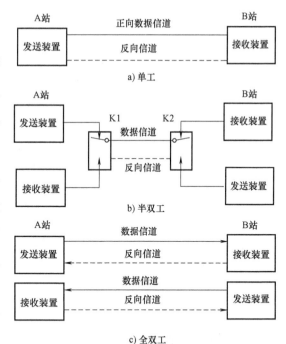

图 2-15 单工、半双工、全双工示意图

5. 异步传输和同步传输

在数据通信系统中，当发送端与接收端采用串行通信时，通信双方交换数据时要有高度的协同动作，即保证传输数据速率、每个比特的持续时间和间隔均相同，这就是同步问题。同步就是要保证接收方按照发送方发送的每个码元/比特的起止时刻和速率来接收数据。否则，即使收发端产生微小的误差，随着时间的增加，该误差会逐渐积累，最终也会造成收发端之间的失调，使传输出错。

数据传输有同步传输和异步传输两种方式（在利用数据编码的位同步基础上）。

（1）异步传输

异步传输以字符作为数据传输的基本单位。在传送的每个字符首末分别设置一位起始位以及一位或两位停止位，起始位是低电平（编码为 "0"），停止位为高电平（编码为 "1"）。字符可以是 5 位或 8 位，当字符为 8 位时，停止位是两位，8 位字符中包含一位校验位。

当没有传输字符时，传输线一直处于停止位状态，即高电平。一旦接收端检测到传输线状态的变化，即从高电平变为低电平，就意味着发送端已开始发送字符，接收端立即启动定时机构，按发送的速率顺序接收字符。

如图 2-16 所示，各字符之间的间隔是任意的、非同步的，但在一个字符时间之内，收发双方的各数据位保持同步。

异步传输实现简单，但开销大，因为每一个字符都需要额外的同步信息（起始位和停止位）。异步传输适用于低速（一般每秒/传输小于 1500 个字符）的终端设备。

（2）同步传输

同步传输要求发送方和接收方时钟始终保持同步，即每个比特位必须在收发两端始终保持同步，中间没有间断时间。

同步传输又可分为面向字符的同步传输和面向位的同步传输，如图 2-17 所示。

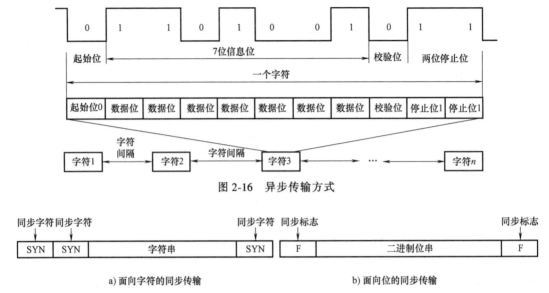

图 2-16 异步传输方式

a) 面向字符的同步传输   b) 面向位的同步传输

图 2-17 同步传输方式

面向字符的同步传输在传送一组字符之前加入一个（8bit）或两个（16bit）同步字符 SYN，使收发双方进入同步。同步字符之后可以连续地发送多个字符，每个字符不再需要任何附加位。接收方接收到同步字符时就开始接收数据，直到再收到同步字符时停止接收。

面向位的同步传输每次发送一个二进制序列，用某个特殊的 8 位二进制串 F（如 01111110）作为同步标志来表示发送的开始和结束。

同步传输不是独立地发送每个字符，而是把字符或二进制序列组合为带有同步标志的数据块发送，一般称这样的数据块为数据帧，简称帧。随着数据比特的增加，同步标志所占开销的百分比将相应地减小，因此同步传输一般在高速传输数据的系统中采用。

2.5 多 路 复 用

多路复用（Multiplexing）也常简称为复用，在网络中是一个基本的概念，指的是在一条物理线路上传输多路信号来充分利用信道资源。采用多路复用的主要原因如下：

1）通信工程中用于通信线路架设的费用相当高，人们需要充分利用通信线路的容量。

2）无论在广域网还是在局域网中，传输介质的传输容量往往都超过了单一信道传输的通信量。

多路复用的基本原理如图 2-18 所示。

发送方将多个用户的数据通过复用器（Multiplexer）进行汇集，然后将汇集后的数据通过一条物理线路传送到接收设备。接收设备通过分用器（Demultiplexer）将数据分离成各个单独的数据，再分发给接收方的多个用户。具备复用器与分

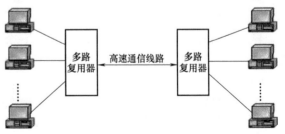

图 2-18 多路复用的基本原理示意图

用器功能的设备称为多路复用器。这样，人们就可以用一对多路复用器和一条通信线路来代替多套发送/接收设备与多条通信线路。

多路复用一般可分为以下几种基本形式：

1）频分多路复用（Frequency Division Multiplexing，FDM）。

2）波分多路复用（Wavelength Division Multiplexing，WDM）。

3）时分多路复用（Time Division Multiplexing，TDM）。

4）码分多路复用（Code Division Multiplexing，CDM）。

2.5.1 频分多路复用

1. 基本原理

频分多路复用的基本原理是，在一条通信线路上设计多路通信信道，每路信道的信号以不同的载波频率进行调制，各个载波频率是不重叠的，相邻信道之间用"警戒频带"隔离。那么，一条通信线路就可以同时独立地传输多路信号。

频分多路复用是利用带通滤波器实现的。

如果设计单个信道的带宽为 B_m，警戒信道带宽为 B_g，那么每个信道实际占有的带宽 $B = B_m + B_g$。由 N 个信道组成的频分多路复用系统所占用的总带宽为 $N \times B = N \times (B_m + B_g)$。

使用 FDM 的前提是物理信道的可用带宽要远远大于各原始信号的带宽。FDM 技术成熟、实现简单，主要用于模拟信道的复用，广泛用于广播电视、宽带及无线计算机网络等领域。

2. 正交频分复用（OFDM）

OFDM 在无线网络中被广泛应用，其基本思想是将信道的可用带宽划分成若干相互正交的子载波，在每个子载波上独立进行数据传输，从而实现对高速串行数据流的低速并行传输。它由传统的频分复用技术演变而来，区别在于，OFDM 是通过 DFT（离散傅里叶变换）和 IDFT 而不是传统的带通滤波器来实现子载波之间的分割的。各子载波可以部分重叠，但仍然保持正交性，因而大大提高了系统的频谱利用率。此外，数据的低速并行传输增强了 OFDM 抵抗多径干扰和频率选择性衰减的能力。

OFDM 的每个子载波可以有自己的调制方式，例如可以选用 QAM64 等。

2.5.2 波分多路复用

所谓波分多路复用（WDM），是指在一根光纤上同时传输多个波长不同的光载波。实际上，WDM 是 FDM 的一个变种，用于光纤信道。

以两束光波为例，如果两束光波的频率是不相同的，它们通过棱镜（或光栅）之后，使用了一条共享的光纤传输，它们到达目的结点后，再经过棱镜（或光栅）重新分成两束光波。因此，波分多路复用并不是什么新的概念。只要每个信道有各自的频率范围且互不重叠，它们就能够以多路复用的方式通过共享光纤进行远距离传输。与电信号的频分多路复用利用带通滤波器实现不同，波分多路复用是在光学系统中利用衍射光栅来实现多路不同频率光波信号的合成与分解。

随着技术的发展，目前可以复用 80 路或更多路的光载波信号，这种复用技术也称为密集波分复用（Dense Wavelength Division Multiplexing，DWDM）。

例如，如果人们将 8 路传输速率为 2.5Gbit/s 的光信号经过光调制后，分别将光信号的波长变换到 1550~1557nm，每个光载波的波长相隔大约 1nm。那么经过波分复用后，一根光纤上的总的数据传输速率为 8×2.5Gbit/s=20Gbit/s。波分多路复用系统在目前的高速主干网中已经广泛应用。

2.5.3 时分多路复用

1. 时分多路复用的概念

当信号的频宽与物理线路的频宽相当时，就不适合采用频分复用技术，如数字信号具有较大的频率宽度，通常需要占用物理线路的全部带宽来传输一路信号，但它作为离散量，又具有持续时间很短的特点。因此，可以考虑将线路的传输时间作为分割对象。

时分多路复用是将线路传输时间分成一个个互不重叠的时隙（Time Slot），并按一定规则将这些时隙分配给多路信号，每一路信号在分配给自己的时隙内独占信道进行传输。

2. 时分多路复用的分类

时分多路复用又可分为两类：同步时分多路复用与统计时分多路复用。

（1）同步时分多路复用

同步时分多路复用（Synchronous TDM，STDM）将时间片预先分配给各个信道，并且时间片固定不变，因此各个信道的发送与接收必须是同步的。同步时分多路复用的工作原理如图 2-19 所示。

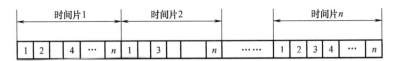

图 2-19 同步时分多路复用的工作原理

例如，有 n 条信道复用一条通信线路，那么可以把通信线路的传输时间分成 n 个时隙。假定 $n=10$，传输时间周期 T 定为 1s，那么每个时隙为 0.1s。在第 1 个周期内，我们将第 1 个时隙分配给第 1 路信号，将第 2 个时隙分配给第 2 路信号，……，将第 10 个时隙分配给第 10 路信号。在第 2 个周期开始后，再将第 1 个时隙分配给第 1 路，将第 2 个时隙分配给第 2 路信号，按此规律循环下去。这样，在接收端只需要采用严格的时间同步，按照相同的顺序接收，就能够将多路信号分割、复原。

同步时分多路复用采用了将时间片固定分配给各个信道的方法，而不考虑这些信道是否有数据要发送。在通信负载小的时候，这种方法势必造成信道资源的浪费。为了克服这一缺点，可以采用异步时分多路复用（Asynchronous TDM，ATDM）的方法，这种方法也称为统计时分多路复用。

（2）统计时分多路复用

统计时分多路复用允许动态地分配时间片，工作原理如图 2-20 所示。

图 2-20 统计时分多路复用的工作原理

假设复用的信道数为 m，每个周期 T 分为 n 个时隙。由于考虑到 m 个信道并不总是同时工作的，为了提高通信线路的利用率，允许 $m>n$。这样，每个周期内的各个时隙只分配给那些需要发送数据的信道。在第 1 个周期内，可以将第 1 个时隙分配给第 1 路信号，将第 2 个时隙分配给第 2 路信号，将第 3 个时隙分配给第 4 路信号，……，将第 n 个时隙分配给第 m 路信号。在第 2 个周期到来后，可以将第 1 个时隙分配给第 1 路信号，将第 2 个时隙分配给第 2 路信号，将第 3 个时隙分配给第 5 路信号，……，将第 n 个时隙分配给第 m 路信号，并且继续循环下去。

可以看出，在动态时分复用中，时隙序号与信道号之间不再存在固定的对应关系。这种方法可以避免通信线路资源的浪费，但由于信道号与时隙序号无固定对应关系，因此接收端无法确定应将哪个时隙的信号传送到哪个信道。为了解决这个问题，动态时分多路复用的发送端需要在传送数据的同时传送使用的发送信道与接收信道的序号，即各信道发出的数据都需要带有双方地址，由通信线路两端的多路复用设备来识别地址、确定输出信道。多路复用设备也可以采用存储转发方式，以调节通信线路的平均传输速率，使其更接近于通信线路的额定数据传输速率，以提高通信线路的利用率。

异步时分多路复用技术为异步传输模式（ATM）技术的研究奠定了理论基础。

3. 时分多路复用的应用

1）E1 标准。E1 标准就是采用时分多路复用技术将许多路 PCM 语音信号装成时分复用帧后，再送到线路上一帧一帧地传输。E1 标准在欧洲各国、中国、南美国家使用。

如图 2-21 所示，E1 标准每 $125\mu s$（8000 次采样）为一个时间片，每个时间片分为 32 个通道（时隙），每个时隙可容纳 8bit。通道 0 用于同步，通道 16 用于信令，其他 30 个通道用于传输 30 个 PCM 语音数据。E1 的数据率为（$32\times8bit$）$/125\mu s=2.048Mbit/s$。

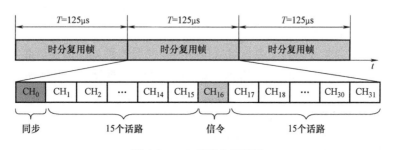

图 2-21　E1 的时分复用帧

对 E1 进一步复用，还可构成 E2~E5 等高次群。

2）T1 标准。T1 标准也采用时分多路复用技术，使 24 个话路复用在一个物理信道上。T1 标准在北美各国和地区及日本使用。

如图 2-22 所示，T1 标准每 $125\mu s$ 为一个时间片，每个时间片分为 24 个话路，每个话路的采样脉冲用 7bit 编码，然后加上 1bit 信令码元，因此一个话路也占 8bit。帧同步码是在 24 路编码之后加 1bit，这样每帧共有 193bit。

T1 的数据率为（$24\times8bit+1bit$）$/125\mu s=1.544Mbit/s$。对 T1 进一步复用，还可构成 T2~T4 等高次群。

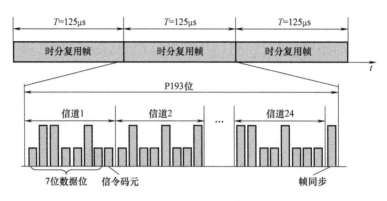

图 2-22　T1 的时分复用帧

2.5.4　码分多路复用

1. 码分多路复用的概念

码分多路复用（Code Division Multiplexing，CDM）技术又叫码分多址（Code Division Multiple Access，CDMA）技术，它是在扩频通信技术基础上发展起来的一种无线通信技术。

FDM 的特点是信道不独占，而时间资源共享，每一子信道使用的频带互不重叠；TDM 的特点是独占时隙，而信道资源共享，每一个子信道使用的时隙不重叠；CDMA 的特点是所有子信道在同一时间可以使用整个信道进行数据传输，它在信道与时间资源上均共享，因此，信道的效率高，系统的容量大。

CDMA 是基于扩频技术实现的。

这种技术多用于移动通信，不同的移动台（或手机）可以使用同一个频率，但是每个移动台（或手机）都被分配一个独特的"码序列"，该码序列与所有别的码序列都不同，所以各个用户相互之间也没有干扰。

CDMA 系统的一个重要特点就是系统给每一个站分配的码片序列不仅必须各不相同，并且还必须互相正交（Orthogonal），即内积（Inner Product）都是 0，但任何一个码片向量的规格化内积都是 1，一个码片向量和该码片反码的向量的规格化内积值是 −1。

2. 码分多路复用的应用

CDMA 技术完全适合当前移动通信网的大容量、高质量、综合业务、软切换等要求，正受到越来越多的运营商和用户的青睐，因而在移动通信中被广泛使用，特别是在无线局域网中。采用 CDMA 可提高通信的语音质量和数据传输的可靠性，减少干扰对通信的影响，增大通信系统的容量，降低手机的平均发射功率。

2.6　物理层接口与协议

物理层考虑的是怎样才能在连接各种计算机的传输媒体上传输数据比特流。现有的计算机网络中的物理设备和传输媒体种类繁多，而通信手段也有所不同。物理层要尽可能地屏蔽这些差异，使物理层上面的数据链路层看不到这些差异，这样，数据链路层就可以只考虑本层的协议和服务。

物理层协议规定了与建立、管理及释放物理信道有关的特性，这些特性包括机械的、电气的、功能性的、规程性的4个方面。这些特性确保物理层能通过物理信道在相邻网络结点之间正确地收发比特流信息。

物理层仅关心比特流信息的传输，而不涉及比特流中各比特之间的关系（包括信息格式及含义），对传输差错也不做任何控制。

2.6.1 物理层接口与标准的基本概念及特性

1. 基本概念

广域网物理层定义了数据终端设备（Data Terminal Equipment，DTE）及数据电路端设备（Data Circuit-termination Equipment，DCE）之间的接口规范和标准。DTE是用户网络接口上的用户端设备，典型的DTE是路由器、主机等；而DCE是网络端设备，DCE的作用是在DTE和传输线路之间提供信号变换和编码的功能，并且负责建立、管理和释放数据链路的连接，如调制解调器、自动呼叫应答设备或信道服务单元/数据服务单元（CSU/DSU）。

DTE与DCE接口示意如图2-23所示。

物理层接口协议实际上是DTE与DCE或其他设备之间的一组约定，主要解决网络结点与物理信道如何连接的问题。物理层协议规定了标准接口

图2-23　DTE与DCE接口示意图

的机械特性、电气特性、功能特性以及规程特性，这样做的主要目的是便于不同的制造厂商根据公认的标准各自独立制造的设备能够相互兼容。

2. 机械特性

DTE与DCE之间通过多根导线相互连接，即一种设备的引出导线连接插头，另一种设备的引出导线连接插座，然后通过插头插座将两种设备连接起来。物理层的机械特性对插头和插座的几何尺寸、插针或插孔芯数及其排列方式、锁定装置形式等做了详细的规定，以使不同厂家生产的DTE、DCE设备能够方便地连接。

3. 电气特性

DTE与DCE之间有多根导线相连，这些导线除了地线以外，其他信号线均有方向性。物理层的电气特性规定了这组信号线的电气连接及有关电路的特性，一般包括接收器和发送器电路特性的说明、表示信号状态的电平的识别、最大数据传输速率的说明以及与互连电缆相关的规则等。

4. 功能特性

物理层的功能特性规定了接口信号的来源、作用以及与其他信号之间的关系。接口信号线按功能一般可分为数据信号线、控制信号线、定时信号线和接地线4类。信号线可以采用数字、字母组合或英文缩写3种方式命名。

5. 规程特性

物理层的规程特性规定了使用交换电路进行数据交换的控制步骤，这些步骤的应用使得比特流传输得以完成。

2.6.2 物理层标准举例

1. IEEE 802.3 物理层接口标准

局域网物理层协议中最出名的是 IEEE 802.3 标准，它定义了以太网的各种线缆标准和接口的类型等。

接口有很多种，常见的接口有 RJ-45 接口、RJ-11 接口、AUI 接口。这 3 种接口主要用来连接不同的线缆，通常 RJ-45 接口用来连接双绞线，它的应用十分普遍，比如计算机的网卡、集线器、交换机都提供 RJ-45 接口。RJ-11 接口主要用于连接电话线；AUI 接口则与粗同轴电缆线搭配使用。

下面简单介绍一下计算机网络中较常见的 RJ-45 标准。

RJ-45 是一个常用名称，指的是由 IEC（60）603-7 标准化的使用由国际性的接插件标准定义的 8 个位置（8 针）的模块化插孔或者插头。IEC（60）603-7 也是 ISO/IEC 11801 国际通用综合布线标准的连接硬件的参考标准。ISO/IEC 11801 标准关于连接硬件需求的规定如下。

1）信息插座连接处的物理尺寸参考 IEC（60）603-7 中 8 针 RJ45 标准。

2）信息插座的电缆端接导体数量为 8。关于以太网接口的机械特性、电气特性、功能特性、规程特性，都有明确的规定。

对以太网 10/100 Base-T RJ-45 接口的定义见表 2-1。

表 2-1　RJ-45 接口定义

脚名	功能定义	简称	脚名	功能定义	简称
1	Tranceive Data+（发信号+）	TX+	5	Not connected（空脚）	n/c
2	Tranceive Data-（发信号-）	TX-	6	Receive Data-（收信号-）	RX-
3	Receive Data+（收信号+）	RX+	7	Not connected（空脚）	n/c
4	Not connected（空脚）	n/c	8	Not connected（空脚）	n/c

2. EIA RS-232-C 接口标准

EIA RS-232-C 是 EIA 在 1996 年颁布的串行物理接口标准。RS-232-C 标准提供了一个用公用电话网络作为传输媒体并通过调制解调器将远程设备连接起来的技术规定。

计算机与调制解调器间的接口是物理层协议的一个实例，它必须详细说明机械、电气、功能和规程接口。终端或计算机为数据终端设备（DTE），调制解调器为数据电路端接设备（DCE）。

下面简要介绍物理层标准 EIA RS-232 的一些主要特点。

机械特性：宽为 47.04±0.13mm（螺钉中心间的距离），每个插座有 25 针插头，上面一排针的编号为 1~13，下面一排针的编号为 14~25，还有一些其他尺寸的严格说明。

电气特性：用低于-3V 的电压表示二进制 "1"，用高于+4V 的电压表示二进制 "0"；允许的最大数据传输速率为 20kbit/s；最长可用电缆为 15m。

功能特性：规定了 25 针各与哪些电路连接以及每个信号的含义。图 2-24 所示为 9 针的情况，这 9 针几乎总要用到的，而其余的针常常不用。有时只用图中的 9 个引脚制成专用的 9 芯插头，供计算机与调制解调器的连接使用，如图 2-25 所示。

规程特性：是指协议，即事件的合法顺序。协议是基于"请求-应答"关系的。例如，当终端请求发送时，如果调制解调器能够接收数据，则它设置允许发送标志。

早期的 PC 通常配备两个异步串行通信端口，分别称作 COM1 和 COM2，它们都符合 RS-232-C 标准。此接口能实现两台 PC 之间的异步串行通信。RS-232 是电子工业协会制定的，其后制定的是 RS-449，相应的国际标准是 CCITT 推荐的 V.24 标准，它与 RS-232-C 相似，只是很少使用，电路上稍有不同。

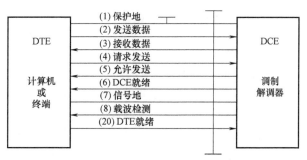

图 2-24 RS-232 的一些主要信号定义情况

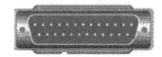

图 2-25 RS-232-C 外观

3. V.24 和 V.35 接口标准

（1）V.24 接口标准

CCITT V.24 的建议中有关 DTE-DCE 之间的接口标准有 100 系列、200 系列两种。100 系列的接口标准机械特性采用两种规定，当传输速率为 200～9600bit/s 时，采用 25 芯标准连接器；传输速率达 48kbit/s 时，采用 34 芯标准连接器。200 系列接口标准则采用 25 芯标准连接器。

V.24 电缆可工作在同步、异步两种方式下。计算机和调制解调器（Modem）之间的通信采用异步方式。在同步方式下，其最高速率为 64000bit/s，而在异步方式下，最高传输速率可达 115200bit/s。

符合 V.24 规程的接口及电缆在通信、计算机系统中使用得非常广泛。计算机串口、路由器的广域网接口都满足 V.24 规程。

（2）V.35 接口标准

V.35 与 V.24 相似，V.35 电缆的接口特性严格遵照 EIA/TIA-V.35 标准。V.35 电缆一般只用于同步方式传输数据，通常用于路由器与基带 Modem 之间的连接。此方式下，与使用 V.24 电缆相同，路由器总是处于 DTE 侧。

路由器端为 DB50 接头，外接网络端为 34 针头。它也分为 DCE 和 DTE 两种，对应的 DCE 侧为插座（34 孔），DTE 侧为插头（34 针）。

V.35 电缆工作在同步方式下，最高传输速率是 2Mbit/s。但就目前来说，没有网络营运商在 V.35 接口上提供这种带宽的服务。

在 V.24 及 V.35 规程中有几个常见的而且很重要的控制信号。

1）DTR（Data Terminal Ready）：数据终端准备完毕。

2）DSR（Data Set Ready）：数据准备完毕。

3）DCD（Data Carrier Detect）：数据载体检测。

4）RTS（Request To Send）：请求发送。

5）CTS（Clear To Send）：清除发送。

2.6.3 常见物理层设备

1. 中继器

中继器（Repeater）是最简单的网络互联设备，是一对一的专门延长传输距离的连接器，常用于两个网络结点之间的物理信号的双向转发工作。由于存在损耗，信号在线路上传输时会逐渐衰减，衰减到一定程度时将造成信号失真，导致接收错误。中继器就是为解决这一问题而设计的，用于连接物理线路，对衰减的信号进行放大，保持与原数据相同。它主要完成物理层的功能，负责在两个结点的物理层上按位传递信息，完成信号的复制、调整和放大。

2. 集线器

集线器（Hub）主要完成物理层的功能，可以实现底层比特流信号的传输，如图 2-26 所示。集线器属于中继器的一种，实际上是一种多端口的中继器，它可以对收到的信号放大、整形，从而延长网络连接的长度。集线器的每个端口通过 RJ-45 插座用双绞线与计算机网卡相连，每个端口都有发送数据和接收数据的能力。集线器的某个端口接收到计算机

图 2-26 集线器

发来的数据帧时，便将数据帧转发到所有的端口，若两个端口同时有信号输入，集线器就向所有端口发送干扰信号。

集线器有多种分类方法，按端口数量来分，常见的规格有 4 口、8 口、16 口、24 口和 32 口等；按端口带宽可分为 10Mbit/s、100Mbit/s、10/100Mbit/s 自适应 3 种。

集线器主要有两个特点：一是共享带宽；二是半双工。由于集线器采用"广播"的方式传输信息，集线器传送数据时只能工作在半双工状态。由于集线器连接的计算机处于一个冲突域，连接的计算机越多，冲突越多，速度越慢，而且网络中的广播包过多，会占用网络带宽，容易产生广播风暴，因此，集线器不适于组建大规模的以太网。

3. 调制解调器

调制解调器（Modem）就是调制器（Modulator）和解调器（Demodulator）的英文单词各取其词头合并而成的。调制器主要充当一个波形变换器，用于将基带数字信号的波形变换成适合于模拟信道传输的波形；解调器主要充当一个波形识别器，用于将经过调制器变换的模拟信号恢复成原来的数字信号。所以，调制解调器的主要作用是在通信过程中实现模拟信号和数字信号的相互转换。调制解调器分为内置式和外置式两种。

2.7 同步光纤网与同步数字体系

2.7.1 SONET 与 SDH 的基本概念

早期的电话运营商在电话交换网中使用光纤时，时分多路复用（TDM）设备是专用的，并且各个运营商的 TDM 标准不同。1985 年，美国贝尔实验室首先提出了同步光纤网（Synchronous Optical Network，SONET）的概念。研究 SONET 的目的是解决光接口标准规范问题，以便不同厂家的产品可以互联，从而能够建立大型的光纤网络。

ITU-T 在 SONET 的基础上制定同步数字体系（Synchronous Digital Hierarchy，SDH）标准，从而统一了国际通信传输速率、接口标准体制。SDH 标准不仅适用于光纤传输系统，也适用于微波与卫星传输体系。

2.7.2 基本速率标准的制定

在系统讨论 SDH 速率之前，需要介绍在数据通信研究的初期曾经出现过的多种基本的速率标准，如 T1 载波速率、E1 载波速率。

1. T1 载波速率

北美的 T1 载波速率是针对脉冲编码调制的时分多路复用而设计的。图 2-27 为时分多路复用 T1 载波帧结构示意图。

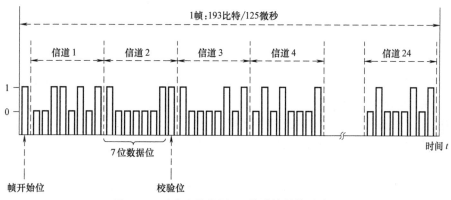

图 2-27 时分多路复用 T1 载波帧结构示意图

T1 系统将 24 路数字语音信道复用在一条通信线路上。每路模拟语音信号通过 PCM 编码器轮流将 24 路每个信道 8bit 的数字语音信号插入到帧中指定的位置。那么每一个 T1 载波帧长度为 24×8＝192bit，附加 1bit 作为帧开始标志位，因此每帧共有 193bit。发送一个帧需要的时间为 1/8000＝125us。因此，T1 载波的数据传输速率为

$$T1=(193/125)\times10^6=1.544(Mbit/s)$$

2. E1 载波速率

由于历史上的原因，除了北美的 24 路 PCM 数字语音信道复用的 T1 载波之外，还存在欧洲的 30 路 PCM 数字语音信道复用的 E1 载波。

E1 标准是 CCITT 标准，它将 30 路数字语音信道和两路控制信道复用在一条通信线路上。每个信道在一帧中插入 8bit 数据，这样一帧要传送的数据共（30+2）×8＝256bit。传送一帧的时间为 125pμs，则 E1 载波的数据传输速率为

$$E1=(256/125)\times10^6=2.048(Mbit/s)$$

2.7.3 SDH 的复用结构及速率体系

1. SDH 的复用结构

图 2-28 为 SDH 的复用结构示意图。

2. SDH 速率体系

理解同步数字体系（SDH）的复用结构，需要注意以下几个问题。

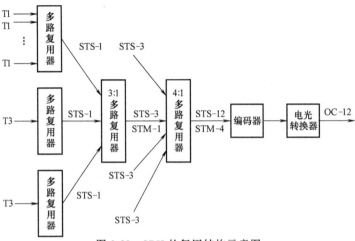

图 2-28　SDH 的复用结构示意图

（1）STS 速率、OC 速率与 STM 速率

在实际使用中，SDH 速率体系涉及 3 种速率：SONET 的 STS 与 OC 速率标准、SDH 的 STM 标准。它们之间的区别表现在：

1）OC 定义的是光纤上传输的光信号速率。

2）STS 定义的是数字电路接口的电信号传输速率。

3）STM 标准是电话主干线路的数字信号速率标准。

在讨论 PCM 技术时已经计算过，如果每秒钟采样 8000 次，每一次采样样本幅值用 8 位二进制编码表示，那么一路电话语音信号的数据传输速率应该为 64kbit/s。STS-1 复用了 810 路数字语音信道，因此 STS-1 的速率为 810×64kbit/s = 51.840Mbit/s。

（2）OC、STS 与 STM 速率对应关系

SONET 定义的线路速率标准是以第 1 级同步传输信号 STS-1（51.840Mbit/s）为基础的，与其对应的是第 1 级光载波（Optical Carrier-1，OC-1）。

SDH 信号中最基本的模块是 STM-1，对应 STS-3，速率为 51.840×3 = 155.520Mbit/s。更高等级的 STM-n 是将 STM-1 同步复用而成的。4 个 STM-1 构成一个 STM-4（622.080Mbit/s），16 个 STM-1 构成一个 STM-16（约为 2.5Gbit/s），64 个 STM-1 构成一个 STM-64（约为 10Gbit/s）。表 2-2 给出了 SONET 的 OC 级、STS 级与 SDH 的 STM 级的速率对应关系。

表 2-2　SONET 的速率对应关系

传输速率（Mbit/s）	OC 级	STS 级	STM 级
51.840	OC-1	STS-1	
155.520	OC-3	STS-3	STM-1
466.560	OC-9	STS-9	
622.080	OC-12	STS-12	STM-4
933.120	OC-18	STS-18	
1244.160	OC-24	STS-24	STM-8
1866.240	OC-36	STS-36	STM-12
2483.320	OC-48	STS-48	STM-16
9953.280	OC-192	STS-192	STM-64

2.8 接 入 技 术

2.8.1 接入技术的分类

接入技术关系到如何将成千上万的住宅、办公室、企业用户的计算机与移动终端设备接入 Internet，关系到用户能得到的网络服务的类型、应用水平、服务质量、资费等切身利益问题，同时也是城市网络基础设施建设中需要解决的一个重要问题。

用户接入可以分为家庭接入、校园接入、机关与企业接入，接入技术可以分为有线接入与无线接入两大类。图 2-29 为接入技术类型示意图。图 2-29 中简化了核心交换层与汇聚层的结构细节，突出了不同接入技术的区别。

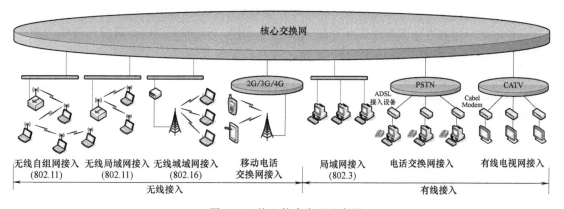

图 2-29 接入技术类型示意图

从实现技术的角度来看，宽带接入技术主要包括有线接入和无线接入技术。其中，有线接入包括电话交换网接入、有线电视网接入、光纤接入、局域网接入；无线接入包括无线局域网接入、无线自组网接入、无线城域网接入、无线移动通信网接入。图 2-30 为接入技术分类。

本节主要介绍数字用户线 xDSL 技术、光纤同轴电缆混合网 HFC 技术、光纤接入技术等。

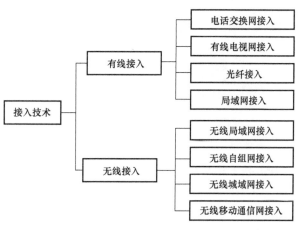

图 2-30 接入技术的分类

2.8.2 ADSL 接入技术

1. 数字用户线 xDSL 的基本概念

一提起家庭用户计算机接入 Internet，人们自然会想到利用电话线路是最方便的方法。因为电话的普及率很高。如果能够将为语音通信的电话线路改造为既能够通话又能上网，那

计算机网络教程

会是最理想的方法。数字用户线（Digital Subscriber Line，DSL）技术就是为了达到这个目的而对传统电话线路改造的产物。数字用户线是指从用户的家庭、办公室到本地电话交换中心的一对电话线。用数字用户线实现通话与上网有多种技术方案，如非对称数字用户线（Asymmetric DSL，ADSL）、高速数字用户线（High Speed DSL，HDSL）、甚高速数字用户线（Very High Speed DSL，VDSL）等，因此人们通常使用前缀 x 来表示不同的数字用户线技术方案，统称为"xDSL"。

由于家庭用户主要通过 ISP 从 Internet 下载文档，而向 Internet 发送信息的数据量不会很大，如果将从 Internet 下载文档的信道称为下行信道，将向 Internet 发送信息的信道称为上行信道，那么家庭用户需要的下行信道与上行信道的带宽是不对称的，因此非对称数字用户线（ADSL）技术很快就在家庭计算机联网中得到了广泛的应用。

ADSL 技术最初由 Intel、Compaq Computer、Microsoft 公司成立的特别兴趣组 SIG 提出，如今这个组织已经包括大多数主要的 ADSL 设备制造商和网络运营商。由于电话交换网是唯一可以在全球范围内向住宅和商业用户提供接入的网络，因此使用 ADSL 技术可以最大限度地保护电信运营商在组建电话交换网时的投资，又能够满足用户方便地接入 Internet 的需求。

2. ADSL 接入技术的特点

图 2-31 为家庭使用 ADSL 接入 Internet 的结构示意图。

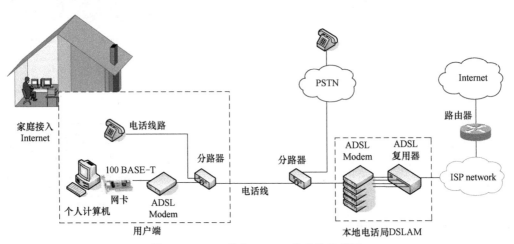

图 2-31   ADSL 接入 Internet 的结构示意图

ADSL 技术的特点主要表现在以下几个方面。

（1）ADSL 在电话线上同时提供电话与 Internet 接入服务

ADSL 可以在现有的用户电话线上通过传统的电话交换网，以不干扰传统模拟电话业务为前提的同时提供高速数字业务。数字业务包括 Internet 在线访问、远程办公、视频点播等。由于用户不需要专门为获得 ADSL 服务而重新铺设电缆，因此运营商在推广 ADSL 技术时对用户端的投资相当小，推广容易。

（2）ADSL 提供的非对称带宽特性

ADSL 系统在电话线路上划分出 3 个信道：语音信道、上行信道与下行信道。ADSL 带宽分配示意图如图 2-32 所示。在 5km 的范围内，上行信道的速率为 16~640kbit/s，下行信道的速率为 1.5～9.0Mbit/s。用户可以根据需要选择上行和下行速率。

（3）ADSL 用户端结构

ADSL 用户端的分路器（Splitter）实际上是一组滤波器，其中，低通滤波器将低于 4000Hz 的语音信号传送到电话机，高通滤波器将计算机传输的数字信号传送到 ADSL Modem。家庭用户的个人计算机通过 Ethernet 网卡、100 Base-T 非屏蔽双绞线与 ADSL Modem 连接。

ADSL Modem 将用户计算机发送的数字信号通过上行信道发送，接收从下

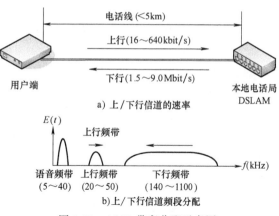

图 2-32　ADSL 带宽分配示意图

行信道传输给计算机的数字信号。ADSL Modem 不但具有调制解调的作用，同时兼有网桥和路由器的功能。

（4）本地电话局端结构

本地电话局端入口同样可以用分路器将语音信号直接接入电话交换机，实现正常的电话功能。多路计算机的数字信号由 ADSL 复用器处理。

3. ADSL 标准

ADSL 标准是物理层的协议标准。1992 年底，ANSI TIE 1.4 工作组研究了带宽为 6Mbit/s 的视频点播的 ADSL 标准。但是到了 1997 年，ADSL 的应用重点从视频点播转向宽带 Internet 接入时，研究的目标是 1.5～9Mbit/s 的 ADSL 标准。如果速率要达到 9Mbit/s，那么用户在使用 ADSL Modem 时必须安装分路器，而分路器需要 ADSL 运营商的技术人员到各家各户去安装，这将给 ADSL 技术的推广带来很大的障碍。因此，一些 ADSL 厂商与运营商从加快 ADSL 技术推广应用进程的角度考虑，必须使安装 ADSL Modem 设备变得非常简单，就像当年使用调制解调器（Modem）一样，用户自己就可以安装。从技术上来说，牺牲用户下行带宽，将下行速率降低到 1.5Mbit/s，就可以在 ADSL Modem 的接口处内嵌一个简单微滤波器，实现分路器的功能。基于这样的一种考虑，ADSL 厂商与运营商提出了下行速率为 1.5Mbit/s 的 ADSL 标准 G.Life，并于 1999 年获得 ITU 的批准，标准号是 G.992.2。相对于预先设想的 9Mbit/s 速率，1.5Mbit/s 低得多，因此 G.Life 标准又称为"轻量级 ADSL 标准"。这是目前 ADSL 厂商与运营商大力推广的一种接入设备的标准，各种高速率的 xDSL 技术与标准正在研究之中。

2.8.3　HFC 接入技术

1. 光纤同轴电缆混合网的研究背景与技术特征

与电话交换网一样，有线电视网络（CATV）也是一种覆盖面广、应用广泛的传输网络，被视为解决 Internet 宽带接入"最后一千米"问题的最佳方案。

20 世纪 60—70 年代的有线电视网络技术只能提供单向的广播业务，那时的网络以简单共享同轴电缆的分支状或树状拓扑结构组建。随着交互式视频点播、数字电视技术的推广，用户点播与电视节目播放必须使用双向传输的信道，因此产业界对有线电视网络进行了大规

模的双向传输改造。光纤同轴电缆混合网（Hybrid Fiber Coax，HFC）就是在这样的背景下产生的。图 2-33 为 HFC 结构示意图。

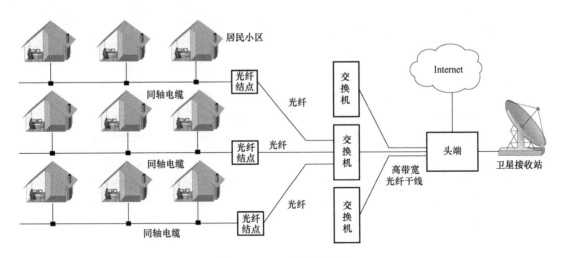

图 2-33　HFC 结构示意图

要理解 HFC 技术特征，需要注意以下几个问题。

1）HFC 技术的本质是用光纤取代有线电视网络中的干线同轴电缆，光纤接到居民小区的光纤结点之后，小区内部接入用户仍然使用同轴电缆，这样就形成了光纤与同轴电缆混合使用的传输网络。传输网络形成以头端为中心的星状结构。

2）在光纤传输线路上采用波分复用的方法形成上行信道和下行信道，在保证正常电视节目播放及为交互式视频点播 VOD 节目服务的同时，为家庭用户计算机接入 Internet 提供服务。

3）从头端向用户传输的信道称为"下行信道"，从用户向头端传输的信道称为"上行信道"。下行信道又需要进一步分为传输电视节目的下行信道与传输计算机数据信号的下行信道。

4）我国的有线电视网的覆盖面很广，通过对有线电视网络的双向传输改造，可以为很多的家庭宽带接入 Internet 提供种经济、便捷的方法。因此，HFC 已成为一种极具竞争力的宽带接入技术。

2．HFC 接入技术的特点

HFC 接入工作原理示意图如图 2-34 所示。

要理解 HFC 接入工作原理，需要注意以下几个问题。

1）HFC 下行信道与上行信道频段划分有多种方案，既有下行信道与上行信道带宽相同的对称结构，也有下行信道与上行信道带宽不同的非对称结构。图 2-35 为典型的 HFC 非对称的下行信道与上行信道频段划分方案示意图。

2）用户端。用户端的电视机与计算机分别接到线缆调制解调器（Cable Modem）。Cable Modem 与入户的同轴电缆连接。Cable Modem 将下行有线电视信道传输的电视节目传送到电视机，将下行数据信道传输的数据传送到计算机，将上行数据信道传输的数据传送到头端。

3）头端。HFC 系统的头端又称为"电缆调制解调器终端系统"。一般的文献中仍然沿

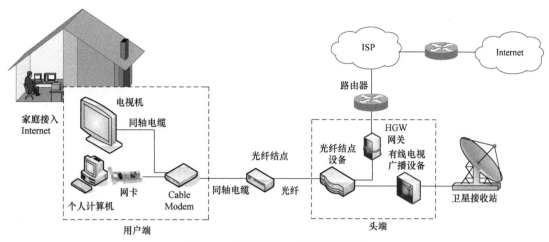

图 2-34　HFC 接入工作原理示意图

用传统有线电视系统的"头端"的名称。

　　头端的光纤结点设备对外连接高带宽主干光纤，对内连接有线广播设备与连接计算机网络的 HFC 网关（HFC Gateway，HGW）。有线广播设备实现交互式电视点播与电视节目播放。HGW 完成 HFC 系统与计算机网络系统的互联，为接入 HFC 的计算机提供访问 Internet 的服务。

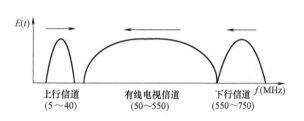

图 2-35　典型的 HFC 非对称下行信道与上行信道频段划分方案示意图

　　4）小区光纤结点将光纤干线和同轴电缆相互连接。光纤结点通过同轴电缆下引线可以为几千个用户服务。HFC 采用非对称的传输速率，上行信道采用 QPSK 编码方式，速率最高可以达到 10Mbit/s；下行信道采用 QAM-64 编码方式时，速率最高可以达到 36Mbit/s，减去各种开销之后的有效净荷能够达到 27Mbit/s。

　　5）HFC 对上行信道与下行信道的管理是不相同的。由于下行信道只有一个头端，因此下行信道是无竞争的。上行信道由连接到同一个同轴电缆的多个 Cable Modem 共享。如果是 10 个用户共同使用，则每个用户可以平均获得 1Mbit/s 的带宽，因此上行信道属于有竞争的信道。图 2-36 为 HFC 的上行信道与下行信道工作示意图。

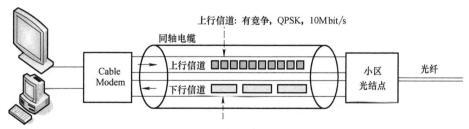

图 2-36　HFC 上行信道与下行信道工作示意图

2.8.4 光纤接入技术

1. ADSL 与 HFC 技术特点的比较

在研究家庭接入技术时，需要对 ADSL 与 HFC 这两种技术做一个比较。

1）ADSL 与 HFC 的相同之处是主干线路都采用了光纤；不同之处是 ADSL 用户接入仍然使用电话线，而 HFC 用户接入使用的是同轴电缆。

2）尽管同轴电缆的带宽远大于电话线，但是连接 ADSL Modem 的电话线是一家用户专用的，所以 ADSL 运营商可以对用户明确提供上行信道为 256Kbit/s、下行信道为 1Mbit/s 的承诺，用户可以使用的带宽达到标称带宽的 80%，一般不会受接入用户数量的影响。而 HFC 的运营商一般不会给用户一个明确的带宽承诺，因为上行信道是有竞争的，用户平均可以获得的带宽取决于共享的用户数量。用户访问 Internet 的服务质量直接受共享用户数量的影响。

3）ITU 的 G.992.2"轻量级 ADSL 标准"已经广泛使用，更高速率的 ADSL 标准正在制定之中。目前，各个厂家的产品在速率与频带分配上均不相同，亟须解决 Cable Modem 国际标准的研究与制定的问题。

2. 光纤接入技术发展的背景

由于 HFC 系统的用户访问 Internet 的服务质量直接受共享的用户数量的影响，那么人们自然会想到，既然光纤已经拉到居民小区的门口，那么可不可以直接将光纤拉到家庭、办公室呢？答案是肯定的。绝大多数的网络运营者都认为，理想的宽带接入将基于光纤网络。无论采用哪种接入技术，铜缆带宽的瓶颈问题都很难克服。光纤的带宽远大于铜线、同轴电缆或无线技术，光纤传输信号的安全性也明显优于其他的传输介质。

2.8.5 移动通信接入技术

1. 空中接口与 3G/4G 标准

移动通信的主要概念包括接口、信道、移动台与基站。图 2-37 是空中接口、信道、移动台与基站的示意图。无线通信中手机与基站通信的接口称为"空中接口"。所有通过空中接口与无线网络通信的设备统称为移动台。移动台可以分为车载移动台和手持移动台。手机就是目前最常用的便携式的移动台。基站包括天线、无线收发信机及基站控制器（Basic Station Controller，BSC）。基站一端通过空中接口与手机通信，另一端接入移动通

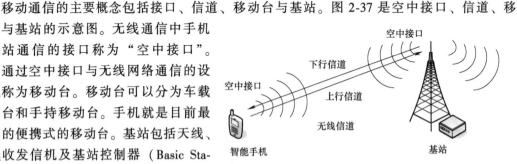

图 2-37　空中接口、信道、移动台与基站示意图

信系统之中。手机与基站之间的无线信道包括手机向基站发送信号的上行信道，以及基站向手机发送信号的下行信道。上行信道与下行信道的频段是不相同的。例如，2G 的 GSM 移动通信中，上行信道与下行信道的频段范围分别为 935～960MHz 与 890～915MHz。

需要注意的是，基站与手机之间是通过广播方式、点对多点方式连接的，一个基站需要通过多个空中接口接收多个手机的信号。空中接口标准就是用于标识移动台、控制多个移动

台对基站访问的通信协议。3G/4G 主要指不同的空中接口标准。2000 年 5 月，国际电信联盟 ITU 正式公布 3G 标准——IMT-2000 标准，我国提交的时分同步码分多址（TD-SCDMA）正式成为国际标准，与欧洲宽带码分多址（WCDMA）、美国的码分多址（CDMA2000）标准一起成为 3G 主流的三大标准之一。

2. CDMA 的基本工作原理

码分多址（CDMA）是手机移动通信中最基本的信道复用方法，它来源于军事扩频通信技术。CDMA 的基本设计思想是，给每一个用户手机（简称为"站"）分配一种经过特殊挑选的不同码型，使得不同的站可以在同一时刻使用同一个信道而不互相干扰。CDMA 的基本工作原理可以总结为以下几点。

1）将站发送的每一个比特时间划分 m 个短的时间片，每个时间片称为一个"码片（Chip）"。通常 m 为 64 或 128。为了使工作原理讨论简单起见，假设 $m=8$。

2）给每一个站分配一个唯一的 m 位的码片序列（Chip Sequence）。例如，给 A 站分配的一个码片序列是 S = 00011011。当 A 站发送二进制数据"1"时，实际发送的是 S = 00011011；而发送二进制数据"0"时，实际发送的是 S 的反码 11100100。为了计算方便，将 S 的码片序列记为（-1-1-1+1+1-1+1+1），S 反码的码片序列记为（+1+1+1-1-1+1-1-1）。

3）CDMA 的一个重要特点是，给每一个站分配的码片序列是唯一的，同时不同站的码片序列是正交的。假设 B 站分配的码片序列是 T，那么

$$S.T = \frac{1}{m}\sum_{i=1}^{m} S_i T_i = 0$$

例如，S = 00011011，（-1-1-1+1+1-1+1+1）；T = 00101110，（-1-1+1-1+1+1+1-1），那么计算 S.T（向量内积）为

S = -1-1-1+1+1-1+1+1
× × × × × × × ×
T = -1-1+1-1+1+1+1-1
↓ ↓ ↓ ↓ ↓ ↓ ↓ ↓
+1+1-1-1+1-1+1-1 = 0

4）实现 CDMA 工作原理还需要有两点保证：一是所有的站所发送的码片序列都是同步的；二是如果 B 站接收了 A 站的码片序列，那么 B 站应该知道 A 站分配的码片序列。这两点需要由移动通信系统来保证。

5）如果 A 站向 B 站发送了二进制数据"1"，那么 B 站用 A 站的码片序列计算的内积应该为 1；如果 A 站向 B 站发送了二进制数据"1"，那么 B 站用 A 站的码片序列计算的内积应该为-1；如果不是 A 站发送的数据，那么 B 站用 A 站的码片序列计算的内积应该为 0。

3. 移动通信系统接入 Internet 的基本工作原理

图 2-38 为移动通信系统结构与基本工作原理示意图。移动通信系统由移动终端、接入网与核心交换网 3 部分组成。核心交换网也称为核心网，它由移动交换中心（Mobil Switching Center，MSC）的移动交换机、归属位置寄存器（Home Location Register，HLR）、访问位置寄存器（Visited Location Register，VLR）与鉴权中心（Authentication Center，AUC）服务器组成。基站与移动交换机一般通过光纤连接。

每个地区的移动通信系统都是由地区移动交换中心的移动交换机、归属位置寄存器

（HLR）、访问位置寄存器（VLR）与鉴权中心（AUC）服务器组成的。

归属位置寄存器（HLR）存储着本地入网主机的所有重要的信息，如手机号码、国际用户识别码、申请的业务类型、漫游位置信息等。而访问位置寄存器（VLR）是个动态的数据库，它存储着所有漫游到本地移动通信网络的外地手机的号码、当前位置、状态与业务信息。例如，作者的手机是在天津移动公司入的网，那么作者手机的所有重要信息全部存储在天津移动公司的归属位置寄存器（HLR）中。

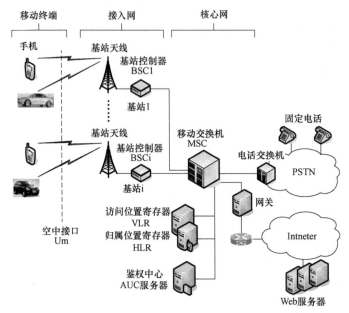

图 2-38　移动通信系统结构及基本工作原理示意图

如果手机漫游到上海移动公司下属的基站 i 覆盖的范围内，那么作者在上海使用手机时，基站 i 的天线就可以接收到作者手机的服务请求信号。那么，基站 i 的基站控制器设备在接到服务请求之后首先为这次通话分配一个通信信道，同时将手机的服务请求发送到上海移动交换中心（MSC）的移动交换机。如果作者希望接通上海大学一位老师的手机，那么上海移动交换中心的移动交换机通过归属位置寄存器（HLR）查找被叫手机当前的位置信息，根据当前手机的位置信息，将呼叫信号发送到手机所处的小区基站，由该基站的天线向这位老师的手机发出信号。这位老师听到信号之后，就可以与作者直接通话了。如果作者希望访问一个搜索引擎，那么上海移动交换中心（MSC）的移动交换机在接收到用户访问 Internet 搜索引擎网站的请求之后，可以通过移动交换机与 Internet 连接的网关提交用户搜索请求，再将搜索引擎返回的查询转发到用户手机。无线通信系统通过鉴权中心可以对手机的合法性进行验证，对无线信道上传输的数据进行加密、解密处理。

移动手机接入对于三网融合是重要的推进。智能手机集中地体现出 Internet 数字终端设备的概念、技术发展与演变。目前，智能手机已经不是一种简单的通话工具，而是集电话、PDA、照相机、摄像机、录音机、收音机、电视、游戏机及 Web 浏览器多种功能为一体的消费品，是移动计算与移动 Internet 的一种重要的用户终端设备。智能手机与移动通信系统的信号传输已经从初期的单纯语音信号传输，逐步扩展到文本、图形、图像与视频的多媒体信号的传输。智能手机也必然成为集移动通信、软件、嵌入式系统 Internet 应用技术为一体的电子产品。手机设计、制造与后端网络服务的技术呈现出跨领域、综合服务的趋势，它也标志着电信网、广播电视网与计算机网络在技术、业务与网络结构上的深度融合。也为物联网的推广及应用打下了很好的基础。

习 题

1. 给出数据通信系统的模型并说明其主要组成构件的作用。

2. 试解释以下名词：数据、信号、模拟数据、模拟信号、数字数据、数字信号、码元、单工通信、半双工通信、全双工通信、串行传输、并行传输。

3. 物理层的接口有哪几个方面的特性？各包含什么内容？

4. 常用的传输介质有哪几种？各有何特点？

5. 同步通信和异步通信的区别是什么？

6. 简述数据通信中的"信息""数据"和"信号"三者之间的关系。

7. 利用香农公式计算信道的极限传输速率。设信道带宽为 4kHz，信噪比为 30dB，若传送二进制信号，则可达到的最大数据传输速率是多少？

8. 基带传输与频带传输有什么区别？

9. 分别绘出比特流 1100111010 的曼彻斯特编码波形图和差分曼彻斯特编码波形图（假设信号的第一位前面是高电平）。

10. 分别计算 T1 标准和 E1 标准的数据传输速率。

11. 阐述频分复用、时分复用、波分复用和码分复用的基本原理。

12. 简述 PCM 的调制过程。

13. 直通网线和交叉网线有何区别？分别用在哪些地方？

14. 已知 SONET 定义的 OC-1 速率为 51.840Mbit/s，计算 STM-4 对应的速率为多少？

第3章

数据链路层

本章对数据链路层的差错产生与差错控制方法、数据链路层的基本概念和主要功能等进行了讲解，并详细介绍了滑动窗口协议、HDLC 和 PPP。

本章教学要求

掌握：差错控制方法。

了解：数据链路层的主要功能。

掌握：滑动窗口协议。

掌握：HDLC 和 PPP。

3.1 差错产生与差错控制方法

3.1.1 设计数据链路层的原因

设计数据链路层的原因如下。

1）物理线路由传输介质与通信设备组成。在物理线路上传输数据信号是存在差错的。误码率是指二进制比特在数据传输过程中被传错的概率。在实际物理线路的传输过程中，人们需要进行大量测试来求出各种物理线路的平均误码率，或者给出某些特殊情况下的平均误码率。测试结果表明：电话线路的传输速率在 $300\sim2400bit/s$ 时，平均误码率在 $10^{-4}\sim10^{-6}$ 之间；传输速率在 $4800\sim9600bit/s$ 时，平均误码率在 $10^{-2}\sim10^{-4}$ 之间。由于计算机网络对数据通信的要求是平均误码率必须低于 10^{-9}，因此普通电话线路不采取差错控制措施就不能满足计算机网络的要求。

2）设计数据链路层的主要目的是，在有差错的物理线路的基础上，采取差错检测、差错控制与流量控制等方法，将有差错的物理线路改进成无差错的数据链路，向网络层提供高质量的数据传输服务。

3）从参考模型的角度来看，物理层以上的各层都有改善数据传输质量的责任，数据链路层是最重要的一层。

3.1.2 差错产生的原因和差错类型

人们将通过物理线路传输之后的接收数据与发送数据不一致的现象称为传输差错（简称差错）。差错的产生是不可避免的，人们的任务是分析差错产生的原因与类型，研究检查是否出现差错，以及如何纠正差错的差错控制方法。

差错的产生过程如图 3-1 所示。其中，图 3-1a 表示的是数据通过通信信道时差错产生的过程；图 3-1b 表示的是数据传输过程中噪声的影响。

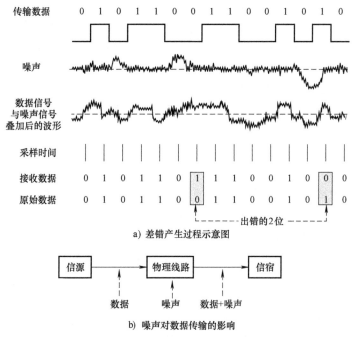

a) 差错产生过程示意图

b) 噪声对数据传输的影响

图 3-1 差错的产生过程及噪声对数据传输的影响

当数据信号从发送端出发经过物理线路时，由于物理线路存在噪声，因此数据信号通过物理线路传输到接收端时，接收信号必然是数据信号与噪声信号电平的叠加。在接收端，接收电路在取样时对叠加后的信号进行判断，以确定数据的 0、1 值。如果噪声对信号叠加的结果在电平判决时引起错误，这时就会产生传输数据的错误。

物理线路的噪声分为两类：热噪声和冲击噪声。

其中，热噪声是由传输介质导体的电子热运动产生的。热噪声的特点：时刻存在，幅度较小，强度与频率无关，但是频谱很宽。热噪声是一种随机的噪声，由热噪声引起的差错是一种随机差错。

冲击噪声是由外界电磁干扰引起的。与热噪声相比，冲击噪声的幅度比较大，它是引起传输差错的主要原因。冲击噪声的持续时间与数据传输中每比特的发送时间相比可能较长，因此冲击噪声引起的相邻多个数据位出错呈突发性。冲击噪声引起的传输差错是一种突发差错。引起突发差错比特位的长度称为突发长度。通信过程中产生的传输差错是由随机差错与突发差错共同构成的。

3.1.3 检错码与纠错码

大家都知道，误码率是衡量数据传输系统正常工作状态下传输可靠性的参数，是指二进制比特在数据传输系统中被传错的概率。

在计算机通信中，研究检测与纠正比特流传输错误的方法称为"差错控制"。差错控制的目的是减少物理线路的传输错误，目前还不可能做到检测和校正所有的差错。人们在设计差错控制方法时提出以下两种策略。

1）第一种策略是采用纠错码。纠错码为每个传输单元加上足够多的冗余信息，以便接收端能够发现，并能够自动纠正传输差错。

2）第二种策略采用检错码。检错码为每个传输单元加上一定的冗余信息，接收端可以根据这些冗余信息发现传输差错，但是不能确定是哪一位或哪些位出错，并且自己不能够自动纠正传输差错。

纠错码方法虽然有优越之处，但是实现起来困难，一般的通信场合不易采用。检错码方法虽然需要通过重传机制达到纠错目的，但是工作原理简单，实现起来容易，因此得到了广泛的使用。

3.1.4 循环冗余编码

常用的检错码主要有奇偶校验码和循环冗余编码。奇偶校验码是一种最常见的检错码，它分为垂直奇偶校验、水平奇偶校验与水平垂直奇偶校验（即方阵码）。奇偶校验方法简单，但检错能力差，一般只用于通信要求较低的环境。目前，循环冗余编码（Cyclic Redundancy Code，CRC）是应用最广泛的检错码编码方法，它具有检错能力强与实现容易的特点。

1. CRC 的基本工作原理

CRC 检错方法的工作原理可以从发送端与接收端两个方面进行描述。

1）发送端将发送数据比特序列当作一个多项式 $f(x)$，用双方预先约定的生成多项式 $G(x)$ 去除，求得一个余数多项式 $R(x)$。将余数多项式加到数据多项式之后，发送到接收端。

2）接收端用同样的生成多项式 $G(x)$ 去除接收到的数据多项式 $f'(x)$，如果得到的计算余数多项式 $R'(x)$ 与接收余数多项式 $R(x)$ 相同，表示传输无差错，否则表示传输有差错。出现差错，通知发送端重传数据，直至正确为止。

图 3-2 给出了 CRC 检错方法的工作原理示意图。

CRC 的生成多项式 $G(x)$ 由协议来规定，$G(x)$ 的结构及检错效果是经过严格的数学分析与实验后确定的。目前，已有多种生成多项式列入国际标准，例如：

CRC-12 $\qquad G(x)=x^{12}+x^{11}+x^3+x^2+x+1$

CRC-16 $\qquad G(x)=x^{16}+x^{15}+x^2+1$

CRC-CCTT $\qquad G(x)=x^{16}+x^{12}+x^5+1$

CRC-32 $\qquad G(x)=x^{32}+x^{26}+x^{23}+x^{22}+x^{16}+x^{12}+x^{11}+x^{10}+x^8+x^7+x^5+x^4+x^2+x+1$

2. CRC 校验的工作过程

CRC 校验的工作过程如下。

1）发送端发送数据多项式 $f(x)\cdot x^k$，其中，k 为生成多项式的最高幂值。对于二进制乘法来说，$f(x)\cdot x^k$ 的意义是将发送数据比特序列左移 k 位，用来放入余数。

2）将 $f(x)\cdot x^k$ 除以生成多项式 $G(x)$，得 $f(x)\cdot x^k/G(x)=Q(x)+R(x)/G(x)$，其中，$R(x)$ 为余数多项式。

3）将 $f(x)\cdot x^k+R(x)$ 作为整体发送到接收端。

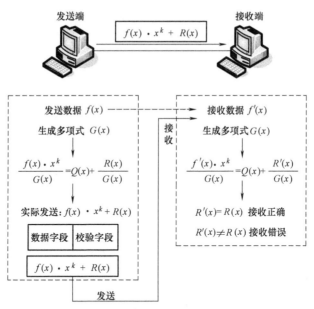

图 3-2 CRC 校验方法的工作原理示意图

4）接收端对接收到的数据多项式 $f(x)$ 采用同样的运算，即

$$f'(x) \cdot x^k / G(x) = Q(x) + R'(x) / G(x)$$

求得计算余数多项式 $R'(x)$。

5）如果计算余数多项式 $R(x)$ 等于接收余数多项式 $R(x)$，表示发送过程中没有出现差错；如果计算余数多项式 $R'(x)$ 不等于接收余数多项式 $R(x)$，表示发送过程中出现了差错。

3. CRC 检错方法举例

实际的 CRC 校验码是采用二进制的模二算法（减法不借位，加法不进位）计算出来的，这是一种异或操作。下面通过一些例子来进一步解释 CRC 的基本工作原理。

（1）需要注意的问题

在用模二算法生成 CRC 校验码时，需要注意以下几个问题。

1）以 CRC-12 为例，$G(x) = x^{12} + x^{11} + x^3 + x^2 + x + 1$ 可以写为

$$G(x) = 1 \times x^{12} + 1 \times x^{11} + 0 \times x^{10} + 0 \times x^9 + 0 \times x^8 + 0 \times x^7 + 0 \times x^6 + 0 \times x^5 + 0 \times x^4 + 1 \times x^3 + 1 \times x^2 + 1 \times x + 1 \times x^0$$

尽管 CRC-12 的最高位是 x^{12}，$k = 12$，而实际上用二进制表示时，它的位数 $N = 13$，也就是说用二进制表示 $G(x)$ 应该是 1100000001111。$k = 13 - 1 = 12$。

2）如果在例子中给出生成多项式比特序列为 11001，那么写成生成多项式应该为

$$G(x) = 1 \times x^4 + 1 \times x^3 + 0 \times x^2 + 0 \times x^1 + 1 \times x^0$$

生成多项式的 $N = 5$，$k = 5 - 1 = 4$。

（2）举例

下面举一个例子来具体说明 CRC 校验码的生成过程。

1）发送数据比特序列为 110011（6 比特）。

2）生成多项式比特序列为 11001（$N = 5$，$k = 4$）。

3）将发送数据比特序列乘以 2^4，那么产生的乘积应为 1100110000。

4）将乘积用生成多项式比特序列去除，按模二算法得余数比特序列为 1001。

$$
\begin{array}{r}
G(x) \to 11001 \overline{)\begin{array}{l} 100001 \quad \leftarrow Q(x) \\ 1100110000 \quad \leftarrow f(x) \cdot x^k \\ 11001 \\ \hline 10000 \\ 11001 \\ \hline 1001 \quad \leftarrow R(x) \end{array}}
\end{array}
$$

5）将余数比特序列加到乘积中，得：

110011　　　　1001
发送数据比特序列　　CRC校验码比特序列

带CRC校验码的发送数据比特序列
1100111001

6）如果在数据传输过程中没有发生错误，接收端收到的带有 CRC 校验码的数据比特序列一定能被相同的生成多项式整除，即：

$$
\begin{array}{r}
11001 \overline{)\begin{array}{l} 100001 \\ 1100111001 \\ 11001 \\ \hline 11001 \\ 11001 \\ \hline 0 \end{array}}
\end{array}
$$

在实际的应用中，CRC 校验码的生成与校验过程可以用软件或硬件来实现。目前，很多超大规模集成电路芯片可以实现复杂的 CRC 校验功能。

4. CRC 的检错能力

CRC 校验码的检错能力很强，它除了能够检查出离散错外，还能够检查出突发错。突发错是指在接收的二进制比特流中突然出现连续的几位或更多位数的错误。CRC 校验码具有以下检错能力。

1）能够检查出全部离散的一位错。

2）能够检查出全部离散的两位错。

3）能够检查出全部奇数位错。

4）能够检查出全部长度小于或等于 k 位的突发错。

5）能以 $[1-(1/2)^{k-1}]$ 的概率检查出长度为 $k+1$ 位的突发错。

如果 $k=16$，CRC 校验码能够检查出小于或等于 16 位的所有突发错，并能以 $1-(1/2^{16-1}) \approx 99.997\%$ 的概率检查出长度为 17 位的突发错，漏检概率为 0.003%。

3.1.5　差错控制机制

接收端通过检错码检查数据帧是否出错。一旦发现错误，通常采用自动重传请求（Automatic Repeat reQuest，ARQ）方法来纠正。图 3-3 给出了反馈重发纠错过程示意图。

1）发送端将数据经过校验码编码器产生校验字段，并将校验字段与数据一起通过物理线路发送到接收端。为了适应反馈重发的需要，发送端在存储器中保留发送数据的副本。

2）接收端通过校验码译码器判断数据传输中是否出错。如果数据传输正确，接收端通

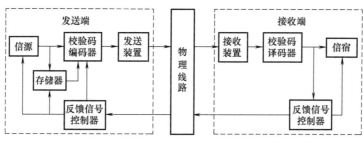

图 3-3 反馈重发纠错过程示意图

过反馈信号控制器向发送端发送"传输正确（ACK）"信息。发送端的反馈信号控制器收到 ACK 信息后，将不再保留发送数据的副本。如果数据传输不正确，接收端向发送端发送"传输错误（NAK）"信息。

3）发送端的反馈信号控制器收到 NAK 信息后，将根据保留数据的副本重新进行发送，直到正确接收为止。协议规定了最大重发次数。如果超过协议规定的最大重发次数，接收端仍然不能正确接收，那么发送端停止重传，并向高层协议报告传输出错信息。

3.2 数据链路层的基本概念

3.2.1 物理线路与数据链路

物理线路与数据链路的含义是不同的。图 3-4 给出了物理线路与数据链路关系示意图。

理解物理线路与数据链路的区别与联系，需要注意以下几个问题。

1）物理线路是由传输介质与通信设备构成的。以频带传输为例，图 3-4 中连接收发双方的传输介质是电话线。由于电话线是用来传输模拟语音信号的，在电话线上传输计算机产生的数字信号就必须使用调制解调器

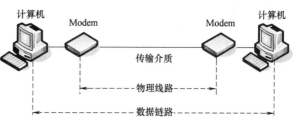

图 3-4 物理线路与数据链路的关系示意图

（Modem）来实现数字信号与模拟信号之间的转换。收发双方的物理层通过电话线与 Modem 完成比特流的传输。因此，电话线与 Modem 就构成了连接收发双方物理层、实现比特流传输的物理线路。

2）使用没有采取差错控制机制的物理线路传输比特流是会出错的。在计算机网络中，设计数据链路层的目的就是发现和纠正物理线路传输过程中的差错问题，使有差错的物理线路变成无差错的数据链路。数据链路是由实现协议的硬件、软件与物理线路构成的。

3）物理线路的比特流传输功能是由物理传输介质与通信设备实现的，而数据链路功能是通过数据链路的协议数据单元的帧头按照数据链路层协议规定的协议动作来实现的。

3.2.2 数据链路层的主要功能

（1）链路管理

当收发双方开始进行通信时，发送端需要确认接收端已经做好了接收的准备。为了做到这一点，收发双方必须事先交换必要的信息，建立数据链路连接，在数据传输过程中要维护数据链路；当通信结束时，要释放数据链路。数据链路层的链路管理功能包括数据链路的建立、维护与释放。

（2）帧同步

数据链路层传输的数据单元是帧。物理层的比特流是封装在帧中传输的。帧同步是指接收端应该能够从收到的比特流中正确地判断出帧的开始位与结束位。

（3）流量控制

发送端发送数据时，若超过物理线路的传输能力或超出接收端的帧接收能力，就会造成链路拥塞。为了防止出现链路拥塞，数据链路层必须具有流量控制功能。

（4）差错控制

为了发现和纠正物理线路传输差错，使有差错的物理线路变成无差错的数据链路，必须具有差错控制功能。

（5）透明传输

当传输的数据帧中出现某些特定的控制字符时，就必须采取适当的措施，使接收端不至于将数据误认为是控制信息。例如，如果一个帧的开始与结束是用固定的帧定界符"01111110"标识的，那么在开始与结束的帧定界符之间，就不能出现与"01111110"相同的比特序列。如果出现这个比特序列，就可能出现提前结束帧接收的判断错误。但是，帧封装的数据允许为任意一种二进制比特序列的组合。如果要限制用户数据的比特组合，就称为用户数据传输不"透明"。为了避免发生此类问题，在相关的数据链路层协议中增加了"0比特插入/删除"或定义"转义字符"的方法。数据链路层必须保证帧数据字段的二进制比特序列是任意的组合，即需要保证帧传输的"透明性"或"透明传输"。

（6）寻址

在多点连接的情况下，数据链路层要保证每一帧都能传送到正确的接收端。因此数据链路层必须具备寻址的功能。

3.2.3 数据链路层向网络层提供的服务

数据链路层在OSI参考模型中处于物理层与网络层之间。设立数据链路层的主要目的是将有差错的物理线路变为对网络层无差错的数据链路。数据链路层为网络层提供的服务主要表现在：正确传输网络层数据；屏蔽物理层所采用传输技术的差异。

由于数据链路层的存在，网络层不需要知道物理层具体采用了哪种传输介质与通信设备，是采用模拟通信方法还是采用数字通信方法，只要接口条件与功能不变，物理层所采用的传输介质与通信技术的变化对网络层就不会产生影响。

3.3 数据链路层协议

当需要在一条链路上传输数据时，除了必须具有一条物理线路之外，还必须有一些规程或协议来控制这些数据传输，以保证传输数据的正确性。这些协议就是数据链路控制协议。数据链路层利用这些协议解决数据传输过程中的数据链路管理、帧的封装与同步、差错控制、流量控制、物理寻址等问题。

3.3.1 滑动窗口协议

1. 停止等待协议

停止等待协议在各种计算机网络里有广泛的应用，其基本原理如下：

发送方在发出一帧之后必须停下来等待接收方对所发送的帧进行确认。若收到确认，则发送方继续发送下一个帧，否则，等到超时，发送方就重发该帧。

停止等待协议使用了确认重传机制，因而可以进行差错控制，同时，由于每发一帧都需要等待对方确认后才发送下一帧，因此不会出现流量溢出问题。

图 3-5 所示为数据帧在链路上传输的几种情况，下面具体讨论。

图 3-5a 所示的是数据在传输过程中不出差错的情况。收方在收到一个正确的数据帧后，即交付给结点 B，同时向结点 A 发送一个确认帧 ACK。当结点 A 收到确认帧 ACK 后才能发送一个新的数据帧，这样就实现了收方对发方的流量控制。

现在假定数据帧在传输过程中出现了差错。由于通常都在数据帧中加上了 CRC，所以结点 B 很容易检验出收到的数据帧是否有差错（一般用硬件检验）。当发现差错时，结点 B 就向结点 A 发送一个否认帧 NAK，以表示结点 A 应当重发出现差错的那个数据帧。如图 3-5b 所示，结点 A 重发数据帧。如果多次出现差错，就要多次重发数据帧，直到收到结点 B 发来的确认帧 ACK 为止。为此，在发送端必须暂时保存已发送过的数据帧的副本。当通信线路质量太差时，结点 A 在重发一定的次数后（如 8 次或 16 次，这要事先设定好）就不再进行重发，而是将此情况向上一层报告。

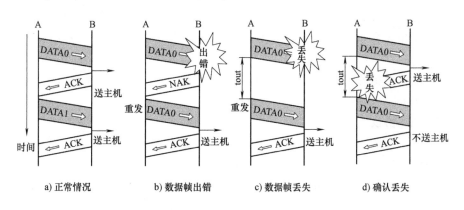

a) 正常情况   b) 数据帧出错   c) 数据帧丢失   d) 确认丢失

图 3-5 数据帧在链路上传输的几种情况

有时链路上的干扰很严重，或由于其他一些原因，结点 B 收不到结点 A 发来的数据帧，这种情况称为帧丢失（图 3-5c）。发生帧丢失时，结点 B 当然不会向结点 A 发送任何应答帧。如果结点 A 要等收到结点 B 的应答信息后再发送下一个数据帧，那么就将永远等待下去，于是就出现了死锁现象。同理，若结点 B 发过来的应答帧丢失，也会同样出现这种死锁现象。

要解决死锁问题，可在结点 A 发送完一个数据帧时启动一个超时计时器。若到了超时计时器所设置的重发时间 t_{out} 仍收不到结点 B 的任何应答帧，则结点 A 就重传前面所发送的这一数据帧（图 3-5c、图 3-5d）。显然，超时计时器设置的重发时间应仔细选择。若重发时间选得太短，则在正常情况下会在对方的应答信息回到发送方之前重发数据。若重发时间选得太长，则往往要白白等很长时间。一般可将重发时间选为略大于"从发完数据帧到收到应答帧所需的平均时间"。

然而现在问题并没有完全解决。当出现数据帧丢失时，超时重发的确是一个好办法。但是若丢失的是应答帧，则超时重发将使结点 B 收到两个同样的数据帧。由于结点 B 现在无法识别重复的数据帧，因而在结点 B 收到的数据中出现了另一种差错——重复帧。重复帧也是一种不允许出现的差错。

要解决重复帧的问题，必须使每一个数据帧带上不同的发送序号。每发送一个新的数据帧就把它的发送序号加 1。若结点 B 收到发送序号相同的数据帧，就表明出现了重复帧。这时应当丢弃重复帧，因为已经收到过同样的数据并且也交给了结点 B。但应注意，此时结点 B 还必须向结点 A 发送一个确认帧 ACK，因为结点 B 已经知道结点 A 还没有收到上一次发过去的确认帧 ACK。

我们知道，任何一个编号系统的序号所占用的比特数一定是有限的。因此，经过一段时间后，发送序号就会重复。例如，当发送序号占用 3 个比特时，就可组成 8 个不同的发送序号，从 000 到 111。当数据帧的发送序号为 111 时，下一个发送序号就又是 000。因此，要进行编号就要考虑序号到底要占用多少个比特。序号占用的比特数越少，数据传输的额外开销就越小。对于停止等待协议，由于每发送一个数据帧就停止等待，因此用一个比特来编号就够了。一个比特可以有 0 和 1 两种不同的序号。这样，数据帧中的发送序号就以 0 和 1 交替的方式出现在数据帧中。每发一个新的数据帧，发送序号就和上次发送的不一样。用这样的方法就可以使收方能够区分新的数据帧和重发的数据帧了。

我们还应注意到，发送端在发送完数据帧时，必须在其发送缓冲区中保留此数据帧的副本，这样才能在出差错时进行重发。只有在收到对方发来的确认帧 ACK 时，方可清除此副本。

由于发送端对出错的数据帧进行重发是自动进行的，所以这种差错控制体制常简称为自动请求重传（Automatic Repeat reQuest，ARQ）。

2. 连续 ARQ 协议

如图 3-6 所示，讨论连续 ARQ 协议的工作原理。它的要点就是在发送完一个数据帧后，不是停下来等待应答帧，而是可以再连续发送若干个数据帧。如果这时收到了接收端发来的确认帧，那么还可以接着发送数据帧。由于减少了等待时间，因此整个通信的吞吐量就提高了。

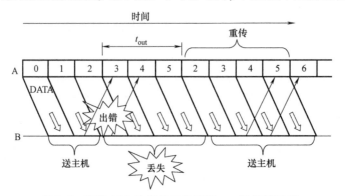

图 3-6 连续 ARQ 协议的工作原理——数据帧出错

如图 3-6 所示，结点 A 向结点 B 发送数据帧。当结点 A 发完 0 号帧后，不是停止等待，而是继续发送后续的 1 号帧、2 号帧等。由于连续发送了许多帧，所以应答帧不仅要说明是对哪一帧进行的确认或否认，而且应答帧本身也必须编号。

结点 B 正确地收到了 0 号帧和 1 号帧，并送交其主机。现在设 2 号帧出了差错，于是结点 B 就将有差错的 2 号帧丢弃。结点 B 运行的协议可以有两种选择：一种是在出现差错时就向结点 A 发送否认帧，另一种则是在出现差错时不做任何响应。现在假定采用后一种协议，这种协议比较简单，使用得较多。

这里要注意以下两点。

1）接收端只按序接收数据帧。虽然在有差错的 2 号帧之后接着又收到了正确的 3 个数据帧，但都必须将它们丢弃，因为这些帧的发送序号都不是所需的 2 号。

2）结点 A 在每发送完一个数据帧时都要设置超时计时器。只有在所设置的超时时间 t_{out} 到而仍未收到确认帧时，才要重发相应的数据帧。在等不到 2 号帧的确认而重发 2 号数据帧时，虽然结点 A 已经发完了 5 号帧，但仍必须向回走，将 2 号帧及其以后的各帧全部进行重传。正因如此，连续 ARQ 又称为 GO-back-N ARQ，意思是当出现差错必须重传时，要向回走 N 个帧，然后开始重传。

从这里不难看出，连续 ARQ 协议一方面因连续发送数据帧而提高了效率，但另一方面，在重传时又必须把原来已正确传送过的数据帧进行重传（仅因这些数据帧之前有一个数据帧出了错），这种做法又使传送效率降低。由此可见，若传输信道的传输质量很差而误码率较大，连续 ARQ 协议不一定优于停止等待协议。

如果 2 号数据帧不是出现差错而是彻底丢失了，那么情况也是类似的，读者可自行分析。

3. 选择重传 ARQ 协议

为了进一步提高信道的利用率，可设法只重传出现差错的数据帧或者是计时器超时的数据帧，但这时必须加大接收窗口，以便先收下发送序号不连续但仍处在接收窗口中的那些数据帧，等到所缺序号的数据帧收到后再一并送交主机。这就是选择重传 ARQ 协议。

使用选择重传 ARQ 协议可以避免重复传送那些本来已经正确到达接收端的数据帧，但付出的代价是在接收端要设置具有相当容量的缓存空间。

对于选择重传 ARQ 协议，接收窗口显然不应该大于发送窗口。若用 n 比特进行编号，则可以证明，接收窗口的最大值受 $W_R \leqslant 2^n/2$ 的约束。

当接收窗口 W_R 为最大值时，$W_T = W_R = 2^n/2$。例如在 $n = 3$ 时，可以算出 $W_T = W_R = 4$。

3.3.2　滑动窗口的概念

在前面已经介绍了连续 ARQ 的概念。下面进行更深入的讨论。

在使用连续 ARQ 协议时，如果发送端一直没有收到对方的确认信息，那么实际上发送端并不能无限制地发送其数据帧。这是因为：

1）当未被确认的数据帧的数目太多时，只要有一帧出了差错，就可能有很多的数据帧需要重传，这必然就要白白花费较多的时间，因而增大开销。

2）为了对所发送出去的大量数据帧进行编号，每个数据帧的发送序号也有较多的比特数，这样又增加了一些不必要开销。

因此，在连续 ARQ 协议中，应当将已发送出去但未被确认的数据帧的数目加以限制。这就是滑动窗口机制所解决的问题。

人们从停止等待协议中已经得到了启发。在停止等待协议中，无论发送多少帧，只需使用一个比特来编号就足够了。发送序号循环使用 0 和 1。对于连续 ARQ 协议，也可采用同样的原理，即循环重复使用已收到确认的那些帧的序号。这时只需要在控制信息中用有限的几个比特来编号就够了。当然还要加入适当的控制机制才行。这就要在发送端和接收端分别设定所谓的发送窗口和接收窗口。下面先讨论发送窗口。

发送窗口用来对发送端进行流量控制，而发送窗口 W_T 的大小就代表在还没有收到对方确认信息的情况下发送端最多可以发送多少个数据帧。显然，停止等待协议的发送窗口大小是 1，表明只要发送出去的某个数据帧未得到确认，就不能再发送下一个数据帧。发送窗口的帧发送情况可以用图形来说明，如图 3-7 所示。

现在设发送序号用 3 比特来编码，即发送序号可以有 8 个不同的序号，从 0~7。又设发送窗口 W_T = 5，即在未收到对方确认信息的情况下，发送端最多可以发送出 5 个数据帧。图 3-7a 所示为刚开始发送时的情况。这时，在发送窗口内共有 5 个序号，从 0~4。具有在发送窗口内的序号的数据帧就是发送端现在可以发送的帧。若发送端发完

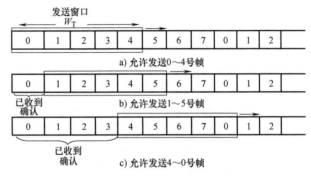

图 3-7 发送窗口的帧发送情况

了这 5 个帧（从 0~4 号帧）但仍未收到确认信息，则由于发送窗口已填满，就必须停止发送而进入等待状态。当收到 0 号帧的确认信息后，发送窗口就可以向前移动一个号。从图 3-7b 可看出，现在的 5 号帧已落入发送窗口之内，因此发送端现在就可发送这个 5 号帧。以后设又有 3 帧（1~3 号帧）的确认帧陆续到达发送端。于是发送窗口又可再向前移动 3 个号（图 3-7c），而发送端继续可发送的数据帧的发送序号是 6 号、7 号和 0 号。

为了减少开销，连续 ARQ 协议还规定接收端不一定每收到一个正确的数据就必须发回一个确认帧，而是可以在连续收到好几个正确的数据帧以后，才对最后一个数据帧发确认信息。这就是说，对某一数据帧的确认，就表明该数据帧和这以前所有的数据帧均已正确无误地收到了。这样做可以使接收端少发一些确认帧，因而减少了开销。

同理，在接收端设置接收窗口是为了控制可以接收哪些数据帧及不可以接收哪些帧。在接收端，只有当收到的数据帧的发送序号落入接收窗口内才允许将该数据帧收下。若接收到的数据帧落在接收窗口之外，则一律将其丢弃。在连续 ARQ 协议中，接收窗口的大小 $W_R = 1$。

图 3-8a 所示一开始接收窗口处于 0 号帧处，接收端准备接收 0 号帧。一旦收到 0 号帧，接收窗口即向前移动一个号（图 3-8b），准备接收 1 号帧，同时向发送端发送对 0 号帧的确认信息。当陆续收到 1~3 号帧时，接收窗口的位置应如图 3-8c 所示。

不难看出，只有在接收窗口向前移动时，发送窗口才有可能向前移动。

正因为收发两端的窗口按照以上的规律不断地向前滑动，因此这种协议又称为滑动窗口

协议。当发送窗口和接收窗口的大小都等于1时，就是最初讨论的停止等待协议。

下面接着讨论，当数据帧的发送序号所占用的比特数一定时发送窗口的最大值是多少。

初看起来，这个问题好像很简单。例如，用3个比特可编出8个不同的序号，因而发送窗口的最大值似乎应当是8。但实际上，这将使协议在某些情况下无法工作。现在就来说明这点。

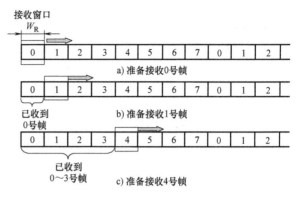

图3-8　接收窗口的帧接收情况

现在设发送窗口$W_T=8$，设发送端发送完0~7号共8个数据帧。因发送窗口已满，因此发送暂停。假定这8个数据帧均已正确到达接收端，并且对于每一个数据帧，接收端都发送出确认帧。下面考虑两种不同的情况。

第一种情况：所有的确认帧都正确到达了发送端，因而发送端接着又发送8个新的数据帧，其编号应当是0~7。

第二种情况：所有的确认帧都丢失了。经过一段时间后，发送端重发这8个旧的数据帧，其编号仍为0~7。

问题已经十分明显了。接收端第二次收到编号为0~7的8个数据帧时，无法判定这是8个新的数据帧，还是8个旧的、重发的数据帧。

因此，将发送窗口设置为8显然是不行的。

可以证明，当用n个比特进行编号时，若接收窗口的大小为1，则只有在发送窗口的大小$W_T \leqslant 2^n-1$时，连续ARQ协议才能正确运行。这就是说，当采用3比特编码时，发送窗口的最大值是7，而不是8。这对一般的陆地链路已足够大了。但对于卫星链路，由于其传播延迟很大，发送窗口也必须适当增大才能使信道利用率不至于太低。这时常用7位编码，因而发送窗口的大小可达127。在这种情况下，所有已发送出去的但尚未被确认的数据帧都必须保存在发送端的缓冲区中，以便在出差错时进行重发。当然，这就要占用相当大的内存空间。相反，对于停止等待协议，发送窗口$W_T=1$，发送端只要使用一个数据帧的内存空间即可。

顺便指出，上述这种对已发送过的数据帧的保存，使用的是一个先进先出的队列。发送端每发完一个新的数据帧就将该帧存入这个队列。当队列长度达到发送窗口大小W_T时停止发送新的数据帧。当按照协议进行重发（重发一帧或多帧）时，队列并不发生变化，它既不缩短，也不增长。只有收到对应于队首的帧的确认时，才将队首的数据帧清除。若队列变空，则表明全部已发出的数据帧均已得到了确认。

3.3.3　HDLC

广域网链路类型大多数是点对点连接，用于点对点连接的帧封装协议主要有两种：高级数据链路控制（High-level Data Link Control，HDLC）协议和点对点协议（Point-to-Point Protocol，PPP）。本小节结合 HDLC 的帧结构简单介绍 HDLC 协议。

数据链路层的数据传送是以帧为单位的，一个帧的结构具有固定的格式。图 3-9 所示为 HDLC 的帧结构。

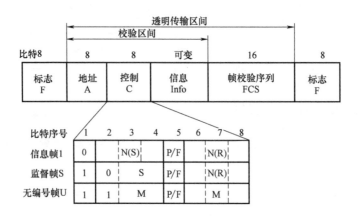

图 3-9　HDLC 的帧结构

1. 各字段的意义

（1）信息字段

信息字段的长度没有具体规定，数据链路层将网络层的分组封装为信息字段。

（2）标志字段（F）

我们知道，物理层要解决比特同步的问题。但是，数据链路层要解决帧同步的问题。所谓帧同步，就是从收到的比特流中正确无误地判断出一个帧从哪个比特开始以及到哪个比特结束。为此，HDLC 规定了在一个帧的开头（即头部中的第一个字节）和结尾（即尾部中的最后一个字节）各放入一个特殊的标记，作为一个帧的边界。这个标记就是标志字段（F）。

标志字段（F）包括 6 个连续的 1，两边各一个 0，共 8bit。在接收端，只要找到标志字段，就可以很容易地确定一个帧的位置。

在两个标志字段之间的比特串中，如果碰巧出现了和标志字段（F）一样的比特组合，那么就会误认为是帧的边界。为了避免出现这种错误，HDLC 采用零比特填充法使一帧中的两个标志字段之间不会出现 6 个连续的 1。

零比特填充的具体做法如下。

在发送端，当一串比特流尚未加上标志字段时，先用硬件扫描整个帧（用软件也能实现，但要慢些），只要发现有 5 个连续的 1，则立即填入一个 0。因此，经过这种零比特填充后的数据，就可以保证不会出现 6 个连续的 1。在接收一个帧时，先找到标志字段以确定帧的边界。接着用硬件对其中的比特流进行扫描。每当发现 5 个连续的 1 时，就将这个连续的 1 后的一个 0 删除，以还原成原来的比特流。这样就保证了在所传送的比特流中不管出现什么样的比特组合，都不至于引起帧边界的判断错误。

采用零比特填充法可传送任意组合的比特流，或者说可实现链路层的透明传输。在图 3-9 中，两个标志字段之间注明的"透明传输区间"就是这个意思。

当连续传输两个帧时，前一个帧的结束标志字段可以兼作后一帧的起始标志字段。当暂时没有信息传送时，可以连续发送标志字段，使收端可以一直和发端保持同步。

（3）地址字段（A）

地址字段（A）也是 8 个比特。地址字段写入从站的地址（HDLC 支持主从配置的网络结构，本书对此不详细讨论）或应答站的地址。全 1 地址是广播方式，而全 0 地址是无效地址。因此，有效的地址共有 254 个之多。这对一般的多点链路是足够的。但考虑在某些情况下，例如使用分组无线电，用户可能很多，所以地址字段就为可扩展的。这时用地址字段的第 1 位表示扩展位，其余 7 位为地址位。当某个地址字段的第 1 位为 0 时，则表示下一个地址字段的后 7 位也是地址位。当这个地址字段的第 1 位为 1 时，即表示这已是最后一个地址字段了。地址字段用于实现数据链路层的物理寻址。

（4）帧校验序列（Frame Check Sequence，FCS）

FCS 字段共占 16bit，采用 CRC 校验。它采用的生成多项式是 $x^{16}+x^{12}+x^5+1$，即 CRC-CCITT。所校验的范围从地址字段的第 1 个比特起，到信息字段的最末一个比特为止。图 3-9 标出了这个校验范围。

（5）控制字段（C）

控制字段共 8bit，是最复杂的字段。HDLC 的许多重要功能都要靠控制字段来实现。根据其最前面两个比特的取值，可将 HDLC 帧划分为三大类，即信息帧、监督帧和无编号帧，它们的简称分别是 I（Information）、S（Supervisory）和 U（Unnumbered）。

2. HDLC 帧的分类

（1）信息帧

若控制字段的第 1 个比特为 0，则该帧为信息帧。第 2~4 个比特为发送序号 N（S），而第 6~8 个比特为接收序号 N（R）。N（S）表示当前发送的信息帧的序号，而 N（R）表示一个站所期望收到的帧的发送序号（注意：这个发送序号是由对方填入的）。

这里要强调指出，N（R）带有确认的意思。它表示序号为 [N（R）-1]（mod 8）的帧以及在该帧以前的各帧都已正确无误地接收了。

顺便指出，在信息帧中设有接收序号 N（R）这一字段，就表示不必专门为收到的信息帧发送确认应答帧。当本站有信息帧发送时，可以将确认信息放在其接收序号 N（R）中，在本站发送信息帧时将确认信息捎带走。例如，在一连收到对方 N（S）为 0~3 即共 4 个信息帧后，可在即将发送的信息帧中将接收序号 N（R）置为 4，表示 3 号帧及其以前的各帧均已正确收到，而期望接收的是发送序号 N（S）= 4 的信息帧。采用这种捎带确认的方法可以提高信道的利用率。

（2）监督帧

若控制字段的第 1~2 个比特为 10，则对应的帧即为监督帧（S）。监督帧共有 4 种，取决于第 3~4 个比特的取值。表 3-1 是这 4 种监督帧的名称和功能。

表 3-1　4 种监督帧的名称和功能

第 3~4 个比特	帧名	功能
0 0	RR（Receive Ready），接收准备就绪	准备接收下一帧，确认序号为 N（R）-1 及其以前的各帧
1 0	RNR（Receive Not Ready），接收未就绪	暂停接收下一帧，确认序号为 N（R）-1 及其以前的各帧

（续）

第 3~4 个比特	帧名	功能
0 1	REJ（Reject），拒绝	从 N(R) 起的所有帧都被否认，但确认序号为 N(R)−1 及其以前的各帧
1 1	SREJ（Selective Reject），选择拒绝	只否认序号为 N(R) 的帧，但确认序号为 N(R)−1 及其以前的各帧

上述 4 种监督帧中，前 3 种用在连续 ARQ 协议中，而最后一种只用于选择重传 ARQ 协议中（较少使用）。

所有的监督帧都不包含要传送的数据信息，因此它只有 48bit 长。显然，监督帧不需要有发送序号 N(S)，但监督帧中的接收序号 N(R) 却是至关重要的。前两种监督帧中的 N(R) 具有同样的含义，这两种监督帧相当于以前提到过的确认帧 ACK。REJ 则相当于以前提到过的否认帧 NAK，而 REJ 帧中的 N(R) 表示所否认的帧号。不过这种否认帧还带有某种确认信息，即确认序号为 N(R)−1 及其以前的各帧均已正确收到。

应当注意到，RR 帧和 RNR 帧还具有流量控制的作用。RR 帧表示已做好接收帧的准备，希望对方继续发送，而 RNR 帧则表示希望对方停止发送（这可能由于来不及处理到达的帧，或缓冲器已存满）。

（3）无编号帧

若控制字段的第 1~2 个比特都是 1，这个帧就是无编号帧（U）。无编号帧本身不带编号，即无 N(S) 和 N(R) 字段，而是用 5bit（图 3-9 中标有 M 的第 3、4、6、7、8 比特）来表示不同功能的无编号帧。虽然总共可以有 32 种不同组合，但实际上目前只定义了 15 种无编号帧。无编号帧主要起控制作用，用于链路管理，如数据链路的建立、释放、恢复的命令和响应，可以在需要时随时发出。

3.3.4 PPP

在通信质量比较差的年代，在数据链路层曾广泛使用能实现可靠传输的高级数据链路控制（HDLC）协议，而如今随着通信质量的提高，HDLC 已很少使用了。对于点对点的链路，目前广泛使用简单得多的点对点协议（Point-to-Point Protocol，PPP）。

PPP 是一个正式的因特网标准协议。PPP 处理错误检测，支持多种协议，在连接时允许商议 IP 地址，允许身份验证。

1. PPP 的组成

PPP 是个协议族，包括链路控制协议（Link Control Protocol，LCP）、网络控制协议（Network Control Protocol，NCP）、口令验证协议（Password Authentication Protocol，PAP）、挑战—握手验证协议（Challenge Handshake Authentication Protocol，CHAP）和将 IP 数据报封装成 PPP 帧的方法。

LCP 用来建立、配置和测试数据链路的连接。通信的双方可协商一些选项。在 [RFC 1661] 中定义了 11 种类型的 LCP 分组。

网络控制协议（NCP）包括一套协议，支持不同的网络层协议，如 IP、OSI 的网络层、DECnet、以及 AppleTalk 等。

在将 IP 数据报封装到 PPP 的串行链路时，PPP 既支持异步链路（无奇偶校验的 8 比特数据），也支持面向比特的同步链路。

2. PPP 的帧格式

PPP 帧的格式和 HDLC 相似（见图 3-10）。可以看出，PPP 帧的前 3 个字段和最后两个字段与 HDLC 的格式是一样的。标志字段（F）仍为 0x7E，但地址字段（A）和控制字段（C）都是固定不变的，分别为 0xFF 和 0x03。PPP 不是面向比特的，因而所有的 PPP 帧都是整数个字节。

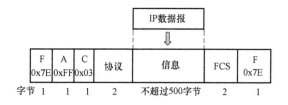

图 3-10　PPP 帧的格式

与 HDLC 不同的是多了一个具有两个字节的协议字段。协议字段不同，后面的信息字段类型就不同。如：

1）0x0021——信息字段是 IP 数据报。

2）0xC021——信息字段是链路控制数据（LCP）。

3）0x8021——信息字段是网络控制数据（NCP）。

4）0xC023——信息字段安全性认证模式为 PAP。

5）0xC223——信息字段安全性认证模式为 CHAP。

当信息字段中出现和标志字段一样的比特（0x7E）组合时，就必须采取一些措施。因 PPP 是面向字符的，因此它不能采用 HDLC 所使用的零比特填充法，而是使用一种特殊的字符填充法。具体的做法是，将信息字段中出现的每一个 0x7E 字节转变为 2 字节序列（0x7D，0x5E）。若信息字段中出现一个 0x7D 的字节，则将其转变为 2 字节序列（0x7D，0x5D）。若信息字段中出现 ASCII 码的控制字符（即小于 0x20 的字符），则在该字符前面加入一个 0x7D 字节。这样做的目的是防止这些表面上的 ASCII 控制符（在这里实际上已不是控制符了）被错误地解释为控制符。

PPP 总的设计思想简单。它是不可靠传输协议，只有检错功能，没有纠错功能，没有流量控制功能，不需要使用帧的序号；只支持点对点线路，不支持多点线路；只支持全双工链路，不支持单工或半双工链路。在噪声较大的环境下，如无线网络，则应使用有编号的工作方式。

3. PPP 的工作过程

当用户拨号接入 ISP 时，路由器的调制解调器对拨号做出应答，并建立一条物理连接。这时，PC 向路由器发送一系列的 LCP 分组（封装成多个 PPP 帧）。这些分组及其响应选择了将要使用的一些 PPP 参数。接着就进行网络层配置，NCP 给新接入的 PC 分配一个临时的 IP 地址。这样，PC 就成为 Internet 上的一个主机了。

当用户通信完毕时，NCP 释放网络层连接，收回原来分配出去的 IP 地址。接着，LCP 释放数据链路层连接。最后释放的是物理层的连接。

上述过程可用图 3-11 所示的状态图来描述。

当线路处于静止状态时，并不存在物理层的连接。当检测到调制解调器的载波信号并建立物理层连接后，线路就进入建立状态。这时，LCP 开始协商一些选项，协商结束后就进入鉴别状态。若通信的双方鉴别身份成功，则进入网络状态。NCP 配置网络层，分配 IP 地址，然后就进入可进行数据通信的打开状态。数据传输结束后就转到终止状态。载波停止后则回到静止状态。

4. PPP 的身份验证

（1）口令认证协议（PAP）

整个身份认证过程是两次握手验证过程，口令以明文传送。PAP 认证过程如图 3-12 所示，步骤如下：

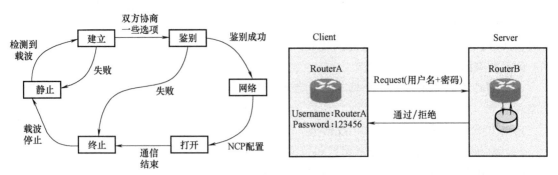

图 3-11　使用 PPP 的状态图　　　　　图 3-12　PAP 身份认证的两次握手

1）验证方发送用户名和口令到验证方，图 3-12 中，客户（Client）端向服务器（Server）端请求身份验证。

2）验证方根据自己的网络用户配置信息检查用户名和口令是否正确，然后返回不同的响应（ACK 或 NAK）。

3）如果验证正确，则会给对端发送 ACK（应答确认）报文，通告对端已被允许进入下一阶段协商，否则发送 NAK（不确认）报文，通知对方验证失败。但此时并不会直接将链路关闭，客户端还可以继续尝试新的用户名和密码。只有当验证不通过的次数达到一定值（默认为 4）时，才会关闭链路，防止误传、网络干扰等造成不必要的 LCP 重新协商过程。

PAP 的特点：在网络上以明文的方式传递用户名及口令，如果在传输过程中被截获，便有可能对网络安全造成威胁。因此，它仅用于对网络安全要求相对较低的环境。

（2）挑战—握手认证协议（CHAP）

采用 CHAP 进行身份验证需要 3 次握手，不直接发送口令，由主验方首先发起验证请求。CHAP 的安全性比 PAP 高。CHAP 身份验证的 3 次握手流程如图 3-13 所示，步骤如下：

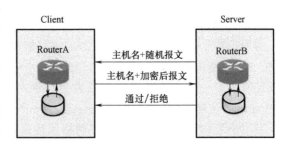

图 3-13　CHAP 认证的 3 次握手

1）当客户端要求与验证服务器连接时，并不像 PAP 验证方式那样直接由客户端输入密码，而首先由主验方 RouterB 向被验方 RouterA 发送一个作为身份认证请求的随机产生的报文，并同时将自己的主机名附带上一起发送给被验方。

2）被验方 RouterA 得到验证方的验证请求后，便根据此报文中验证方的主机名和自己的用户表查找对应的用户账户和口令。如果找到用户表中与验证方主机名相同的用户账户，便利用接收到的随机报文和该用户的口令以 MD5 算法生成应答，随后将应答和自己的主机名发送给验证服务器 RouterB。

3）主验方 RouterB 接到此应答后，再利用对方的用户名在自己的用户表中查找自己系统中存的口令，找到后再用自己的口令和随机报文以 MD5 算法生成结果，与被验方 RouterA 的应答比较。验证成功后，验证服务器 RouterB 会发送一条通过的应答，否则会发送一条拒绝的应答。

习　　题

1. 数据链路与物理链路有何区别？

2. 有一比特串 0110111111111100 用 HDLC 协议传送，经过零比特填充后变成怎样的比特串？

3. 一个 PPP 帧的数据部分用十六进制写出是 7D 5E FE 27 7D 5D 7D 5D 65 7D 5E。试问真正的数据是什么？

4. 滑动窗口协议是如何进行差错控制和流量控制的？试分析各协议的优缺点。

5. PPP 的主要特点是什么？为什么 PPP 不使用帧的编号？PPP 适用于什么情况？为什么 PPP 不能使数据链路层实现可靠传输？

6. 依据 PPP 帧和 HDLC 帧格式上的差别讨论两协议的主要区别。

7. 试比较 PPP 的 PAP 验证和 CHAP 验证。

第4章

局 域 网

本章对局域网基本概念、体系结构、标准，以及交换式局域网、虚拟局域网及相应的组网方法等进行了介绍。

本章教学要求

了解：局域网的组成与分类。

理解：IEEE 802 参考模型及介质访问控制子层的基本概念。

掌握：交换式局域网与虚拟局域网的工作原理。

掌握：局域网组网设备及组网方法。

4.1 局域网概述

局域网（Local Area Network，LAN）是利用通信线路将近距离内的计算机及外设连接起来，以达到数据通信和资源共享的目的。局域网的研究始于 20 世纪 70 年代，典型代表是 Ethernet。

局域网具有几个特征：为一个单位所拥有，地理范围和站点数都有限；所有的站点共享较高的总带宽（即较高的数据传输速率）；较低的延迟和较低的误码率；能进行广播（广播指一站向所有其他站发送。一个站向多个站发送，又称为多播或组播）。

有限的区域使 LAN 内的计算机及其他设备局限于一幢大楼或相邻的建筑群内，受外界的干扰很小，加上使用高质量的通信线路，使局域网的传输误码率极低。局域网内的站点相距不远，一般不采用速率较低的公用电话线，而使用高质量的专用线，如同轴电缆、双绞线、光纤等，这类传输介质抗干扰性强，具有较高的数据传输率。铜缆传输速率目前可达 1000Mbit/s 以上，光纤的传输速率可达 10Gbit/s。由于局域网通常只属于一个单位或部门，因此网络设计受到非技术性因素的影响较小。局域网的工作站和服务器通常都是微机（服务器也可能是小型机），这既能降低组网费用，又容易为用户接受。

以资源共享为主要目的的局域网的主要功能表现在以下几个方面。

（1）信息交换功能

信息交换是局域网的最基本功能，也是计算机网络最基本的功能，主要完成网络中各结点之间的系统通信。

（2）实现资源共享

共享网络资源是开发局域网的主要目的，网络资源包括硬件、软件和数据。硬件资源有处理机、存储器和输入/输出设备等，它是共享其他资源的基础。软件资源是指各种语言处理程序、服务程序和应用程序等。数据资源则包括各种数据文件和数据库中的数据等。在目前的局域网中，共享数据资源处于越来越重要的地位。共享资源可解决用户使用计算机资源受地理位置限制的问题，也避免了资源重复设置造成的浪费，更大大提高了资源的利用率，提高了信息的处理能力，节省了数据处理的费用。

（3）数据信息的快速传输、集中和综合处理

局域网是通信技术和计算机技术结合的产物，分布在不同地区的计算机系统可以及时、高速地传递各种信息。随着多媒体技术的发展，这些信息不仅包括数据和文字，还可以是声音、图像和动画等。

局域网可将分散在各地的计算机中的数据信息适时集中和分组管理，并经过综合处理后生成各种报表，供管理者和决策者分析和参考，如政府部门的计划统计系统、银行与财政及各种金融系统、数据的收集和处理系统、地震资料收集与处理系统、地质资料采集与处理系统和人口普查信息管理系统等。

（4）提高系统的可靠性

当局域网中的某一处发生故障时，可由别的路径传送信息或转到别的系统中代为处理，以保证该用户的正常操作，不会因局部故障而导致系统瘫痪。又假如某一个数据库中的数据因处理机发生故障而遭到破坏，可以使用另一台计算机的备份数据库进行处理，并恢复被破坏的数据库，从而提高系统的可靠性。

（5）有利于均衡负荷

合理的网络管理可将某一时刻处于重负荷的计算机上的任务分送到别的负荷轻的计算机去处理，以达到负荷均衡的目的。对于地域跨度大的远程网络来说，可以充分利用时差因素来达到均衡负荷。

4.1.1　局域网的技术特点

局域网设计中主要考虑的因素是能够在较小的地理范围内更好地运行、资源得到更好的利用、传输的信息更加安全以及网络的操作和维护更加简便等。这些要求决定了局域网的技术特点，即拓扑结构、传输媒体和媒体（介质）访问控制方法在很大程度上共同确定了传输信息的形式、通信速度和效率、信道容量以及网络所支持的应用服务类型。

1. 拓扑结构

网络的拓扑结构对网络的性能有很大影响。选择网络拓扑结构，首先要考虑采用何种媒体访问控制方法，因为特定的媒体访问控制方法一般仅用于特定的网络拓扑结构；其次要考虑性能、可靠性、成本、扩充灵活性、实现的难易程度及传输媒体的长度等因素。局域网常见的拓扑结构有星形、总线型、环形和树形等，如图 4-1 所示。树形实际上是一种多级星形结构。

2. 传输媒体

局域网典型的传输媒体有双绞线、基带同轴电缆、宽带同轴电缆和光纤、电磁波等。

3. 媒体访问控制

媒体访问控制方法是指将传输介质的频带有效地分配给网上各站点的方法，就是控制网上各工作站在什么情况下才可以发送数据，在发送数据过程中如何发现问题及出现问题后如

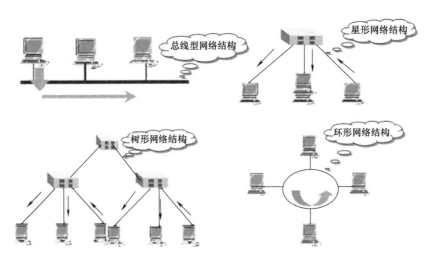

图 4-1　局域网拓扑结构

何处理等。目前比较常用的媒体访问控制方法有 CSMA/CD（带冲突检测的载波侦听多路访问）、Token Bus（令牌总线）和 Token Ring（令牌环）等。

4.1.2　局域网的组成和分类

1．局域网的组成

局域网由网络硬件和网络软件两部分组成。网络硬件主要有服务器、工作站、传输介质和网络连接部件等。网络软件包括网络操作系统、控制信息传输的网络协议及相应的协议软件、大量的网络应用软件等。图 4-2 所示是一种简单的局域网。

服务器可分为文件服务器、打印服务器、通信服务器、数据库服务器等。文件服务器是局域网上最基本的服务器，用来管理局域网内的文件资源；打印服务器则为用户提供网络共享打印服务；通信服务器主要负责本地局域网与其他局域网、主机系统或远程工作站的通信；而数据库服务器

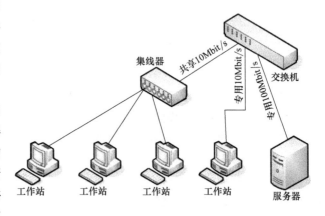

图 4-2　一种简单的局域网

则可为用户提供数据库检索、更新等服务。可以访问因特网的局域网一般还会提供公网服务器，如 Web 服务器、FTP 服务器、电子邮件服务器等。

工作站（Workstation）也称为客户机（Clients），可以是一般的个人计算机，也可以是专用计算机，如图形工作站等。工作站可以有自己的操作系统，独立工作。运行工作站的网络软件可以访问服务器的共享资源。工作站和服务器之间的连接通过传输介质和网络连接部

件来实现。

网络连接部件主要包括网卡、中继器、集线器和交换机等，如图4-3所示。

网卡　　　　　中继器　　　　　集线器　　　　　　　　交换机

图4-3　网络连接部件

交换机采用交换方式进行工作，能够将多条线路的端点集中连接在一起，并支持端口工作站之间的多个并发连接，实现多个工作站之间数据的并发传输，可以增加局域网带宽，改善局域网的性能和服务质量。与交换机不同的是，集线器多采用广播方式工作，接到同一集线器的所有工作站都共享同一速率，而接到同一交换机的所有工作站都独享其端口速率。

除了网络硬件外，网络软件也是局域网的一个重要组成部分。目前常见的网络操作系统主要有 UNIX、Linux 和 Windows 几种。

2. 局域网的分类

按照不同的分类标准，一般可从下面几个方面对局域网进行划分。

1）拓扑结构：根据局域网采用的拓扑结构，可分为总线型局域网、环形局域网、星形局域网和混合型局域网等。

2）传输介质：局域网上常用的传输介质有有线和无线两种，因此可以将局域网分为有线局域网和无线局域网。本章主要介绍有线局域网，无线局域网在第9章介绍。

3）访问传输介质的方法：传输介质提供了两台或多台计算机进行互连并传输信息的通道。在局域网上，经常是在一条传输介质上连有多台计算机（如总线型和环形局域网），即大家共享同一传输介质。而一条传输介质在某一时间内只能被一台计算机所使用，那么在某一时刻到底谁能使用或访问传输介质呢？这就需要一个共同遵守的准则来控制、协调各计算机对传输介质的同时访问，这种准则就是前面所说的媒体访问控制方法。据此可以将局域网分为 Ethernet、令牌环网、令牌总线等。

局域网经过了几十年的发展，尤其是以交换机为核心的快速 Ethernet、千兆 Ethernet、万兆 Ethernet 进入市场后，Ethernet 已经在局域网市场中占据了绝对优势。现在，Ethernet 几乎成为局域网的同义词。

4）网络操作系统：正如微机上的 DOS、UNIX、Windows 等操作系统，局域网上也有多种网络操作系统。因此，可以将局域网按使用的操作系统进行分类，如 Novell 公司的 Netware 网、Microsoft 公司的 Windows 2000 网、IBM 公司的 LAN Manager 网等。

此外还可以按数据的传输速率分为 10Mbit/s 局域网、100Mbit/s 局域网、千兆局域网等，按信息的交换方式可分为交换式局域网、共享式局域网等。

4.2　局域网体系结构

在局域网的标准化工作过程中，ISO/OSI 为局域网标准化工作提供了经验和基础。

1985 年，IEEE 公布了 IEEE 802 标准的 5 项标准文本，同年被美国国家标准局（ANSI）采纳为美国国家标准。后来，国际标准化组织（ISO）经过讨论，建议将 802 标准定为局域网国际标准。

4.2.1 IEEE 802 参考模型

由于局域网实质上是通信子网，只涉及有关的通信功能，局域网的拓扑结构简单，不需要路由选择协议，因此 OSI 的第三层以上的高层就不再涉及，在 IEEE 802 局域网参考模型中主要涉及 OSI 参考模型物理层和数据链路层的功能，如图 4-4 所示。

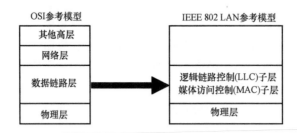

图 4-4　IEEE 802 的 LAN 参考模型与 OSI 参考模型的对应关系

IEEE 802 模型中将数据链路层分解为两个子层，即与数据链路层的功能与硬件有关的媒体访问控制（MAC）子层和与硬件无关的逻辑链路控制（LLC）子层。

局域网的高层功能由具体的局域网操作系统来实现。

对于局域网来说，物理层规定了所使用的信号、编码和传输介质；数据链路层采用差错控制和帧确认技术，传送带有校验的数据帧。为了使数据帧的传送独立于所采用的物理媒体和媒体访问控制方法，IEEE 802 标准特意把 LLC 独立出来形成一个单独子层，使得 LLC 子层与媒体无关，仅让 MAC 子层依赖于物理介质和介质访问控制方法。

1. LLC 子层

LLC 子层向高层提供一个或多个逻辑接口，这些接口被称为服务访问点（SAP）。SAP 具有帧的接收、发送功能。发送时将要发送的数据加上地址等字段构成 LLC 帧；接收时将帧拆封，进行地址识别等。

LLC 的主要作用是在各种不同的介质访问控制子层之上为局域网的网络实体提供满足可靠性和传输效率要求的数据链路层服务。它屏蔽了各种 MAC 子层的差异。

LLC 协议是由高级数据链路控制（HDLC）派生出来的。在局域网中，高层协议要与各种局域网的 MAC 子层交换信息时，必须通过一个 LLC 子层。

两个站或两个系统通过 LAN 进行通信时，高层提供站点之间的端到端服务，链路之下的 MAC 子层提供帧传输或者接收时访问网络所必备的逻辑，而 LLC 子层则执行端到端的差错控制和端到端的流量控制。

在 OSI/RM 中，物理层、数据链路层和网络层使计算机网络具有报文分组转接的功能。当局限于一个局域网时，物理层和数据链路层就能完成报文分组转接的功能。但当涉及多个网络互联时，报文分组就必须经过多条链路才能到达目的地，此时就必须专门设置一个层次来完成网络层的功能，即数据报、虚电路和多路复用功能的实现，其中，数据报功能可采用源地址和目的地址实现，虚电路与多路复用功能可以用 SAP 的概念加以支持。所以在 IEEE

802 标准的实现模型中，在 LLC 中设立了网际层，即网络层的一个子层，因此有时 LLC 的上层也叫网络层。

LLC 子层能利用 LAN 的多路访问（由 MAC 子层实现）的特性提供多址发送和广播发送，即将一个报文发到多个站或者所有的站。

LLC 服务有 3 种：无确认无连接服务（只是把分组发送到目的地，不保证可靠投递，不进行通知，如用于广播和多播信道的数据报传送）、有确认无连接服务（不建立链路，而是直接发送数据，出错时要求 ARQ，如令牌总线网络中）、面向连接的服务（通过链路建立的 3 阶段来实现可靠传输，用于一次性传输大量的数据）。

LLC 帧的结构类似于 HDLC 的结构（可参考第 3 章），只是没有标志字段（F）和帧检验序列（FCS），包括三大部分：地址（长 8bit，使用 7bit 的目的服务访问点（DSAP）；长 8bit，使用 7bit 的源服务服务点（SSAP）），控制（由信息帧（I）、监控帧（S）、无编号帧（U）构成，对帧的序号控制为 128 个），信息（长为 8bit 的倍数）。

2. MAC 子层

MAC 子层在支持 LLC 层完成介质访问控制功能时，可以提供多个可供选择的媒体访问控制方式。为此，IEEE 802 标准制定了多种媒体访问控制方式，如 CSMA/CD、Token Ring、Token Bus 等。同一个 LLC 子层能与其中的任何一种访问方式接口。

总之，LAN 的数据链路层与传统的数据链路层是有区别的：必须支持链路的多重访问，媒体访问控制子层将承担某些链路访问的细节；必须提供第三层的功能。

4.2.2 IEEE 802 标准系列

IEEE 802 标准实际上是 IEEE 对于局域网技术制定的一系列标准的集合。IEEE 802 规范定义了网卡如何访问传输介质（如光缆、双绞线、无线网络等），以及如何在传输介质上传输数据，还定义了传输信息的网络设备之间连接的建立、维护和拆除的途径。OSI 与 IEEE 802 标准的比较见表 4-1。

表 4-1 OSI 与 IEEE 802 标准的比较

OSI	IEEE 802		
高层协议	IEEE 802.10 客户在 LAN 中的安全与保密技术		
	IEEE 802.1 系统结构与网络互联		
数据链路层	IEEE 802.2 逻辑链路控制(LLC)子层		
	介质访问控制子层		
	802.3 CSMA/CD	802.4 Token Bus	802.5 Token Ring
物理层	CSMA/CD 介质	Token Bus 介质	Token Ring 介质

IEEE 802.1：LAN 体系结构、网络管理和网络互联；

IEEE 802.2：逻辑链路控制子层的功能；

IEEE 802.3：CSMA/CD 总线介质访问控制方法及物理层技术规范；

IEEE 802.4：令牌总线媒体访问控制方法及物理层技术规范；

IEEE 802.5：令牌环介质访问控制方法及物理层技术规范；

IEEE 802.6：城域网访问控制方法及物理层技术规范；

IEEE 802.7：宽带技术；

IEEE 802.8：光纤技术；

IEEE 802.9：综合业务数字子网（ISDN）技术；

IEEE 802.10：局域网安全技术；

IEEE 802.11：无线局域网。

IEEE 802.3、IEEE 802.4、IEEE 802.5 是最常见的 3 个局域网标准，这些标准分别描述传统的共享介质局域网的介质访问控制机制，即 CSMA/CD、令牌总线和令牌环。

表 4-1 以 IEEE 802.3、IEEE 802.4、IEEE 802.5 为例列出了 IEEE 802 各个子标准之间的关系，未列出的 IEEE 802.6、IEEE 802.7、IEEE 802.8、IEEE 802.9、IEEE 802.11 与它们处于同一层次。

4.2.3　MAC 子层的令牌媒体访问控制

1. 令牌环介质访问控制

令牌环介质采用环形物理拓扑结构。令牌环介质访问控制技术最早在 1969 年应用于贝尔研究室的 Newhall 环网，使用的是 IBM Token Ring。

IEEE 802.5 在 IBM Token Ring 基础上定义了新的令牌环介质访问控制方法，做了如下技术改进：单令牌协议、优先级位（设定令牌的优先级，最多 8 级）、监控站（环中设置中央监控站，可通过令牌监控位执行环的维护功能）、预约指示器（控制每个结点利用空闲令牌发送不同优先级的数据帧所占用的时间）。

IEEE 802.5 令牌协议使用了一个沿着环路（高地址→低地址→高地址）循环令牌的公平共享介质访问机制。网络中的结点只有截获令牌时才能发送数据，没有获取令牌的结点不能发送数据，因此在使用令牌环的 LAN 中不会产生冲突。

当各结点都没有数据发送时，网络中的令牌在环上循环传递（类似儿时游戏——捡手帕）。

若一个结点要发送数据，就首先要截获令牌，然后开始发送数据帧，当发送的数据在环上循环一周后，又回到发送结点，发送结点确认无误后要将该数据帧收回（从环上移去），而发送完毕后，要产生一个新的令牌并发送到环路上。这样，当环中的所有结点都有帧发送时，最后一个结点就要等待逻辑环中的其他结点传递令牌和数据帧的时间总和。

当令牌环外有其他结点要求插入到环中时，仍然要按照地址高低来确定环中的位置，而逻辑环中的结点会周期性地邀请环外结点加入环中。

令牌环的优点是重负载下的利用率高、对传输距离不敏感、各站实现公平访问策略；环中结点访问延迟确定，支持优先级服务。

令牌环的缺点是环路结构复杂、检错和可靠性较复杂；轻负载时，由于等待令牌而使效率较低。

令牌环的典型代表是 100Mbit/s 的光纤分布式数据接口（Fiber Distributed Data Interface，FDDI）。FDDI 是以光纤作为传输介质的高速主干网，它可以用于局域网与计算机的互联。FDDI 可以使用双环结构，具有容错能力（即在一个环出现故障时可以启用另一个环）。

2. 令牌总线媒体访问控制

IEEE 802.4 定义了令牌总线媒体访问控制方法。

令牌总线是在物理总线上建立一个逻辑环（物理上是总线型拓扑结构，逻辑上是环形拓扑结构，因此令牌传递顺序与结点的物理位置无关），每个结点被赋予一个顺序的逻辑位置，结点在获得令牌时发送数据，发送完数据后就将令牌发送给下一个结点。

从逻辑上看，令牌从一个结点传送到下一个结点，使结点能获取令牌发送数据；从物理上看，结点是将数据广播到总线上，总线上所有的结点都可以监测到数据，并对数据进行识别，但只有目的结点才可以接收并处理数据。

令牌总线的优点是介质访问延迟确定，不存在冲突，重负载下的信道利用率高，支持优先级。

令牌环网和令牌总线网目前在局域网市场中的存量很少，但令牌媒体访问控制方式在计算机网络中的应用很多。

4.3 IEEE 802.3

4.3.1 载波监听多路访问/冲突检测（CSMA/CD）

IEEE 802.3 定义的 CSMA/CD 是在载波侦听多路访问 CSMA 的基础上发展起来的一种随机访问控制技术，是在 20 世纪 70 年代美国夏威夷大学研究的无线 ALOHA 系统上加以改进而形成的。

1. CSMA 方法

CSMA 的基本思想：网络上的任一站要发送数据，先监听总线，若总线空闲，则立即发送；若总线正被占用，则等待某一时间后（固定时间或随机时间）再发送。这种等待某一时间的做法就称为二进制退避算法。

根据监听后的退避策略，CSMA 有 3 种不同的类型，介绍如下。

1—坚持：A. 发送端必须先侦听，只有信道空闲，才能发送数据帧；B. 若其他站点正在使用，则继续侦听，待空闲时发送；C. 若出现冲突，则等待某个随机时间后重复 A。特点：信道利用率高，易产生冲突。

非（N—）坚持：A. 发送端必须先侦听，只有信道空闲才能发送数据帧；B. 若其他站点正在使用，则等待某个随机时间（重发送延迟）后重复 A。特点：利用随机重发减小冲突概率，易造成介质空闲浪费（都避让）。

P—坚持：A. 发送端必须先侦听，只有信道空闲才以 P 概率发送数据帧，以 1-P 的概率作为一个单位时间的延迟（即网络最大传播延迟）再发送；B. 若媒体忙，则继续侦听，待空闲时重复 A；C. 出现冲突，则延迟一个单位时间后重复 A。特点：在 P 过大或网络的负荷较大时仍然可能产生冲突；而 P 过小，则网络负荷很小，也会出现不必要的延时。

CSMA 媒体访问控制方法广泛应用于共享介质的计算机网络中，如无线局域网等。

2. CSMA/CD 媒体访问控制方法

CSMA/CD 的工作过程如图 4-5 所示，在 IEEE 802.3 的总线型 Ethernet 中，所有的结点都直接连到同一条物理信道上，并在该信道中发送和接收数据，因此对信道的访问是以多路访问方式进行的。任一结点都可以将数据帧发送到总线上，而所有连接在信道上的结点都能检测到该帧。当目的结点检测到该数据帧的目的地址（MAC 地址）为本结点地址时，就接收该帧，同时给源结点返回一个响应。

当有两个或更多的结点在同一时间都发送了数据，在信道上就造成了帧的重叠，导致冲突出现（冲突产生的原因：可能在同一时刻两个结点同时侦听到线路"空闲"，又同时发送信息而产生冲突，使数据传送失效；也可能一个结点刚刚发送信息，还没有传送到目的结点，而另一个结点此时检测到线路"空闲"，将数据发送到总线上）。为了克服这种冲突，在总线型 Ethernet 中使用 CSMA/CD 协议。

CSMA/CD 协议的工作过程为先听后发、边听边发、冲突停发（发的过程中检测冲突）、随机重发。该工作过程是由网卡实现的。

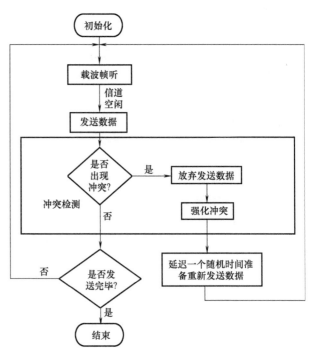

图 4-5 CSMA/CD 的工作过程

3. CSMA/CD 要注意的问题

CSMA/CD 要注意的问题：一是帧的长度要足够，以便其在发完之前就能检测到碰撞，否则就失去了意义；二是需要一个间隔时间（即冲突检测时间），其大小为往返传播时间与为了强化碰撞而有意发送的干扰序列时间之和。在最坏的情况下，对于基带 CSMA/CD 来说，检测出一个冲突的时间等于任意两站之间最大传播时延的两倍。

因此，CSMA/CD 总线网络中的最短帧长可以用下列公式来计算：

$$\frac{最短数据帧长(bit)}{数据传输速率(Mbit/s)} = \frac{2\times任意两结点间最大距离(m)}{200m/\mu s} \tag{4-1}$$

需要注意的是，CSMA/CD 用在半双工的共享 Ethernet 传输方式下。现在，人们使用交换机实现了全双工的通信，因此，CSMA/CD 在现在的网络中并不采用，但是 CSMA/CD 作为多点接入的共享介质传输的解决方案，对于 Ethernet 技术是非常重要的。

4.3.2 MAC 地址与 IEEE 802.3 的 MAC 帧结构

1. MAC 地址

在局域网中，硬件地址又称为物理地址或 MAC 地址。MAC 地址被固化在网卡的 ROM 中，它采用 48 位（6 个字节）的十六进制格式。其格式如图 4-6 所示。

其中：

1）I/G 表示 Individual/Group。IEEE 规定地址字段的第 1 字节的最低位为 I/G 位。当 I/G 位为 0 时，地址字段表示一个单个站地址。当 I/G 位为 1 时表示组地址，用来进行多播。

2）G/L 表示 Global/Local。IEEE 把地址字段第 1 字节的最低第 2 位规定为 G/L 位。当

图 4-6   MAC 地址格式

G/L 位为 1 时，是全球管理（保证在全球没有相同的地址）。厂商向 IEEE 购买的 OUI 都属于全球管理，用作全局管理方式的设定。当 G/L 位为 0 时是本地管理，这时用户可任意分配网络上的地址。Ethernet 几乎不使用这个 G/L 位，因此世界上的每一个网卡都可有一个唯一的地址。

3）机构唯一标识符（OUI），是由 IEEE 分配给组织机构的，它包含 24 位（3 个字节）。各个机构被分配一个全局管理地址（24 位）。对于同一厂家生产的每一块网卡来说，这个地址通常是唯一的。

例如 00e0. fc01. 2345，其中 00 e0 fc 这 3 个字节表示厂家，而 01 23 45 这 3 个字节表示厂家自己的编号。

由于网卡是插在计算机中的，因此网卡上的硬件地址就可用来标识插有该网卡的计算机。同理，当路由器用网卡连接到局域网时，网卡上的硬件地址就用来标识插有该网卡的路由器的某个接口。

2. IEEE 802.3 的 MAC 帧结构

数据在 Ethernet 中传输的最小单位称为"帧"。IEEE 802.3 规定帧由 7 个字段构成：前导码（Preamble）、帧前定界符（SFD）、目的地址（DA）、源地址（SA）、长度、LLC 数据和 CRC，如图 4-7 所示。

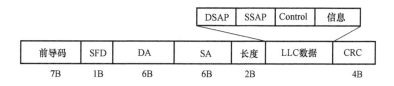

图 4-7   IEEE 802.3 的 MAC 帧结构

（1）前导码与帧前定界符（SFD）字段

前导码由 56 位（7B）的 10101010…101010 比特序列组成。从 Ethernet 物理层的角度看，接收电路从开始接收比特位到进入稳定状态，需要一定的时间。设置该字段的目的是保证接收电路在帧的目的地址字段到来之前达到正常接收状态。帧前定界符可以视为前导码的延续。1 字节的帧前定界符结构为 10101011。

如果将前导码与帧前定界符一起看，那么在 62 位 101010…1010 比特序列之后出现 11。在这个 11 比特之后是 Ethernet 帧的目的地址字段。前导码与帧前定界符主要起接收同步的作用，这 8 个字节接收后不需要保留，也不计入帧头长度中。

（2）目的地址（DA）和源地址（SA）字段

目的地址与源地址分别表示帧的接收结点地址与发送结点的 MAC 地址。

1）在 Ethernet 帧中，目的地址和源地址字段长度可以是 2 个字节或 6 个字节。早期的 Ethernet 曾经使用过 2 字节长度的地址，但是目前所有的 Ethernet 都使用 6 个字节（即 48 位）长度的地址。

2）Ethernet 帧的目的地址可以是单播地址（Unicast Address）、多播地址（Multicast Address）与广播地址（Broadcast Address）等 3 类。目的地址的 I/G 位为 0，表示单播地址。目的地址是单播地址，则表示该帧只被与目的地址相同的结点所接收。目的地址的 I/G 位为 1，表示多播地址。目的地址是多播地址，则表示该帧只被一组结点所接收。目的地址为全 1，表示广播地址。目的地址广播地址，则表示该帧将被所有的结点接收。

（3）长度字段

802.3 标准中的帧用 2 字节定义了数据字段包含的字节数。协议规定了帧数据字段的最小长度为 46B，最大长度为 1500B。

由于帧头部分应该包括 6 字节目的地址字段、6 字节源地址字段、2 字节长度字段、4 字节帧校验字段，因此，帧头部分长度为 18 个字段。前导码与帧前定界符不计入帧头长度中。那么，Ethernet 帧的最小长度为 64B，最大长度为 1518B。设置最小帧长度的一个目的是使每个接收结点都能够有足够的时间检测到冲突。

（4）LLC 数据字段

LLC 数据字段是帧的数据字段，长度最小为 46B。如果帧的 LLC 数据少于 46B，则应将数据字段填充至 46B。填充字符是任意的，不计入长度字段值中。

（5）FCS 字段

帧校验字段（FCS）采用 32 位的 CRC 校验。校验的范围是目的地址、源地址、长度、LLC 数据等字段。

3. 网卡

网卡和局域网之间的通信是通过电缆线或双绞线以串行传输方式进行的。而网卡和计算机之间的通信则是通过计算机主板上的 I/O 总线以并行传输方式进行的，如图 4-8 所示。因此，网卡的一个重要功能就是进行串行/并行转换。由于网络上的数据传输速率和计算机总线上的数据传输速率并不相同，因此在网卡中必须装有对数据进行缓存的存储芯片。

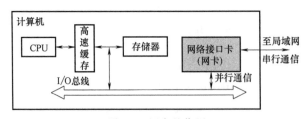

图 4-8　网卡的作用

在安装网卡时必须将管理网卡的设备驱动程序安装在计算机的操作系统中。驱动程序会告诉网卡应当从存储器的什么位置将多大的数据块发送到局域网，或者应当在存储器的什么位置将局域网传送过来的数据块存储下来。

网卡还要实现 Ethernet 的 CSMA/CD 协议，因此网卡的工作过程如下：

1）发送数据时，网卡首先侦听介质上是否有载波（载波由电压指示），如果有，则认为其他站点正在传送信息，继续侦听介质。一旦传输介质在一定时间段内（称为帧间缝隙，

9.6μs）是安静的，即没有被其他站点占用，则开始进行帧数据发送（即先听后发），同时继续侦听传输介质，以检测冲突（即边听边发）。

2）在发送数据期间，如果检测到冲突，则立即停止该次发送，并向介质发送一个加强冲突的"阻塞"信号，告知其他站点已经发生冲突，从而丢弃那些可能一直在接收的受到损坏的帧数据，并等待一段随机时间。在等待一段随机时间后再进行新的发送（即随机重发）。如果重传多次后（大于16次）仍发生冲突，就放弃发送。

3）接收时，网卡检查介质上传输的每个帧，如果其长度小于64字节，则认为是冲突碎片。如果接收到的帧不是冲突碎片且目的地址是本地地址，则对帧进行完整性校验，如果帧长度大于1518字节（称为超长帧，可能由错误的局域网驱动程序或干扰造成）或未能通过CRC校验，则认为该帧发生了畸变。而最后通过校验的帧才被认为是有效的，网卡将它接收下来并交给上一层去处理。

网卡从网络上每收到一个MAC帧就首先检查MAC帧中的MAC地址。如果是发往本站的帧则收下，然后进行其他处理，否则就将此帧丢弃。

网卡还可设置为一种特殊的工作方式，即混杂方式（Promiscuous Mode）。工作在混杂方式的网卡只要"听到"有帧在Ethernet上传输就都接收下来，而不管这些帧是发往哪个站。请注意，这样做实际上是"窃听"其他站点的通信，并不中断其他站点的通信。

网络上的黑客（Hacker或Cracker）常利用这种方法非法获取网上用户的口令。因此，Ethernet上的用户不愿意网络上有工作在混杂方式下的网卡。

但混杂方式有时却非常有用。例如，网络维护和管理人员需要用这种方式来监视和分析Ethernet上的流量，以便找出提高网络性能的具体措施。

有一种很有用的网络工具——嗅探器（Sniffer）就使用了设置为混杂方式的网卡。此外，这种嗅探器还可帮助学习网络的人员更好地理解各种网络协议的工作原理。

4.3.3 传统Ethernet

Ethernet使用的传输介质有4种：粗同轴电缆、细同轴电缆、双绞线和光缆。

早期的Ethernet数据传输速率只有10Mbit/s，人们把这种Ethernet称为传统Ethernet。传统Ethernet主要包括10 Base-5、10 Base-2、10 Base-T和10 Base-F等物理层标准。规范名称里面的10是指标准数据传输的比特速率为10Mbit/s，Base是指使用基带传输，其最后的参数则是指电缆类型。

10 Base-5采用50Ω粗同轴电缆，电缆最大长度为500m，拓扑结构为总线型；10 Base-2采用50Ω细同轴电缆，电缆最大长度为200m，拓扑结构为总线型；10 Base-T使用两对非屏蔽双绞线（UTP）作为传输介质，双绞线最大长度为100m，采用以10 Base-T集线器为中心的星形拓扑结构；10 Base-F采用光缆，光缆最大长度为2000m，点对点连接。

4.4 交换式局域网技术与虚拟局域网技术

4.4.1 交换式局域网技术

1. 交换式局域网基本概念

传统共享介质局域网中，所有结点共享一条公用传输介质，因此不可避免地会发生冲突。为了克服网络规模与网络性能之间的矛盾，人们提出将共享介质方式改为交换方式。交换机是工作在数据链路层，根据接入交换机帧的 MAC 地址过滤、转发数据帧的一种设备。使用交换机可以将多台计算机以星形拓扑结构形成交换式局域网。

局域网交换机可以提供多个端口，并且在交换机内部拥有一个共享内存交换矩阵，数据帧直接从一个物理端口被转发到另一个物理端口。交换机支持端口结点间的多个并发连接，可实现多结点间数据的并发传输，因此增加了 LAN 带宽，改善了 LAN 的性能与服务质量。

交换机可以用端口的数据传输速率来定义，如端口的速率为 10/100/1000Mbit/s，即为 10/100/1000Mbit/s 交换机。

2. 局域网交换机工作原理

交换机根据网络的连接情况会建立一个端口—MAC 地址映射表，表中每条记录有两项关键内容：端口和 MAC 地址。端口—MAC 地址映射表记录了交换机的端口号及其对应的连接结点的 MAC 地址。

发送端向某个结点发送数据，首先在其数据帧的地址信息中设置目的地址 DA＝目的结点地址，源地址 SA＝发送端地址，当数据帧传送到交换机的端口时，交换机检测到后根据端口—MAC 地址表查找到目的结点所连接的端口号，从而建立两个端口之间的连接。

端口—MAC 地址映射表在交换机启动时是空的，需要通过自学习来建立。

由于这类交换机工作在第二层数据链路层中的媒体访问控制（MAC）子层，故称为第二层交换机。

交换机包括如下 3 种帧转发方式。

1）直接交换方式。交换机只要接收并检测到目的地址字段，就立即将该帧转发出去，而不做任何差错检测。数据正确与否是由主机进行检测的。优点是延迟短，缺点是没有差错检测。

2）存储转发方式。首先完整地接收发送帧，然后进行差错检测，若无误则转发出去。优点是具有帧差错检测能力，缺点是存在交换延迟。

3）改进的直接交换方式。这种方式将前两者结合起来，在接收帧的前 64 个字节后，判断 Ethernet 帧的帧头字段是否正确，若正确则转发。其特点是，对短帧而言，延迟与直接交换接近；对长帧而言，由于只检验地址字段、控制字段，因而减少了交换延迟。

局域网交换机的一个突出特性是低交换传输延迟，只有几十 μs，而网桥为几百 μs，路由器为几千 μs。

局域网交换机还有高传输带宽，端口自动识别连接设备的传输速率为 10/100Mbit/s，支持全双工/半双工工作方式，支持 VLAN 服务等许多特性。

4.4.2 虚拟局域网技术

1. 虚拟局域网（VLAN）的概念

（1）冲突域与广播域

在共享式 Ethernet 中，整个网络系统都处在一个冲突域中。所谓冲突域，就是由网络连接起来的这样一组站点的集合，当其中的任意两个站点同时发送数据时，发送的数据就会产生冲突。集线器的所有端口连接的计算机都属于同一冲突域。与之相关的另一个概念是广播域。广播域也是一组由网络连接起来的站点的集合，如果组中的某一个站点发送了一个广播帧，那么该广播帧会被组中的其他所有站点接收。交换机的所有端口连接的计算机都属同一广播域，对于多播、广播以及端口—MAC 地址映射表查不到的帧（在 MAC 表比较小而通信量很大时经常出现查不到的情况），都向除入口外的所有端口转发。应该注意的是，冲突域属于物理层的概念，而广播域属于数据链路层的概念。一个冲突域一定是一个广播域，但反之则不然。

目前的很多网络协议都用广播的方法交换数据。如果在一个广播域中广播帧的数量太多，就会严重降低网络性能，这种现象被称为“广播风暴”。因此，以交换机为核心的交换式局域网的一个突出问题是会出现“广播风暴”，而在交换机上建立虚拟局域网是解决“广播风暴”的有效方法之一。

（2）虚拟局域网的基本概念

虚拟局域网（Virtural LAN，VLAN）就是将局域网的用户或结点划分成若干个“逻辑工作组”，而这些逻辑组的划分不用考虑局域网上用户或结点所处的物理位置，只需考虑用户或结点功能、部门、应用等因素。

在一般的局域网（未划分 VLAN）中，通常一个网段可以是一个逻辑工作组。工作组与工作组之间通过交换机（或路由器）等连接设备交换数据，如图 4-9a 所示。逻辑工作组的组成受到站点所在网段物理位置的限制。逻辑工作组或物理位置的变动都需要重新进行物理连接。

虚拟局域网（VLAN）建立在局域网交换机之上，它以软件方式实现逻辑工作组的划分与管理，逻辑工作组的站点组成不受物理位置的限制，如图 4-9b 所示。

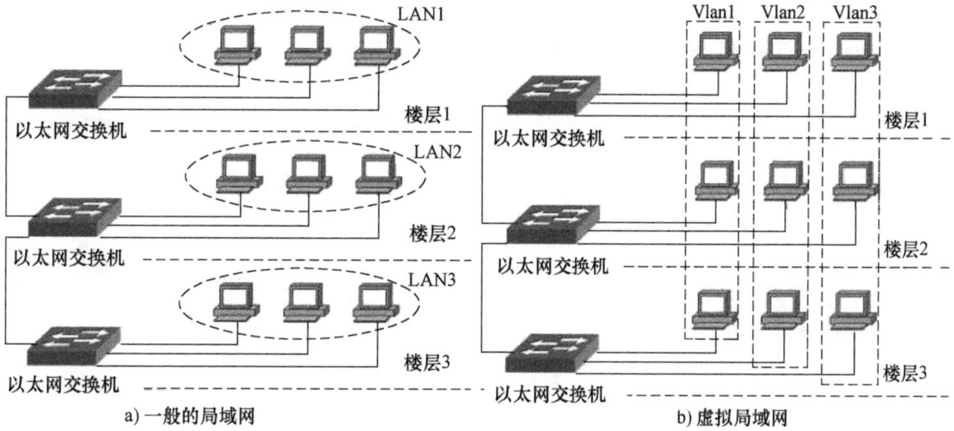

图 4-9　一般的局域网和虚拟局域网（VLAN）比较

同一逻辑工作组的成员可以不必连接在同一个物理网段上。只要 Ethernet 交换机是互联的，它们既可以连接在同一个局域网交换机上，也可以连接在不同的局域网交换机上。当一个站点从一个逻辑工作组转移到另一个逻辑工作组时，只需要通过软件设定即可，而不需要改变它在网络中的物理位置。例如三楼的计算机需要移动到一楼，只要将该计算机接入一楼的交换机，通过交换机软件设置，这台计算机就可以成为原工作组的一员。即同一个逻辑工作组的站点可以分布在不同的物理网段上，但是它们之间的通信就像在同一个物理网段上一样。

划分 VLAN 后的交换机收到需要广播的帧，只向它所属的 VLAN 广播，从而大幅减少了广播通信量，有效地抑制了广播风暴的发生。

进行 VLAN 划分时，需要把握如下两点基本原则：

1) VLAN 是建立在物理网络基础上的一种逻辑子网，当网络中的不同 VLAN 间进行相互通信时需要路由的支持，可以采用路由器，也可采用三层交换机来完成。

2) 利用 Ethernet 交换机就可以划分和配置 VLAN。

2. 利用交换机的 VLAN 划分

VLAN 的划分可以只根据功能、部门或应用而不需考虑用户的物理位置，例如，一个公司的工程部、财务部、人事部可以划分为不同的 VLAN。Ethernet 交换机的每个端口都可以分配给一个 VLAN。分配给同一个 VLAN 的端口共享广播域，分配给不同 VLAN 的端口不共享广播域，这会全面提高网络的性能。

（1）静态 VLAN

静态 VLAN 就是静态地将 Ethernet 交换机上的一些端口划分给一个 VLAN。这些端口一直保持这种配置关系直到人工再次改变它们。

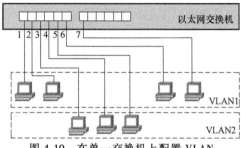

图 4-10 在单一交换机上配置 VLAN

在图 4-10 所示的 VLAN 配置中，Ethernet 交换机端口 1、2、6 和 7 组成 VLAN1，端口 3、4、5 组成 VLAN2。

虚拟局域网既可以在单台交换机中实现，也可以跨越多台交换机。在图 4-11 中，VLAN 的配置跨越两台交换机。Ethernet 交换机 1 的端口 1、2、6、7 和 Ethernet 交换机 2 的端口 1、3、5、7 组成 VLAN1，Ethernet 交换机 1 的端口 3、4、5 和 Ethernet 交换机 2 的端口 2、4、6 组成 VLAN2。

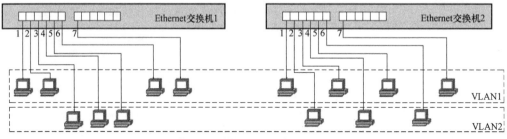

图 4-11 跨越多台交换机的 VLAN

（2）动态 VLAN

所谓动态 VLAN，是指交换机上的 VLAN 端口是动态分配的。通常，动态分配的原则以 MAC 地址、逻辑地址（如 IP 地址）或数据包的协议类型（如 IP）为基础。

例如，如果以 MAC 地址为基础分配 VLAN，网络管理员可以通过指定哪些 MAC 地址的计算机属于哪一个 VLAN 进行配置，不管这些计算机连接到哪个交换机的端口，它都属于设定的 VLAN。这样，如果计算机从一个位置移动到另一个位置，连接的端口从一个换到另一个，只要计算机的 MAC 地址不变（计算机使用的网卡不变），它仍将属于原 VLAN 的成员，无须网络管理员对交换机软件进行重新配置。

3. VLAN 技术特性

IEEE 802.1Q 标准定义了 Ethernet 帧格式的扩展，以支持虚拟局域网。虚拟局域网协议允许 Ethernet 的帧格式中的源 MAC 地址后面插入一个 4 字节的标识符，称为 VLAN 标记（tag）。当数据链路层检测到帧的源地址字段后面的长度/类型字段的值是 0x8100 时，就知道现在插入了 4 字节的 VLAN 标记，于是就接着检查源 MAC 地址后两个字节的内容。

VLAN 标记中最后的 12 位是该虚拟局域网的 VLAN ID（VLAN 号），其表示的范围为 0~4095，它唯一标识了这个 Ethernet 帧属于哪个 VLAN。因此，在 VLAN 技术中，当交换机接收到某数据帧时，交换机根据数据帧中的 VLAN ID 来判断该数据帧应该转发到哪些端口，如果目标端口连接的是交换机，则添加 tag 域后发送数据。这样数据帧只能被转发到属于同一 VLAN 的端口或主机。

根据交换机处理 VLAN 数据帧的不同方式，一般可以将交换机的端口分为两类：一类是只能传送标准 Ethernet 帧的端口，称为 Access 端口，这类端口一般和主机相连；另一类既可以传送有 VLAN 标识的数据帧，也可以传送标准 Ethernet 帧的端口，称为 Trunk 端口，这类端口一般用于交换机之间互联。交换机的端口既可以是 Access 端口，也可以是 Trunk 端口，需要通过交换机的配置来指定，默认情况下为 Access 端口。交换机的端口分为两类的根本原因在于网卡一般无法识别 VLAN 标识的数据帧。

4. 虚拟局域网（VLAN）的优点

（1）减少网络管理开销

部门重组和人员流动是网络管理员最头疼的事情之一，也是网络管理的最大开销之一。在有些情况下，部门重组和人员流动不但需要重新布线，而且需要重新配置网络设备。

VLAN 技术为控制这些改变和减少网络设备的重新配置提供了一个行之有效的方法。当 VLAN 的站点从一个位置移到另一个位置时，只要它们还在同一个 VLAN 中并且仍可以连接到交换机端口，则这些站点本身就不用改变。位置的改变只要简单地将站点插到另一个交换机端口并对该端口进行配置就可。

（2）控制广播流量

一个 VLAN 中的广播流量不会传输到该 VLAN 之外，邻近的端口和 VLAN 也不会收到其他 VLAN 产生的任何广播信息。VLAN 越小，VLAN 中受广播活动影响的用户越少。这种配置方式大大地减少了广播流量，为用户的实际流量释放了带宽，弥补了局域网易受广播风暴影响的弱点。

（3）提供较好的网络安全性

提高安全性的一个经济实惠和易于管理的技术就是利用 VLAN 将局域网分成多个广播域。因为 VLAN 上的信息流（不论是单播信息流还是广播信息流）不会流入另一个 VLAN，因此，通过适当地配置 VLAN 和该 VLAN 与外界的连接，就可以提高网络的安全性。

4.5 高速 Ethernet 的研究与发展

4.5.1 Fast Ethernet

1. Fast Ethernet 的发展

快速 Ethernet（Fast Ethernet）是在传统 10Mbit/s 的 Ethernet 基础上发展起来的一种高速局域网。1995 年 9 月，IEEE 802 委员会正式批准快速 Ethernet 标准为 IEEE 802.3u。

2. Fast Ethernet 的协议结构

了解 IEEE 802.3u 标准的内容与特点，需要注意以下几个问题。

計算机网络教程

1）Fast Ethernet 传输速率达到 100Mbit/s，但是它保留着传统的 10Mbit/s 速率 Ethernet 的基本特征，即相同的帧格式与最小帧长度、最大帧长度等特征。这样做的目的是，局域网中可以同时存在 10Mbit/s 的传统 Ethernet 与 100Mbit/s 的 Fast Ethernet。那么，在局域网速率提升之后，只是在物理层出现了不同，高层软件不需要做任何变动。

2）IEEE 802.3u 标准定义了介质专用接口将 MAC 层与物理层分隔开。这样，物理层在实现 100Mbit/s 速率时使用的传输介质和信号编码方式的变化不会影响 MAC 子层。

3）目前，100 Base-T 主要有以下几种标准。

① 100 Base-TX。100 Base-TX 使用两对 5 类非屏蔽双绞线 UTP 或两对 1 类屏蔽双绞线 STP。一对双绞线用于发送，而另一对双绞线用于接收。因此，100 Base-TX 是一个全双工系统，每个主机都可以同时以 100Mbit/s 速率发送与接收数据。

② 100 Base-T4。100 Base-T4 使用 4 对 3 类非屏蔽双绞线 UTP，其中 3 对用于数据传输，一对用于冲突检测，只用于半双工。

③ 100 Base-FX。10 BaseFX 使用两芯的多模或单模光纤，是一种全双工系统。100 Base-FX 主要用于高速主干网，从结点到集线器的多模光纤的长度可以达到 2km。

4）支持半双工与全双工工作模式。

传统 Ethernet 工作在半双工工作模式。Fast Ethernet 除了可以工作在半双工模式之外，也可以工作在全双工模式。Fast Ethernet 工作在全双工模式，网卡就必须通过两个通道、两对双绞线与交换机连接，其中一对双绞线用于发送数据，而另一对双绞线用于接收数据。全双工模式不存在争用问题，MAC 子层不需要采用 CSMA/CD 方法。

5）增加了 10Mbit/s 与 100Mbit/s 速率自动协商功能。

为了更好地与大量现存的 10 Base-T 的 Ethernet 兼容，Fast Ethernet 具有 10Mbit/s 与 100Mbit/s 速率网卡共存的速率自动协商（Auto Negotiation）机制。速率自动协商应该具有以下功能：与其他结点网卡交换工作模式相关参数进行自动协商，选择共有的性能最高的工作模式，例如当两个结点接入一台 Ethernet 交换机时，作为本地主机网卡，支持 100 Base-TX 与 10 Base-T4 两种模式，而作为另一个与之通信的结点网卡也支持 100 Base-TX 与 10 Base-TX 两种模式，则自动协商功能自动选择两块网卡都以 100 Base-TX 模式工作。协议规定自动协商过程需要在 500ms 内完成。协商过程中按照性能从高到低的选择排序是：

第一，100 Base-TX 或 100 Base-FX 全双工。

第二，100 Base-T4。

第三，100 Base-TX。

第四，10 Base-T 全双工。

第五，10 Base-T。

自动协商只涉及物理层。Fast Ethernet 网卡接入局域网时，不需要人为干预就能够正确实现配置，使得网卡能够即插即用。

4.5.2 Gigabit Ethernet

1. Gigabit Ethernet 的发展

尽管 Fast Ethernet 具有高可靠性、易扩展性、成本低等优点，但是在数据仓库、视频会议、三维图形与高清晰度图像应用中，以及在存储区域网与云计算硬件平台建设时，人们不得不寻求具有更高带宽的局域网，千兆 Ethernet（Gigabit Ethernet，GE）就是在这种背景下产生的。千兆 Ethernet 又称为吉比特 Ethernet。从局域网组网的角度看，普通 Ethernet 升级到 FE 或者 GE 时，网络技术人员不需要培训。相比之下，如果将现有的 Ethernet 与 ATM 网络互联，就会出现两个问题。一方面是 Ethernet 与 ATM 工作机理存在着较大的差异，工作机制与协议的不同，会出现异形网络互联的复杂局面。异形网络互联之间的协议变换，必然会造成网络系统的性能下降。另一方面，熟悉 Ethernet 技术的人员不熟悉 ATM 技术，网络技术人员需要重新进行培训。因此随着技术的成熟，GE 已经成为大中型局域网系统主干网的首选方案，有着广泛的应用前景。

2. GE 的协议特点

制定 GE 标准的工作是从 1995 年开始的。1996 年 8 月，成立了 802.3z 工作组，主要研究多模光纤与屏蔽双绞线的 GE 物理层标准；1997 年初，成立了 802.3ab 工作组，主要研究单模光纤与非屏蔽双绞线的 GE 物理层标准；1998 年 2 月，IEEE 802 委员会正式批准了 GE 标准 IEEE 802.3z。

理解 IEEE 802.3z 标准的特点，需要注意以下几个问题。

1）GE 的传输速率达到了 1000Mbit/s。但是它仍然保留着传统的 Ethernet 的帧格式与最小帧长度、最大帧长度等特征。

2）802.3z 标准定义了千兆介质专用接口，将 MAC 子层与物理层分隔开。这样物理层实现 1000Mbit/s 速率时使用的传输介质和信号编码方式的变化，不会影响 MAC 子层。

3）目前流行的 GE 物理层标准如下。

① 1000 Base-CX：使用两对屏蔽双绞线最大长度为 25m。

② 1000 Base-T：使用 4 对 5 类非屏蔽双绞线，双绞线最大长度为 100m。

③ 1000 Base-SX：使用多模光纤，光纤最大长皮为 550m。

④ 1000 Base-LX：使用单模光纤，光纤最大长度为 5km。

⑤ 1000 Base-LH：使用单模光纤，光纤最大长皮为 10km。

⑥ 1000 Base-ZX：使用单模光纤，光纤最大长度为 70km。

双绞线最大长度为 25m 的 1000 Base-CX 标准已经广泛应用于高性能计算机机房网络，以及云计算数千台服务器与大量在存储器设备之间。长度达 70km 的 1000 Base-ZX 标准已经用于宽带城域网与广域网之中。

4.5.3　10 Gigabit Ethernet

1. 10 Gigabit Ethernet 的主要特点

在 Gigabit Ethernet 标准的 802.3z 通过不久，1999 年 3 月，IEEE 成立高速研究组，其任务是致力于 10 Gigabit Ethernet 技术与标准的研究。10 Gigabit Ethernet（10 千兆 Ethernet、10GE、10GbE 或 10GigE），又称为吉比特 Ethernet，很多文献将它缩写为 10GbE。1GbE 标准由 IEEE 802.3ae 委员会制定，正式标准在 2002 年完成。

10GbE 并非将 GE 的速率简单提高到 10 倍，有很多复杂的技术问题要解决。10GbE 主要具有以下特点。

1）10GbE 保留着传统的 Ethernet 的帧格式与最小帧长度、最大帧长度的特征。

2）10GbE 定义了介质专用接口 10GMII，将 MAC 子层与物理层分隔开。这样，物理层在实现 10Gbit/s 速率时使用的传输介质和信号编码方式的变化不会影响 MAC 子层。

3）10GbE 只工作在全双工方式，例如，在网卡与交换机之间使用两根光纤连接，分别完成发送与接收的任务，因此不再采用 CSMA/CD 协议，这就使 10GbE 的覆盖范围不受传统 Ethernet 的冲突窗口限制，因此传输距离只取决于光纤通信系统的性能。

4）10GbE 的应用领域已经从局域网逐渐扩展到城域网与广域网的核心交换网之中。

5）10GbE 的物理层协议分为：局域网物理层标准与广域网物理层标准两类。

2. 局域网物理层（LAN PHY）标准

LAN PHY 标准根据所使用的传输介质分为光纤与双绞线两类。

1）基于光纤的物理层协议主要有以下几种。

① 10GBase-SR：多模光纤，最大长度为 300m。

② 10GBase-LRM：多模光纤，最大长度为 220m。

③ 10GBase-LX4：单模光纤，最大长度为 10km。

④ 10GBase-LR：单模光纤，最大长度为 25km。

⑤ 10GBase-ER：单模光纤，最大长度为 40km。

⑥ 10GBase-ZR：单模光纤，最大长度为 80km。

2）基于双绞线的物理层协议主要有下面两种。

① 10GBase-CX4：6 类 UTP 或 STP 双绞线，双绞线最大长度为 15m。

② 10GBase-T：6 类 UTP 或 STP 双绞线，双绞线最大长度为 100m。

3. 广域网物理层（WAN PHY）标准

实现 WAN PHY 标准的技术路线主要有两种：使用 SONET/SDH 光纤通道技术，以及直接采用光纤密集波分复用 DWDM 技术。

对于广域网应用，如果使用光纤通道技术，10GbE 广域网物理层应符合光纤通道速率体 SONET/SDH 的 OC-192/STM-64 标准。OC-192/STM-64 的标准速率是 9.95328Gbit/s，而不是精确的 10Gbit/s。如果直接采用光纤波分复用 DWDM 技术，10GbE 速率保持为 10Gbit/s。

由于 10GbE 技术的出现，Ethernet 工作范围已从局域网扩大到城域网和广域网。同样规模的 10GbE 造价只有 SONET 的 1/5，ATM 的 1/10。从 10Mbit/s 的 Ethernet 到 10Gbit/s 的 10GbE，都使用相同的 Ethernet 帧格式。因此保护了已有的应用软件开发投资，减小了网络培训工作量。

4.5.4　40 Gigabit Ethernet 与 100 Gigabit Ethernet

1. 40 Gigabit Ethernet 与 100 Gigabit Ethernet 研究的背景

在相关标准与技术文献中，40 Gigabit Ethernet 与 100 Gigabit Ethernet 缩写为 40GbE 与 100GbE，随着用户对有线与无线接入宽带要求的不断提升，伴随着 3G/4G 与移动 Internet 应用，三网融合的高清视频业务的增长，以及云计算、物联网应用的兴起，城域网与广域网核心交换网的传输带宽面临巨大挑战，现有的 10GbE 技术已经开始难以应对日益增长的需求，更高速的 40Gbit/s 和 100Gbit/s Ethernet 研究与应用就自然提上了日程。40Gbit/s 的波分复用 WDM 早在 1996 年就出现了；2004—2006 年前后在局部范围内开始商用，同时路由器开始提供 40Gbit/s 的接口，在 2007—2008 年有多个厂商能够提供速率为 40Gbit/s 的波分复用设备。同时，电信业对 40Gbit/s 波分复用系统的业务需求日益增多。40GbE 技术将会大量应用于高性能计算机、高性能服务器集群与云计算平台。

为了适应 IDC、运营商网络和其他流量密集的高性能计算环境宽带需求，满足云计算、高性能计算的数据中心虚拟机数量的快速增长，以及三网融合业务、视频点播和社交网络的需求，IEEE 于 2007 年 12 月成立了 IEEE 802.3ba 标准研究组，着手研究 40GbE 与 100GbE 的标准。2010 年 6 月，IEEE 通过了传输速率为 100GbE 的 802.3ba 标准。10GbE 仍然保留着传统的 Ethernet 的帧格式与最小帧长度、最大帧长度的特征。

2．100GbE 物理接口主要类型

100GbE 物理接口主要有以下 3 种类型。

（1）10×10GbE 短距离互联的 LAN 接口技术

这种方案的优点是采用并行的 10 根光纤，每根光纤速率为 10Gbit/s，以实现 100Gbit/s 的传输速率。

（2）4×25GE 中短距离互联的 LAN 接口技术

该方案采用波分复用的方法，在一根光纤上复用 4 路 25Gbit/s，以达到 100Gbit/s 的传输速率。

（3）10m 的钢缆接口和 1m 的系统背板互联技术

该方案主要针对电接口的短距离和内部互联，采用 10 对每对速率为 10Gbit/s 的并行互联方式。

4.6　局域网的组网设备及组网方法

在讨论 Ethernet 基本的组网方法与设备时，必然要涉及 10 Base-5、10 Base-T 与中继器（Repeater）、集线器（Hub）、交换机（Switch）。

4.6.1　Ethernet 基本的组网方法与设备

1. 10 Base-5、10 Base-2 与中继器

（1）设计中继器的目的

在 Ethernet 发展的初期，使用的传输介质主要是同轴电缆。数字信号在同轴电缆中传输时有衰减，并且信号波形会发生畸变。传输介质的长度是与信号的衰减与传输延迟相关的。因此，在使用同轴电缆的局域网物理层协议中，必须对单根同轴电缆的最大长度以及接入的主机数量加以限制。单根同轴电缆也称为缆段（Segment）。例如，在使用粗同轴电缆的 Ethernet 中，专门为它制定了物理层 10 Base-5 协议。物理层 10 Base-5 协议规定，粗同轴电缆的一个缆段的最大长度为 500m，实际接入的结点数量不超过 100 个。在使用中，用户可能提出两种特殊的需求，一是如果粗同轴电缆的长度超过了 500m，二是接入的结点数超过了 100 个。为了增加 Ethernet 中同轴电缆的长度与接入的结点数，人们设计了中继器（Repeater）。图 4-12 给出了用中继器连接两个 Ethernet 缆段的结构示意图。在中继器连接的两个缆段中，结点之间的最大距离可以达到 1000m，同时接入的结点数也

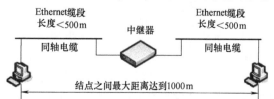

图 4-12　用中继器连接两个 Ethernet 缆段的结构示意图

可以超过 100 个。按照所能连接的传输介质，中继器可以分为多种类型，例如粗同轴电缆—粗同轴电缆、粗同轴电缆—细同轴电缆、粗同轴电缆—光缆等。

（2）中继器的工作原理

图 4-13 给出了中继器的工作原理。图 4-13 中给出的是一个方向的信号传输过程。当位于缆段左侧最远处的结点 A 发送的信号经过 500m 同轴电缆的传输后，已经发生了严重的信号衰减和波形畸变。如果发送结点与接收结点之间的距离超过 500m，那么接收结点就不能正确地接收数据信号。因此，设计中继器的目的就是对衰减和变形后的信号进行接收、放大、整形，使得信号的波形与幅度达到协议规定的要求，然后向它连接的另一个缆段发送出去。

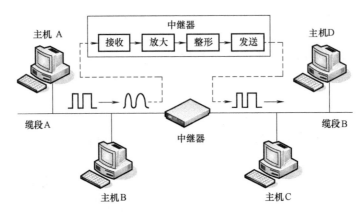

图 4-13　中继器的工作原理

中继器在早期的局域网组网中的应用广泛。了解中继器特点需要注意以下几个问题。

1）中继器工作在物理层，只能对传输介质上的信号进行接收、放大、整形与转发，不属于网络互联设备。

2）中继器的工作不涉及帧的结构，不对帧的内容做任何处理。中继器只能起到增加同轴电缆长度的作用。

3）中继器连接的几个缆段仍然属于一个局域网。连接在不同缆段上的所有结点，只要有一个结点发送数据，其他的结点都可以接收，这些结点共享了一个冲突域。

4）考虑到传输介质的长度与信号的衰减、传输延迟的相关性，因此在一个局域网中使用中继器的数量是有限制的。

2. 集线器

早期的 Ethernet 组网中主要使用粗同轴电缆与细同轴电缆，因此使用的中继器比较多。随着 10 Base-T 协议的出现，使用廉价的非屏蔽双绞线 UDP 与 RJ-45 端口就可以实现 10Mbit/s 的数据传输速率，该技术大大推动了 Ethernet 的广泛应用。在使用 10 Base-T 协议组网时，集线器的作用就显得十分重要。

（1）集线器的基本工作原理与组网结构

在实际的局域网组建中，采用传统的 10 Base-2、10 Base-5 标准，用同轴电缆作为总线连接多个结点的方法已经很少使用了。基于 10 Base-T 标准，使用集线器、RJ-45 接头与非屏蔽双绞线已经成为 Ethernet 基本的组网方法。

图 4-14a 给出了集线器的工作原理示意图。集线器是局域网组网的基本设备之一。集线

器作为 Ethernet 中的中心连接设备时，所有结点通过非屏蔽双绞线与集线器连接。这种 Ethernet 在物理结构上是星形结构，但在逻辑上仍然是总线型结构，在 MAC 子层仍然采用 CSMA/CD 介质访问控制方法。图 4-14b 给出了集线器组网的结构示意图。当集线器接收到某个结点发送的帧时，它立即将数据帧通过广播方式转发到其他端口，所有连接在同一个集线器上的结点都能够接收到该帧。任何一个时刻，连接在集线器上的多个结点中只能有一个结点发送数据，如果有两个或两个以上的结点同时发送，就会出现"冲突"，因此连接在集线器上的所有结点属于同一个"冲突域"（或"广播域"）。

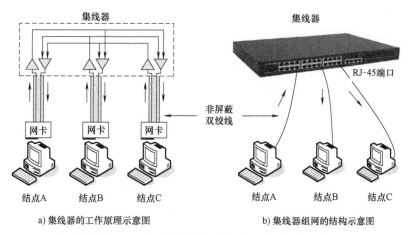

a) 集线器的工作原理示意图   b) 集线器组网的结构示意图

图 4-14 集线器工作原理示意图与组网结构示意图

（2）集线器级联结构

典型的单一集线器一般支持 4~24 个 RJ-45 端口。如果联网结点数超过单一集线器的端口数，可以采用多集线器的级联结构。普通集线器一般都提供两类端口：一类是用于连接结点的 RJ-45 端口；另一类端口是上连端口。在采用多集线器的级联结构时，通常采用以下两种方法：使用双绞线，通过集线器的 RJ-45 端口实现级联；使用同轴电缆或光纤，通过集线器提供的上连端口实现级联。图 4-15 给出了两个集线器通过 RJ-45 端口的级联结构示意图。两个集线器通过非屏蔽双绞线直接相连，非屏蔽双绞线的最大长度为 100m。需要注意的是，如果图 4-15 中的结点 A 发送了一个数据帧，那么连接在集线器级联结构中的所有结点都能够接收到该帧。如果有两个或两个以上的结点同时发送帧，就会出现"冲突域"，导致发送失败。因此，连接在级联结构中多个集线器上的所有结点仍然属于同一个"冲突域"。

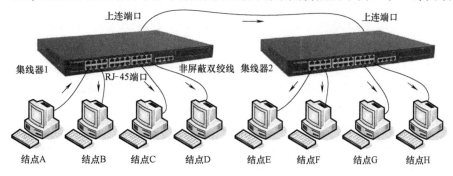

图 4-15 两个集线器通过 RJ-45 端口级联结构示意图

4.6.2 交换 Ethernet 与高速 Ethernet 的组网方法

高速 Ethernet（Fast Ethernet）的组网方法与交换 Ethernet（普通 Ethernet）的基本相同。如果要组建 Fast Ethernet，需要使用的硬件设备包括 100Mbit/s 集线器或 100Mbit/s Ethernet 交换机、10/100Mbit/s Ethernet 网卡、双绞线或光纤。

GE 的组网方法与普通 Ethernet 的有一定区别。如果要组建 GE，需要使用的硬件设备包括 GE 卡、千兆以太交换机、光纤或双绞线。在 GE 组网时，如何合理分配网络带宽是很重要的，需要根据具体网络的规模与布局选择合适的两级或三级网络结构。图 4-16 给出了典型交换 Ethernet 的组网结构。

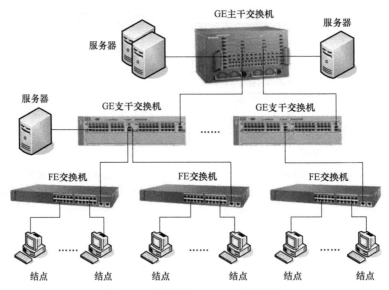

图 4-16 典型交换 Ethernet 组网结构

在设计 GE 网络时，需要注意以下几个问题。

1）在网络主干部分通常使用高性能的 GE 或 10GbE 主干交换机，以解决应用中的主干网络带宽的瓶颈问题。

2）在网络分支部分考虑使用价格与性能相对较低的 GE 交换机，以满足实际应用对网络带宽的需要。

3）在楼层或部门一级，根据实际需要选择 100Mbit/s 的 FE 交换机。

4）在用户端使用 10/100Mbit/s 网卡将工作站连接到 100Mbit/s 的 FE 交换机。

4.6.3 网桥

网桥工作在数据链路层，它根据 MAC 帧的目的地址对收到的帧转发。当网桥收到一个帧时，并不是向所有的端口转发此帧，而是先检查此帧的目的 MAC 地址，然后确定将该帧转发到哪一个端口。二层交换机属于网桥中的一个子类，因此这里的讨论对它也是适用的。

图 4-17 给出了网桥的工作原理。最简单的网桥有两个端口，复杂些的网桥可以有多个端口。网桥的每个端口与一个网段（这里所说的网段就是不同的物理网络）相连。图 4-17 所示的网桥，其端口 1 与网段 A 相连，而端口 2 则连接到网段 B。

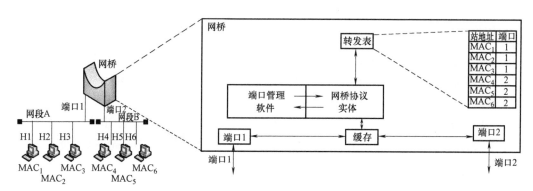

图 4-17 网桥工作原理

网桥从端口接收网段上传送的各种帧。每当收到一个帧时，就先暂存在其缓存中。若此帧未出现差错，且欲发往的目的 MAC 地址属于另一个网段，则通过查找转发表，将收到的帧送到对应的端口转发出去。若该帧出现差错，则丢弃此帧。因此，仅在同一个网段中通信的帧不会被网桥转发到另一个网段去，因而不会加重整个网络的负担。

例如，图 4-17 中，设网段 A 上的 3 个站 H1、H2 和 H3 的 MAC 地址分别为 MAC_1、MAC_2 和 MAC_3，而网段 B 上的 3 个站点 H4、H5 和 H6 的 MAC 地址分别为 MAC_4、MAC_5 和 MAC_6。若网桥的端口 1 收到站 H1 发给站 H5 的帧，则在查找转发表后，把这个帧送到端口 2 并转发给网段 B，然后传给站 H5。若端口 1 收到站 H1 发给站 H2 的帧，由于目的站对应的端口就是这个帧进入网桥的端口 1，表明不需要经过网桥转发，于是丢弃这个帧。

网桥是通过内部的端口管理软件和网桥协议实体来完成上述操作的。转发表也称为转发数据库或路由目录。

使用网桥可以带来以下好处：

1）过滤通信量。网桥工作在数据链路层的 MAC 子层，可以使各网段成为隔离开的冲突域，从而减轻了各网段上的负荷，同时也减小了整个网络上的帧的平均延迟。工作在物理层的中继器就没有网桥的这种过滤通信量的功能。

2）扩大了物理范围，因而也增加了整个网络上工作站的最大数目。

3）提高了可靠性。当网络出现故障时，一般只影响个别网段。

4）可互联不同物理层、不同 MAC 子层和不同速率（如 10Mbit/s 和 100Mbit/s Ethernet）的物理子网。

当然，网桥也有一些缺点，例如：

1）由于网桥对接收的帧要先存储和查找转发表，然后才转发，因而增加了延迟。

2）MAC 子层并没有流量控制功能。当网络上的负荷很重时，网桥中的缓存存储空间可能不够而发生溢出，以致产生帧丢失的现象。

3）具有不同 MAC 子层的网段桥接（指用网桥互联）在一起时，网桥在转发一个帧之前，需要修改帧的某些字段的内容，以适合另一个 MAC 子层的要求。这也耗费时间，因而增加延迟。

4）网桥只适合于用户数不太多（不超过几百个）和通信量不太大的网络，否则有时还会因传播过多的广播信息而产生网络拥塞，即所谓的广播风暴。

4.6.4 中继器、集线器、交换机与网桥的比较

表 4-2 为中继器、集线器、交换机与网桥的比较，需要注意以下几个主要的问题。

1）从网络协议层次的角度，中继器、集线器工作在物理层，而网桥与交换机工作在 MAC 子层。

2）从使用局域网类型的角度中继器、集线器是专门为 Ethernet 设计的，是在 Ethernet 组网中才会涉及的联网设备；而交换机可以有 Ethernet 交换机、TokenRing 交换机等不同类型。

3）从设计目的的角度，中继器、集线器与交换机属于组建局域网需要使用的设备，而网桥属于在 MAC 子层实现局域网互联的设备。

表 4-2 中继器、集线器、交换机、网桥的比较

比较的内容	中继器	集线器	交换机	网桥
协议层次	物理层	物理层	MAC 子层	MAC 子层
主要功能	连接多个缆段，增加总线长度，增加接入的主机数量	接入多台计算机，形成星形结构的 Ethernet	连接多台计算机，实现快速帧转发	互联多个同构或异构的局域网
工作原理	信号放大与整形	信号放大与整形	在多端口之间同时转发多帧	MAC 地址过滤与帧转发
结构特点	两个端口	可以有多端口	可以有多端口	可以有多端口
使用地址			MAC 地址	MAC 地址
冲突域	连接在多个缆段上的所有主机属于一个冲突域	连接在集线器上的所有主机属于一个冲突域	如果主机独占端口，则不存在冲突	每个互联的局域网分别是一个冲突域

4.7 结构化布线系统

在网络的规划和建设中，合理地进行网络布线可以提高网络系统的可靠性。结构化布线作为网络实现的基础，能够满足对数据、语音、图形图像和视频等的传输要求，已成为现今和未来的计算机网络及通信系统的有力支撑环境。

4.7.1 结构化布线系统概述

20 世纪 90 年代以来，随着 10 Base-T 非屏蔽双绞线（UTP）的广泛应用，电话线路的各种标准制定，人们将传统的电话、供电等系统所用的方法借鉴到计算机网络布线之中，并使之适应计算机网络与控制信息传输的要求。之所以促使人们对网络布线进行结构化设计，主要是由于 75% 的网络故障是传输介质引起的。

结构化布线系统（PDS）是指按标准的、统一的和简单的结构化方式编制和布置各种建筑物（或建筑群）内各系统的通信线路，包括网络系统、电话系统、监控系统、电源系统和照明系统等。

结构化布线系统包括布置在楼群中的所有电缆线及各种配件，如转接设备、各类用户端

设备接口以及外部网络的接口，但不包括各种交换设备。

从用户的角度来看，结构化布线系统是使用一套标准的组网部件，并按照标准的连接方法来实现的一种网络布线系统。

结构化布线系统与传统的布线系统的最大区别在于结构化布线系统与当前所连接的设备的位置无关。传统布线依据设备的位置进行传输介质的布线，而结构化布线系统则是先按建筑物的结构将建筑物中所有可能放置设备的位置都预先布好线，然后根据实际所连接的设备情况，通过调整内部跳线装置将所有设备连接起来。

结构化布线系统的主要内容（5A）如下。

1）楼宇自动化（BA）：给排水、供电等。

2）消防自动化（FA）：消防、报警系统。

3）保安自动化（SA）：系统安全、监视。

4）通信自动化（CA）：通信、网络、电视等。

5）办公自动化（OA）：计算机管理系统。

结构化布线系统的设计原则是实用性、先进性、灵活性、模块化、标准化、经济性。

为了保证布线系统的开放性、标准化和通信质量，在进行结构化布线系统的设计时应符合各种国际、国内布线设计标准及规范。

1985年初，计算机工业协会（CCIA）提出了对大楼布线系统标准化的建议。1991年7月，美国电气工业协会（TIA）与美国电子工业协会（EIA）推出适用于商业建筑物的电信布线标准 ANSI/TIA/EIA 568，1995年进行有关修订后正式命名为 ANSI/EIA/TIA 568A。

ANSI/EIA/TIA 568A 标准的主要内容：建立一种可支持多供应商环境的通用电信布线系统；可以进行商业大楼结构的结构化布线系统的设计和安装；建立各种布线系统的性能配置和技术标准。用户办公场地所用的布线标准 ISO/IEC 11801 与 ANSI/EIA/TIA 568A 标准相同。

相关国际标准还有商用建筑通信路径和间隔标准 ANSI/EIA/TIA 569、住宅和小型商业电信连线标准 ANSI/EIA/TIA 570、商用建筑通信设施管理标准 ANSI/EIA/TIA 606、商用建筑通信设施接地与屏蔽接地要求 ANSI/EIA/TIA 607 等。

在国内的布线工程中，经常用到 CECS 92:95 或 CECS 92:97 标准。CECS 92:95《建筑与建筑群综合布线系统工程设计规范》是由中国工程建设标准化协会通信工程委员会北京分会、中国工程建设标准化协会通信工程委员会智能建筑信息系统分会、（原）冶金部北京钢铁设计研究总院、（原）邮电部北京设计院、中国石化北京石油化工工程公司共同编制而成的综合布线标准，而 CECS 92:97 则是它的修订版。

4.7.2 结构化布线系统的组成

结构化布线系统通常由6个子系统组成，如图4-18所示。

1. 用户工作区系统

用户工作区系统，又称工作区系统或用户端系统。用户工作区是指办公室或计算机和其他设备所在的区域。用户工作区的结构化主要是将用户设备连接到整个布线系统中，包括用于连接设备（电话机、数据终端、计算机、电视机监视器等终端）的各种信息插座及相关配件（软线、连接器等）。

2. 水平布线系统

水平布线系统，又称平面楼层布线系统，是将垂直布线系统的干线线路延伸到用户工作区，实现信息插座和管理区系统（配线架、跳线架）间的连接，包括安装在接线间和用户工作区插座间的所有电缆和配件。使用的传输介质主要有屏蔽双绞线或光缆。工程施工方法包括暗管预埋、墙面引线、地下管槽、地面引线。

3. 垂直布线系统

垂直布线系统又称干线系统，是建筑布线系统中的主干线路，用于设

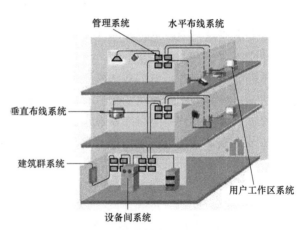

图 4-18　结构化布线系统结构

备间和建筑物引入设施之间的线缆连接，是整个结构化布线系统的骨干部分，是高层建筑物中垂直安装的各种电缆、光缆的组合。垂直布线系统实现计算机设备、程控交换机、控制中心与各管理区系统间连接，提供结构化布线系统中的干线路由。配线分支点是指垂直布线系统与水平布线系统的汇合点。垂直布线系统包括从垂直系统到水平系统的交叉点的线缆以及到设备间的线缆，将所有的水平布线系统连接在一起，一般是垂直安装的。垂直布线是根据建筑物的通道类型来确定的，封闭型楼房安装在竖井（指上下对齐的交接间）中的弱电竖井（弱电线路如电话线、双绞线，而 220V 的交流电则为强电竖井）内；开放型楼房（指底层到顶层有一个开放空间）安装在通风管道中。传输介质：双绞线、光缆。

4. 设备间系统

设备间是建筑物或建筑群中用于通信系统并安装支持硬件和电气装置的物理空间，通常安装大型通信设备、主机或服务器，又称为机房系统。设备间系统主要包括用于连接内部网或公用网络所需要的各种设备和线缆。

其中，网络中的服务器在网络中处于十分重要的地位，服务器的硬件设备对网络的性能和可靠性起着决定性的作用，同时网络服务器上的操作系统配置也是十分重要的。

5. 管理系统

管理系统又称布线配线系统、管理区（间）系统及接线间系统，其基本功能是为建筑楼层中水平布线的线缆和终端提供场所。其一般位于水平布线与垂直布线系统之间。管理系统用于将各个系统连接起来，是实现结构化布线系统灵活性的关键所在。管理系统是由各种各样的配线架与跳接电缆组成的，控制建筑物内所有信号传输的路由，为连接其他系统提供连接手段，通过交连和互联将通信线路定位或重定位到建筑物的不同部分，可以方便地拔插跳线以实现通信线路、网络结构等的灵活管理。

6. 建筑群系统

建筑群系统，又称户外系统，是指线缆从一个建筑物延伸到建筑群中的另外一些建筑物上所需的通信设备和装置，包括电缆、光缆和电气保护设备。

建筑群系统主要用于实现建筑物之间的相互连接，将楼内和楼外系统连接为一体，也是户外信息进入楼内的信息通道。建筑群系统进入楼内的典型方法包括通过地下管道、通过架

空方式。

对于结构化布线系统，应注意电源、电气保护与接地。电源一般采用交流 220V/50Hz 交流电，安放程控用户交换机时应按照《工业企业程控用户交换机工程规范》进行工程设计。建筑物内部可能存在干扰源，建筑物外也可能存在干扰源，因此应采用相应电气保护措施。还需注意环境保护、防火防毒、防止电磁污染。

习　　题

1. 局域网的主要特点是什么？简述其主要功能。

2. 局域网有哪几种基本拓扑结构？试举出各基本拓扑结构的经典局域网例子，并分析比较它们的优缺点。

3. 简述局域网的基本组成和分类。

4. IEEE 802 局域网体系结构与 OSI 参考模型有何异同？

5. 局域网为什么设置介质访问控制子层？

6. 简述令牌媒体访问控制方法和 CSMA 媒体访问控制方法的基本原理，并指出两者的主要差别。

7. 网卡是如何实现 CSMA/CD 的？

8. 你对 MAC 地址是如何理解的？

9. 试比较交换机和集线器的主要差别。并说明交换式 Ethernet 与共享式局域网的主要不同。

10. 试说明局域网交换机的基本工作原理。

11. 解释概念：冲突域、广播域、虚拟局域网。

12. 如何划分虚拟局域网？划分虚拟局域网的主要好处有哪些？

13. 简述结构化布线系统的组成。

第5章

网 络 层

本章介绍了网络层的相关协议、IP 及网络互联、路由协议及路由器工作原理等。

本章教学要求

理解：网络互联的基本概念。

掌握：IP 的基本内容。

掌握：IP 地址、子网划分、超网。

掌握：地址解析、虚拟专用网、NAT。

掌握：路由算法。

掌握：路由器工作原理。

5.1　网络层与 IP

网络层包含有 4 个重要的协议，即 IP、ICMP、ARP 和 IGMP。网络层的主要功能是由 IP 提供的。网络层的另一个重要服务是在不同的网络之间建立互联网络。在互联网络中，使用路由器（在 TCP/IP 中有时也称为网关）来连接各个网络，网间的分组通过路由器传送到另一个网络。

5.1.1　IPv4 协议

IP（Internet Protocol）是 TCP/IP 协议族的核心协议之一，它具有如下特点。

1）IP 是一种无连接、不可靠的分组传送服务的协议。

IP 提供了无连接的分组传送服务，它不保证传送的可靠性，提供的是一种"尽力而为"的服务。无连接意味 IP 并不维护 IP 分组发送后的任何状态信息。每个分组的传输过程是相互独立的。不可靠意味着 IP 不能保证每个 IP 分组都能够不丢失和顺序地到达目的主机。

2）IP 是点—点的网络层通信协议。

网络层需要在 Internet 中为通信的两个主机之间寻找一条路径，而这条路径通常由多个路由器、点—点链路组成。IP 要保证数据分组从一个路由器到另一个路由器，通过多条路径从源主机到达目的主机。因此，IP 是针对源主机、路由器、目的主机之间的数据传输的点到点线路的网络层通信协议。

3）IP 屏蔽了互联的网络在数据链路层、物理层协议与实现技术上的差异。

作为一个面向 Internet 的网络层协议，它必然要面对各种异构的网络和协议。在 IP 的设计中，设计者就充分考虑了这点。互联的网络可能是广域网，也可能是城域网或局域网，即使都是局域网，它们的物理层、数据链路层协议也可能不同。协议的设计者希望使用 IP 分组来统一封装不同的网络帧。通过 IP，网络层向传输层提供的是统一的 IP 分组，传输层不需要考虑互联网络在数据链路层、物理层协议与实现技术上的差异，IP 使得异构网络的互联变得容易了。

在互联网体系结构中，每台主机（在 TCP/IP 中，端结点一般称为主机 Host）都要预先分配一个唯一的 32 位地址作为该主机的标识符。这个主机必须使用该地址进行所有通信活动，这个地址称为 IP 地址。IP 地址通常由网络标识和主机标识两部分组成，可标识互联网络中任何一个网络中的任何一台主机。

IP 地址是一种在网络层用来标识主机的逻辑地址。当数据报在物理网络传输时，还必须把 IP 地址转换成物理地址，由网络层的地址解析协议（ARP）提供这种地址映射服务。

1. IPv4 地址的格式与分类

IPv4 地址有二进制格式和十进制格式两种表示。十进制格式是由二进制转换而成，用十进制表示是为了便于使用和掌握。二进制的 IP 地址共有 32 位，如 10000011 01101011 00000011 00011000。每 8 位一组，可用一个十进制数表示，并用“.”进行分隔，上例就变为 131.107.3.24。也就是说，点分十进制表示的方法是把整个地址划分为 4 个字节，每个字节用一个十进制数表示，中间用圆点分隔。

IPv4 地址的一般格式如图 5-1 所示，其中，M 为地址类别号，net-id 为网络号（网络地址），host-id 为主机号（主机地址）。地址类别不同，这 3 个参数在 32 位中所占的位数也不同。需要注意的是，IP 地址为两级结构，M 只是用来区分 IP 地址的类别。

图 5-1　IP 地址的一般格式

IPv4 地址分为 5 类，图 5-2 列出了 A、B、C、D 和 E 这 5 类 IP 地址格式，其中 A、B、C 这 3 类是常用地址（可以分配给主机的）。

在 A 类地址中，M 字段占 1 位，即第 0 位为 0，表示是 A 类地址，第 1～7 位表示网络地址，第 8～31 位表示主机地址。它所能表示的范围为 0.0.0.0～127.255.255.255，即能表示 $2^7 - 2 = 126$ 个网络地址，$2^{24} - 2 =$

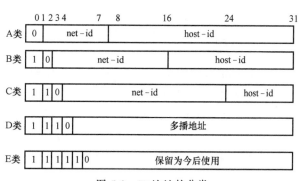

图 5-2　IP 地址的分类

16777214 个主机地址（减 2 的原因是网络号全 1、全 0 的地址以及主机号全 1、全 0 的地址有特殊用途，不能分配）。A 类地址通常用于超大型网络的场合。

在 B 类地址中，M 字段占 2 位，即第 0、1 位为“1 0”，表示是 B 类地址，第 2～15 位表示网络地址，第 16～31 位表示主机地址。它所能表示的范围为 128.0.0.0～

191.255.255.255，即能表示 16382（$2^{14}-2$）个网络地址，65534（$2^{16}-2$）个主机地址。B 类地址通常用于大型网络的场合。

在 C 类地址中，M 字段占 3 位，即第 0、1、2 位为"110"，表示是 C 类地址，第 3~23 位表示网络地址，第 24～31 位表示主机地址。它所表示的范围为 192.0.0.0～223.255.255.255，即能表示 2097150（$2^{21}-2$）个网络地址，254（2^8-2）个主机地址。C 类地址通常用于校园网或企业网。

此外，还有 D 类和 E 类 IP 地址。前者是多播地址，后者是实验性地址。

在使用 IPv4 地址时，还要知道下列地址是保留以作为特殊用途的，一般不使用。

1）全 0 的网络号，表示"本网络"或"我不知道号码的这个网络"。

2）全 0 的主机号，表示该 IP 地址就是网络的地址。

3）全 1 的主机号，表示广播地址，即对该网络上的所有主机进行广播。

4）全 0 的 IP 地址，即 0.0.0.0，表示本网络上的本主机。

5）网络号码为 127.X.X.X.，这里的 X 为 0~255 之间的整数。这样的网络号码用于本地软件进行回送测试（Loopback Test）。

6）全 1 的地址 255.255.255.255，表示"向我的网络上的所有主机广播"。

在 Internet 中，IP 地址不是任意分配的，必须由国际组织统一分配。其组织机构是：

1）分配 A 类（最高一级）IP 地址的国际组织是国际网络信息中心（Network Information Center，NIC）。它是负责分配 A 类 IP 地址，授权分配 B 类 IP 地址的组织，即自治区系统。它有权重新刷新 IP 地址。

2）分配 B 类 IP 地址的国际组织是 InterNIC、APNIC 和 ENIC。这 3 个自治区系统组织的分工是：ENIC 负责欧洲地址的分配工作；InterNIC 负责北美地区；而 APNIC 负责亚太地区，设在日本东京大学。我国属于 APNIC，由它来分配 B 类地址。例如，APNIC 给中国 CERNET 分配了 10 个 B 类地址。

3）分配 C 类 IP 地址的组织是国家或地区网络的 NIC。例如，CERNET 的 NIC 设在清华大学，CERNET 各地区的网管中心需向 CERNET 的 NIC 申请分配 C 类地址。

如果不加入 Internet，只是在局域网中使用 TCP/IP，则可以自己设计 4 个字节的 IP 地址，只要网络内部不冲突就可以了。

2. IPv4 协议

IPv4 协议的数据报格式如图 5-3 所示，图中数字的单位是 bit。图 5-3 中上面的 5 行为 20 字节的固定头部。其中的字段如下。

1）版本号（4bit）：协议的版本号，固定为 4，IPv4 是现在的 Internet 所使用的 IP 协议之一。

2）IHL（4bit）：IP 头长度，以 32 位字计数，最小为 5，即 20 个字节。

3）服务类型（8bit）：包含优先级（3bit）、可靠性（1bit）、延迟（1bit）、吞吐率（1bit）和成本（1bit）参数，还有 1bit 保留。

4）总长度（16bit）：包含 IP 头在内的数据单元的总长度（字节数）。

5）标识符（16bit）：唯一标识数据报的标识符。

6）标志（3bit）：包括 3 个标志。最高位为 0，该值必须复制到所有分组中。D 表示能否分片，值为 1 表示接受主机不能对分组分片；值为 0 表示可以分片。M 表示该分片是否为最后一个分片，值为 1 表示接受的分片不是最后一个分片，值为 0 表示接受的是最后一个分片。

7）段偏置值（13bit）：指明该段处于原来数据报中的位置。

8）生存期（8bit）：用经过的路由器个数表示。

9）协议（8bit）：指明所封装数据属于的协议（TCP、UDP、ICMP、IGMP、OSPF 等）。

10）头校验和（16bit）：对 IP 分组头进行校验。在数据报传输过程中，IP 头中的某些字段可能改变（如生存期字段及与分段有关的字段），所以校验和要在每一个经过的路由器中进行校验和重新计算。校验和是对 IP 头中的所有 16 位字进行 1 的补码相加，然后对相加后的和取补得到的，计算时假定校验和字段本身为 0。

11）源地址（32bit）：源 IP 地址。

12）目的地址（32bit）：目的 IP 地址。

13）可选项：用来提供多种选择性的服务，是头部的一部分，可变长。最大 40 个字节。

14）补丁：补齐至 32 位的边界，保证头部是 4 字节的整数倍。

15）用户数据：以字节为单位的用户数据，和 IP 头加在一起的长度不超过 65535 字节。

0 4	8	16	17	18	19	24	31
版本号	IHL	服务类型	总长度				
标识符			0	D	M	段偏置值	
生存期		协议	头校验和				
源地址							
目的地址							
可选项+补丁							
用户数据							

图 5-3　IPv4 数据报格式

这些字段的值都是从服务原语的参数产生的。

下面结合数据报格式讨论 IP 的两个主要操作。

（1）数据报生存期

如果使用了动态路由选择算法，或者允许在数据报传送期间改变路由决定，则有可能造成回路。最坏的情况是数据报在网络中无休止地巡回，不能到达目的地并浪费大量的通信资源。

解决这个问题的简单方法是规定数据报有一定的生存期（TTL），生存期的长短以它经过的路由器的多少计算。每经过一个路由器，TTL 减 1。当 TTL 为 0 时，数据报就被丢弃。

（2）分段和重装配

每个网络可能规定了不同的最大分组长度。当分组在互联网中传送时可能要进入一个最大分组长度较小的网络，这时需要对它进行分段，这又引出了新的问题，即在哪里对它重装配。一种方法是在目的地进行装配，但这样只会把数据报越分越小，即使后续子网允许较大的分组通过，但由于途中的短报文（指由分段后形成的较短数据报）无法装配，从而使效率下降。

另外一种方法是允许中间的路由器进行组装。首先是路由器必须提供重装配缓冲区，并且要设法避免重装配死锁；其次是由一个数据报分出的小段都必须经过同一个出口路由器，才能再行组装，这就排除了使用动态路由选择算法的可能性。

关于分段和重装配问题的讨论还在继续，目前已经提出了各种各样的方案。下面介绍在 DOD（美国国防部）和 ISO IP 中使用的方法。这个方法有效地解决了以上提出的部分问题。

IP 使用了 4 个字段处理分段和重装配问题：第一个是报文 ID（标识符）字段；第二个字段是数据长度，即字节数；第三个字段是偏置值，即分段在原来数据报中的位置，以 8 个字节（64 位）的倍数计数；第四个是 M 标志，表示是否为最后一个分段。

当一个站发出数据报时，对长度字段的赋值等于整个数据字段的长度，偏置值为 0，M 标志置 False（用 0 表示）。如果一个 IP 模块要对该报文分段，则按以下步骤进行：

1）对数据块的分段必须在 64 位的边界上划分，因而除最后一段外，其他段长都是 64 位的整数倍。

2）对得到的每一分段都加上原来数据报的 IP 头，组成短报文。

3）将每一个短报文的长度字段置为它包含的字节数。

4）将第一个短报文的偏置值置为 0，其他短报文的偏置值为它前边所有报文的数据部分长度之和（字节数）除以 8。

5）将最后一个报文的 M 标志置为 0（False），将其他报文的 M 标志置为 1（True）。

表 5-1 给出了一个分段的例子。

表 5-1　数据报分段的例子

项目	长度	偏置值	M 标志
原来的数据部分	475	0	0
第一个分段	240	0	1
第二个分段	235	30	0

重装配的 IP 模块必须有足够大的缓冲区。整个重装配序列以偏置值为 0 的分段开始，以 M 标志为 0 的分段结束，全部由同一 ID 的报文组成。

数据报服务中可能发生一个或多个分段不能到达重装配点的情况。为此，可以采用下面的对策应付这种意外（还有其他对策）：在重装配点设置一个本地时钟，当第一个分段到达时把时钟置为重装配周期值，然后递减，如果在时钟值减到 0 时还没等齐所有的分段，则放弃重装配。

IP 提供无连接的数据报服务，主要的服务原语有两个：发送原语用于发送数据，提交原语用于通知用户某个数据单元已经来到。

5.1.2　ARP

IP 地址是分配给主机的逻辑地址，这种逻辑地址在互联网络中表示一个唯一的主机。似乎有了 IP 地址就可以方便地访问某个子网中的某个主机，寻址问题就解决了。其实不然，还必须考虑主机的物理地址问题。

由于互联的各个子网可能源于不同的组织，运行不同的协议（异构性），因而可能采用不同的编址方法。任何子网中的主机至少有一个子网内部唯一的地址，这种地址都是在子网建立时一次性指定的，一般是与网络硬件相关的。我们把这个地址称为主机的物理地址或硬件地址，如 MAC 地址。

物理地址和逻辑地址的区别可以从两个角度看：从网络互联的角度看，逻辑地址在整个互联网络中有效，而物理地址只是在子网内部有效；从网络协议分层的角度看，逻辑地址由互联网络层使用，而物理地址由介质访问子层使用。

由于有两种主机地址，因而需要一种映射关系把这两种地址对应起来。在 Internet 中是用地址解析协议（Address Resolution Protocol，ARP）来实现逻辑地址到物理地址的映射的。ARP 分组的格式如图 5-4 所示。

硬件类型		协议类型
硬件地址长度	协议地址长度	操作
发送结点硬件地址		
发送结点协议地址		
目的结点硬件地址		
目的结点协议地址		

图 5-4　ARP 分组的格式

各字段的含义解释如下。

1）硬件类型：网络接口硬件的类型。对于以太网，此值为 1。

2）协议类型：发送方使用的协议，00800H 表示 IP。

3）硬件地址长度：对于以太网，地址长度为 6 字节。

4）协议地址长度：对于 IP，地址长度为 4 字节。

5）操作：1—ARP 请求；2—ARP 响应。

通常，Internet 应用程序把要发送的报文交给 IP，IP 当然知道接收方的逻辑地址，但不一定知道接收方的物理地址。在把 IP 分组向下传给本地数据链路实体之前可以用两种方法得到目的物理地址：

1）查本地内存的 ARP 地址映射表，通常 ARP 地址映射表的逻辑结构见表 5-2。可以看出，这是 IP 地址和以太网地址的对照表。

2）如果地址映射表查不到，就广播一个 ARP 请求分组，这种分组可经过路由器进一步转发，到达所有联网的主机。它的含义是"如果你的 IP 地址是这个分组的目的地址，请回答你的物理地址是什么"。收到该分组的主机一方面可以用分组中的两个源地址更新自己的 ARP 地址映射表；另一方面用自己的 IP 地址与目标 IP 地址字段比较，若相符则发回一个 ARP 响应分组，向发送方报告自己的硬件地址，若不相符则不予回答。

表 5-2　ARP 地址映射表示例

IP 地址	以太网地址
130. 130. 87. 1	08 00 39 00 29 D4
129. 129. 52. 3	08 00 5A 21 17 22
192. 192. 30. 5	08 00 10 99 A1 44

所谓代理 ARP（Proxy ARP），就是路由器"假装"目的主机来回答 ARP 请求，所以源主机必须先把数据帧发给路由器，再由路由器转发给目的主机。这种技术不需要配置默认网关，也不需要配置路由信息，就可以实现子网之间的通信。

用于说明代理 ARP 的例子如图 5-5 所示，设子网 A 上的主机 A（172.14.10.100）需要与子网 B 上的主机 D（172.14.20.200）通信，假设主机 A 的本地内存的 ARP 地址映射表查不到主机 D 的 MAC 地址，则主机 A 在子网 A 上广播 ARP 请求分组，数据见表 5-3。这个请求的含义是要求主机 D（172.14.20.200）回答它的 MAC 地址。这个 ARP 请求分组被封装在以太帧中，其源地址是 A 的 MAC 地址，而目的地址是广

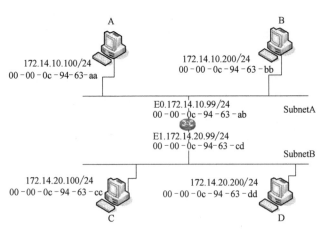

图 5-5　代理 ARP 的例子

播地址（FFFF.FFFF.FFFF）。由于路由器不转发广播帧，所以这个 ARP 请求只能在子网 A 中传播，到不了主机 D。

表 5-3　A 广播的 ARP 请求分组数据

发送者的 MAC 地址	发送者的 IP 地址	目的 MAC 地址	目的 IP 地址
00-00-0c-94-63-aa	172.14.10.100	FF-FF-FF-FF-FF-FF	172.14.20.200

　　如果路由器知道目的地址（172.14.20.200）在另外一个子网中，它就以自己的 MAC 地址回答主机 A，路由器发送的响应分组数据见表 5-4。这个响应分组封装在以太帧中，以路由器的 MAC 地址为源地址，以主机 A 的 MAC 地址为目的地址，ARP 响应帧总是单播传送。在接收到 ARP 响应后，主机 A 就更新它的 ARP 表，见表 5-5。

　　从此以后主机 A 就把所有给主机 D（172.14.20.200）的分组发送给 MAC 地址为 00-00-0c-94-63-ab 的主机，这就是路由器的网卡地址。

表 5-4　路由器发送的响应分组数据

发送者的 MAC 地址	发送者的 IP 地址	目的 MAC 地址	目的 IP 地址
00-00-0c-94-63-ab	172.14.20.200	00-00-0c-94-63-aa	172.14.10.100

表 5-5　主机 A 更新的 ARP 表项

IP Address	MAC Address
172.14.20.200	00-00-0c-94-63-ab

　　通过这种方式，子网 A 中的 ARP 映射表就把路由器的 MAC 地址当作子网 B 中主机的 MAC 地址。多个 IP 地址被映射到一个 MAC 地址，这正是代理 ARP 的标志。

5.1.3　子网划分

1. 子网

早期的两级 IP 地址的设计不够合理，因为：

第一，IP 地址空间的利用率有时很低。例如，一个 B 类地址网络所连接的主机不到 100

台，而又不愿意申请一个足够使用的 C 类地址（理由是考虑到今后可能的发展）。IP 地址的浪费，会导致 IP 地址空间的资源过早用完。

第二，给每一个物理网络分配一个网络号会使路由表变得太大而导致网络性能变坏。互联网中的网络数越多，路由器的路由表（路由器转发分组时要查找其路由表）的项目数也就越多。路由器中的路由表的项目数过多不仅增加了路由器的成本（需要更多的存储空间），而且使查找路由时耗费的时间更多，同时也使路由器之间定期交换的路由信息急剧增加，显然，路由器和整个因特网的性能都会下降。

第三，两级 IP 地址不够灵活。如果一个单位需要在新的地点马上开通一个新的网络，两级 IP 地址会造成在申请到一个新的 IP 地址之前，新增加的网络无法连接到因特网上。

从 1985 年起，在 IP 地址中又增加了一个"子网号字段"，使两级 IP 地址变成为三级 IP 地址，它能够较好地解决上述问题。这种做法称为划分子网。划分子网已成为因特网的正式标准协议。

划分子网的方法是从网络的主机号借用若干个比特作为子网号（subnet-id，子网地址），而主机号也就相应减少了若干个位。此时，两级 IP 地址在本单位内部就变为三级 IP 地址：网络地址、子网地址和主机地址，如图 5-6 所示。

图 5-6 三级 IP 地址结构

应该注意的是，一个拥有许多物理网络的单位，可将所属的物理网络划分为若干个子网（Subnet）。划分子网纯属一个单位内部的事情。

那么如何确定从主机号借了几位呢？答案是使用子网掩码。

2. 子网掩码

子网掩码通常是由前面连续若干个 1 和后面连续若干个 0 组成的 32 位二进制序列，并用 IP 地址和子网掩码相"与"得到子网的网络地址。

现在，再看一下从主机借了多少位，即子网号的位数 = 从主机号的借位 = 子网掩码 1 的位数 - 原网络的网络号位数。划分子网的个数决定了子网号位数。假如子网号的位数为 n，则子网的个数 = $2^n - 2$。因为子网号全 0 和全 1 时有特殊用途，不能使用，所以要减 2。

现在因特网的标准规定：所有的网络都必须有一个子网掩码，同时在路由器的路由表中也必须有子网掩码这一栏。如果一个网络不划分子网，那么该网络的子网掩码就使用默认子网掩码。显然，默认子网掩码中 1 比特的位置和 IP 地址中的网络号字段正好相对应：

A 类地址的默认子网掩码是 255.0.0.0；

B 类地址的默认子网掩码是 255.255.0.0；

C 类地址的默认子网掩码是 255.255.255.0。

因此，凡是从其他网络发送给本网络某个主机的 IP 分组，仍然根据 IP 分组的目的网络号先转发到本网络的路由器上。到本网络后，再按子网掩码和目的 IP 地址转发到目的子网，最后把 IP 分组交付给目的主机。

3. 子网掩码划分实例

首先总结一下子网划分的步骤，具体如下。

1）根据实际情况确定划分子网的个数。子网的个数也限制了每个子网的最大主机数。

2）根据需要子网的个数确定子网号的位数。假定需要子网数为 m，则子网号的位数 n 需满足 $2^n-2\geqslant m$。

3）根据网络号和子网号确定子网掩码。

4）为每个子网确定主机数，每个子网支持的最大主机数用主机号的剩余位数计算，计算方法为 2^n-2，其中，n 是剩余的主机号位数，减去 2 的原因是主机号为全 0 和全 1 时都不能作为主机号，主机号全 0 代表网络号加子网号，主机号全 1 代表这个子网的广播地址。

下面看一个具体的划分实例。

假如某公司拥有一个 C 类网络号 220.10.248.0，现需要将它划分为 4 个子网，每个子网的主机数不超过 30 个，确定子网掩码并计算出每个子网的网络地址。

划分方法如下。

1）确定子网号的位数。$2^3-2=6>4$，并且 $2^5-2=30$，满足主机数要求，所以选子网号的位数 3。

2）子网掩码显然为 11111111.11111111.11111111.11100000，对应的十进制为 255.255.255.224。

3）6 个子网的地址为 220.10.248.X，其中 X 的二进制形式为 xxx00000，xxx 具体的值为 001、010、011、100、101、110，即 X 的值为 32、64、96、128、160、192。6 个子网可用，各子网地址范围很容易推算，不再列出。

5.1.4 超网的基本概念

构建超网，是为了使一个网络容纳更多的主机数，旨在更加有效地分配 IPv4 的地址空间，并解决因特网主干网上的路由表中的项目数过多的问题。

目前，一般采用无分类编址方法，即无分类域间路由选择（Classless Inter-Domain Routing，CIDR）。现在，CIDR 已成为因特网建议标准协议。

CIDR 主要的特点有两个：

1）CIDR 消除了传统的 A 类、B 类和 C 类地址以及划分子网的概念。CIDR 使用各种长度的"网络前缀"来代替分类地址中的网络号和子网号。

CIDR 使用"斜线记法"，又称为 CIDR 记法，即在 IP 地址后面加上一个斜线"/"，然后写上网络前缀所占的位数，该数值对应于三级编址中子网掩码中比特 1 的个数。例如，208.2.55.46/20。

2）CIDR 将网络前缀都相同的连续的 IP 地址组成"CIDR 地址块"。一个 CIDR 地址块是由地址块的起始地址（即地址块中地址数值最小的一个）和地址块中的地址数定义的。

由于一个 CIDR 地址块可以表示很多地址，所以在路由表中就利用 CIDR 地址块来查找目的网络。这种地址的聚合常称为路由聚合（Route Aggregation），它使得路由表中的项目数急剧下降。路由聚合也称为构成超网（Supernetting）。

例如，在路由表中有如下 4 个目的网络地址：

212.56.132.0/24 11010110.00111000.10000100.00000000

212.56.133.0/24 11010110.00111000.10000101.00000000

212.56.134.0/24 11010110.00111000.10000110.00000000

212.56.135.0/24 11010110.00111000.10000111.00000000

其下一跳（即分组转发的"下一个路由器"，路由表中的一个关键项）是同一个端口，就可以把这4条路由信息聚合成212.56.132.0/22。

5.1.5 网络控制信息协议（ICMP）

网络控制信息协议（Internet Control Message Protocol，ICMP）允许主机或路由器报告差错情况和提供异常情况的报告。ICMP是因特网的标准协议。ICMP报文是封装在IP数据报中发送的。ICMP报文格式如图5-7所示。

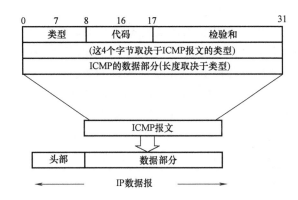

图 5-7 ICMP 报文格式

ICMP报文的种类有两种：ICMP差错报告报文和ICMP询问报文。

ICMP报文的前4个字节是统一的格式，共有3个字段，即类型、代码和校验和。接着的4个字节的内容与ICMP的类型有关。再后面是数据字段，其长度取决于ICMP的类型。

ICMP报文的类型字段的值代表相应的ICMP报文类型，见表5-6。

表 5-6 ICMP 报文类型

ICMP 报文种类	类型的值	ICMP 报文的类型
差错报告报文	3	终点不可达
	4	源站抑制（Source Quench）
	11	时间超过
	12	参数问题
	5	改变路由（Redirect）
询问报文	8 或 0	回送（Echo）请求或回答
	13 或 14	时间戳（Timestamp）请求或回答
	17 或 18	地址掩码（Address Mask）请求或回答
	10 或 9	路由器询问（Router Solicitation）或通告

ICMP 报文的代码字段是为了进一步区分某种类型中的几种不同的子类型。校验和字段用来检验整个 ICMP 报文。

ICMP 差错报告报文共有如下的 5 种。

1) 终点不可达。终点不可达分为网络不可达、主机不可达、协议不可达、端口不可达、需要分片但 DF 比特已置为 1 与源路由失败 6 种情况，其代码字段分别置为 0～5。当出现以上 6 种情况时就向源站发送终点不可达报文。

2) 源站抑制。当路由器或主机因拥塞而丢弃 IP 分组时，向源站发送源站抑制报文，使源站知道应当将数据报的发送速率放慢，以实现简单的流量控制和拥塞控制功能。

3) 时间超过。当路由器收到生存时间为零的 IP 分组时，除丢弃该分组外，还要向源站发送时间超过报文。当目的站在预先规定的时间内不能收到一个 IP 分组的全部数据报片时，则将已收到的数据报片都丢弃，并向源站发送时间超过报文。

4) 参数问题。当路由器或目的主机收到的 IP 分组的头部中有的字段的值不正确时，则丢弃该数据报，并向源站发送参数问题报文。

5) 改变路由（重定向）。路由器将改变路由报文发送给主机，让主机知道下次应将 IP 分组发送给另外的路由器。例如，由默认路由变为更好的具体路由。

将收到的需要进行差错报告的 IP 数据报的头部和数据字段的前 8 个字节提取出来，作为 ICMP 报文的数据字段，再加上相应的 ICMP 差错报告报文的头部（前 8 个字节），就构成了 ICMP 差错报告报文。提取收到的数据报的数据字段的前 8 个字节，可以得到 TCP 和 UDP 端口号以及 TCP 的发送序号。因为源站高层协议可能需要这些信息。

有些情况是不发送 ICMP 差错报告报文的，例如，对具有多播地址的数据报都不发送 ICMP 差错报告报文。

常用的 ICMP 询问报文有两种。

1) 回送请求和回答。ICMP 回送请求报文是由主机或路由器向一个特定的目的主机发出询问的报文。收到此报文的主机必须给源主机或路由器发送 ICMP 回送回答报文。这种询问报文用来测试目的站是否可达及了解主机的相关信息。ping 命令即应用了此报文。

2) 时间戳请求和回答。时间戳请求和应答报文确定 IP 分组在两个机器之间往返所需时间。

5.1.6　IP 多播基础

1. IP 多播的基本概念

IP 多播（Multicast）是指由一个源点通过一次发送操作把同样的分组副本发送到许多个终点，即一对多的通信。例如，实时新闻、股市行情、软件升级等。随着因特网的用户数的急剧增加，以及多媒体通信的开展，有更多的业务需要多播来支持。

当多播组的主机数很大时，采用多播方式可明显地减轻网络中各种资源的消耗。因特网范围的多播要靠路由器来实现，能够运行多播协议的路由器称为多播路由器。多播路由器可以是一个集成了多播功能的路由器，也可以是运行多播软件的普通路由器。

但在因特网上实现多播要比单播复杂得多，下面只介绍多播的一些基本技术。

（1）组地址

D 类 IP 地址就是用于多播的组地址，也叫多播地址。多播地址只能用作目的地址，而不能用作源地址。

D 类 IP 地址是不能任意使用的，因为因特网号码指派管理局（Internet Assigned Numbers Authority，IANA）已经指派了一些永久组地址，见表 5-7。

表 5-7　多播地址分配

多播地址	含义
224.0.0.0	基地址（保留）
224.0.0.1	在本子网上的所有参加多播的主机和路由器
224.0.0.2	在本子网上的所有参加多播的路由器
224.0.0.3	未指派
224.0.0.4	DVMRP 路由器
224.0.0.19～224.0.0.255	未指派
239.192.0.0～239.251.255.255	限制在一个组织的范围
239.252.0.0～239.251.255.255	限制在一个地点的范围

（2）IP 多播地址到局域网多播地址的转换

当多播分组传送到最终的局域网上的路由器时，必须把 32bit 的 IP 多播地址转换为局域网的 48bit 的多播地址，才能在局域网上进行多播。

因特网号码指派管理局（IANA）拥有的以太网地址块的高 24bit 为 00-00-5E。以太网 MAC 地址字段中的第 1 个字节的最低位为 1 时为多播地址。IANA 用其中的一半（第 4 个字节最高位为 0）作为多播地址，因此只剩下 23bit 可自由使用。而 D 类 IP 地址可供分配的有 28bit，显然这 28bit 中的前 5bit 无法映射到以太网的 MAC 地址中，如图 5-8 所示。

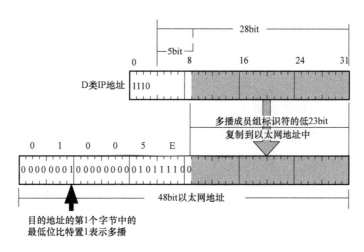

图 5-8　D 类 IP 地址与以太网多播地址的映射关系

由于多播 IP 地址与以太网多播地址的映射关系不唯一，因此主机中的 IP 模块还需要利用软件进行过滤，把不是本主机要接收的数据报丢弃。

（3）组成员的动态关系

组成员实际是主机中的进程，一个主机中的多个进程可以分别加入不同的多播组，并且多播组中的成员关系是动态变化的。一个进程可请求参加某个特定的多播组，或在任意时间退出该组。因此，需要使用一种机制使得单个的主机能够把自己的组成员关系及时通告给本网络上的路由器。因特网组管理协议（Internet Group Management Protocol，IGMP）就是用来支持这种机制的。

2. 因特网组管理协议（IGMP）

IGMP 分组封装在 IP 数据报中传送。同时 IGMP 也向 IP 提供服务。从原理上讲，IGMP 包括以下两种操作：

1）主机向多播路由器发送报文，要求加入或退出某给定地址的多播组。本地的多播路由器收到 IGMP 报文后，把组成员关系转发给因特网上的其他多播路由器。

2）多播路由器要周期性地检验哪些主机对哪些多播组感兴趣。

IGMP 定义了两种报文：成员关系询问报文和成员关系报告报文。主机要加入或退出多播组，都要发送成员关系报告报文。连接在局域网上的所有多播路由器都能收到这样的报告报文。多播路由器周期性地发送成员关系询问报文以维持当前有效的、活跃的组地址。愿意继续参加多播组的主机必须响应已报告报文。

5.1.7 虚拟专用网与网络地址转换

1. 虚拟专用网（VPN）

本地互联网一般也简称专用网。专用网最好采用专用地址（私有地址），包括以下IP 段：

1）10.0.0.0；

2）172.16.0.0~172.31.255.255；

3）192.168.0.0。

这些专用地址只能用作本地地址，而不能用作全球地址。因特网中的所有路由器对目的地址是专用地址的 IP 分组一律不进行转发。

当一个很大机构的许多部门分布在相距很远的一些地点，而在每一个地点都有自己的专用网时，如果这些分布在不同地点的专用网需要经常进行通信，就需要利用因特网来实现本机构的专用网，这样的专用网称为虚拟专用网（Virtual Private Network，VPN）。图 5-9 是使

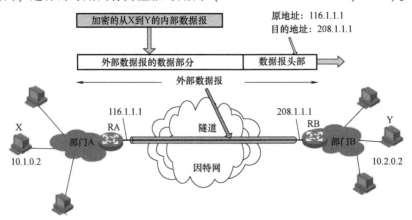

图 5-9　用隧道技术实现虚拟专用网的例子

用隧道技术实现虚拟专用网的例子，可以认为部门 A 和部门 B 中的一个是机构总部，另一个为分支机构。

　　显然，每一个机构至少要有一个路由器具有合法的全球 IP 地址以访问因特网。

　　现在假设门 A 的主机 X 要向部门 B 的 Y 发送数据报，源地址是 10.1.0.2，而目的地址是 10.2.0.2。这个数据报作为本机构的内部数据报从 X 发送到与外部连接的路由器 RA。路由器 RA 收到内部数据报后将整个的内部数据报进行加密，然后重新加上数据报的头部，封装成在因特网上发送的外部数据报，其源地址是路由器 R1 的全球地址 116.1.1.1，而目的地址是路由器 RB 的全球地址 208.1.1.1，这样就构成了一条从 RA 到 RB 的隧道，其实质是一种数据封装技术。路由器 RB 收到数据报后将其数据部分取出进行解密，恢复出原来的内部数据报，并转发给主机 Y。

　　由于在因特网上传送的外部数据报的数据部分（即内部数据报）是加密的，因此在因特网上所经过的所有路由器都不知道内部数据报的内容。

　　这种内部网络所构成的虚拟专用网（VPN）又称为内联网（Intranet）。但有时一个机构需要和某些外部机构共同建立一个虚拟专用网。这样的 VPN 又称为外联网（Extranet）。

2. 网络地址转换（NAT）

　　如果某个机构的内部网包括许多计算机，并采用了私有地址，同时内部网中的很多主机需要接入 Internet，但整个机构只申请到少量几个公有地址，这时可以通过 NAT 技术访问 Internet。

　　NAT 技术的基本原理就是在该机构的内部网和 Internet 之间的边界处进行地址转换，将私有地址"翻译"成公有地址。为此需要建立起一个 NAT 表，记录内部某个结点在内部网的私有地址与其访问 Internet 时采用的公有地址之间的映射关系。

　　NAT 还有屏蔽内网 IP 的作用，安全性较高。

　　NAT 有多种使用形式，常用的方法包括静态 NAT、动态 NAT 和端口级 NAT。

　　1）静态 NAT：用来在私有地址和公有地址之间建立一种一对一的映射关系。

　　2）动态 NAT：用来在私有地址和公有地址之间建立一种动态的映射关系。动态 NAT 需要在 NAT 设备上配置一个地址池，例如在路由器上。

　　3）端口级 NAT（PAT）：是一种动态 NAT，其将多个私有地址映射为某一端口的公有地址。

5.2　IPv6 协议

5.2.1　IPv6 协议的基本概念

　　IPv4 的设计者无法预见到近 20 年来 Internet 技术的发展如此之快，应用如此广泛。IPv4 协议面临的很多问题已经无法用"补丁"的办法解决，只能在设计新一代 IP 时统一加以考虑和解决。为了解决这些问题，IETF 研究和开发了一套新的协议和标准——IPv6。IPv6 协议在设计中尽量做到对上下层协议的影响最小，并力求考虑得更为周全，避免不断做新的改变。

　　1993 年，IETF 成立研究下一代 IP 的 IPng 工作组；1994 年，IPng 工作组提出下一代 IP

的推荐版本；1995 年，IPng 工作组完成 IPv6 的协议版本；1996 年，IETF 发起建立全球 IPv6 试验床 6BONE；1999 年，完成 IETF 要求的 IPv6 协议审定，成立 IPv6 论坛，正式分配 IPv6 地址，IPv6 协议成为标准草案。

我国政府高度重视下一代 Internet 的发展，积极参与 IPv6 的研究与试验，CERNET 于 1998 年加入 IPv6 试验床 6BONE 计划，2003 年启动下一代网络示范工程 CNGI，国内的网络运营商与网络通信产品制造商纷纷研究支持 IPv6 的软件技术与网络产品。2008 年，北京奥运会成功地使用 IPv6 网络，我国成为全球较早商用 IPv6 的国家之一。2008 年 10 月，中国下一代 Internet 示范工程 CNGI 正式宣布从前期的试验阶段转向试商用。目前，我国下一代 Internet 示范工程 CNGI 已经成为全球最大的示范性 IPv6 网络。

5.2.2 IPv6 协议的主要特征

IPv6 协议的主要特征可以总结为新的协议头格式、巨大的地址空间、有效的分级寻址和路由结构、有状态和无状态的地址自动配置、内置的安全机制、更好地支持 QoS 服务等。

（1）新的协议头格式

IPv6 协议头采用一种新的格式，可以最大限度减少协议头的开销。为了实现这个目的，IPv6 协议将一些非根本性和可选择的字段移到固定协议头后的扩展协议头中。这样，中间转发路由器在处理这种简化的 IPv6 协议头时，效率就会更高。IPv4 和 IPv6 的协议头不具有互操作性，也就是说 IPv6 并不是 IPv4 的超集，IPv6 并不向下兼容 IPv4。新 IPv6 中的地址的位数是 IPv4 地址数的 4 倍，但是 IPv6 分组头的长度仅是 IPv4 分组头长度的两倍。

（2）巨大的地址空间

IPv6 协议的地址长度为 128 位，因此可以提供超过 3.4×10^{38} 个 IP 地址。这样，智能手机、汽车物联网智能仪器、PDA 都可以获得 IP 地址，联入 Internet 的设备数量将不受限制地持续增长。

（3）有效的分级寻址和路由结构

确定 IPv6 地址长度为 128 位的原因当然是需要有更多的可用地址，以便从根本上解决 IP 地址匮乏问题，不再需要使用带来很多问题的 NAT 技术。确定地址长度为 128 位可以有巨大的地址空间，能更好地将路由结构划分出层次，更好地适应目前 Internet 的 ISP 层次结构与网络层次结构。一种典型的做法是，将分配给一台 IPv6 主机的 128 位的 IP 地址分为两部分，其中的 64 位作为子网地址空间，另外的 64 位作为局域网硬件 MAC 地址空间。64 位作为子网地址空间可以满足主机到主干网之间的三级 ISP 结构，使得路由器的寻址更加简便。这种方法可以增加路由层次划分和寻址的灵活性，适合于当前存在的多级 ISP 的结构，这正是 IPv4 协议所缺乏的。

（4）有状态和无状态的地址自动配置

为了简化主机配置，IPv6 既支持 DHCPv6 服务器的有状态地址自动配置，也支持没有 DHCPv6 服务器的无状态地址自动配置。在无状态的地址配置中，链路上的主机会自动为自己配置适合于这条链路的 IPv6 地址（链路本地地址）。在没有路由器的情况下，同一链路的所有主机可以自动配置它们的链路本地地址，不用手工配置 IP 地址也可以进行通信。链路本地地址在 1s 内就能自动配置完成，同一链路的主机在接入网络后可以立即进行通信。在相同的情况下，一个使用 DHCPv4 的 IPv4 主机需要先放弃 DHCP 的配置，然后自己配置一个 IPv4 地址，这个过程大概需要 1min 的时间。

（5）内置的安全机制

IPv6 支持 IPSec 协议，为网络安全性提供一种基于标准的解决方案，并提高不同 IPv6 实现方案之间的互操作性。IPSec 由两种不同类型的扩展头和一个用于处理安全设置的协议组成，为 IPv6 数据包提供数据完整性、数据验证、数据机密性和重放保护服务。

（6）更好地支持 QoS

IPv6 协议头中的新字段定义如何识别和处理通信流。通信流使用通信流类型字段来区分其优先级。流标记字段使路由器可以对属于一个流的数据包进行识别和提供特殊处理，以保证数据传输的服务质量。

（7）用新协议处理邻主机的交互

IPv6 中的邻主机发现（Neighbor Discovery）协议使用 IPv6 网络控制报文协议（ICMPv6）来管理同一链路上的相邻主机间的交互过程。邻主机发现协议用更加有效的多播和单播的邻主机发现报文取代地址解析协议（ARP）、ICMPv4 路由器发现，以及 ICMPv4 重定向报文。

（8）可扩展性

IPv6 通过在分组头之后添加新的扩展协议头来很方便地实现功能的扩展。IPv4 协议头中的选项最多可以支持 40B 的选项。

5.2.3　IPv6 地址

1. IPv6 地址表示方法

RFC2373 "IPv6 Addressing Achitecture" 对 IPv6 地址空间结构与地址的基本表示方法进行了定义，IPv6 的 128 位地址，按每 16 位划分一个位段，每个位段转换为一个 4 位的十六进制数，并用冒号隔开，这种表示方法称为 "冒号十六进制（Colon Hexadecimal）表示法"。

1）用二进制格式表示的一个 IPv6 地址：

0010000111011010000000000000000000000000000000000000000000000000
00000001010101010000000000000000111111111111000010001001110001011010

2）将这个 128 位的地址按每 16 位划分，可划分为 8 个位段：

0010000111011010 0000000000000000 0000000000000000 0000000000000000
0000000101010101 0000000000001111 1111111000001000 1001110001011010

3）将每个位段转换成十六进制数并用冒号隔开，结果应该是：

21DA：0000：0000：0000：02AA：000F：FE08：9C5A

这时，得到的一个冒号十六进制 IPv6 地址与最初给出的一个用 128 位二进制数表示的 IPv6 地址是等效的。

由于十六进制和二进制之间的进制转换比十进制和二进制之间的进制转换更容易，因此 IPv6 的地址表示法采用十六进制数。每位十六进制数对应 4 位二进制数。128 位的 IPv6 的地址实在太长，人们很难记忆。在 IPv6 网络中，主机的 IPv6 地址都是自动配置的。

2. 零压缩法

（1）零压缩的基本规则

IPv6 地址中可能会出现多个二进制数 0，可以规定一种方法，通过压缩某个位段中的前导 0 来进一步简化 IPv6 地址的表示。例如，"00D3" 可以简写为 "D3"；"02AA" 可以简写为 "2AA"。

前面给出了一个 IPv6 地址的例子：

21DA:0000:0000:0000:02AA:000F:FE08:9C5A

根据前导零压缩法，上面的地址可以进一步简化表示为：

21DA:0:0:0:2AA:F:FE08:9C5A

有些类型的 IPv6 地址中包含一长串 0。为了进一步简化 IP 地址表达，在一个以冒号十六进制表示法表示的 IPv6 地地址中，如果几个连续位段的值都为 0，则这些 0 可以简写为::，称为"双冒号（Double Colon）表示法"。

前面的结果又可以简写为 21DA::2AA:F:FE08:9C5A。

根据零压缩法，链路本地地址 FE80:0:0:0:FE:FE9A:4CA2 可以简写为 FE80::FE:FE9A:4CA2，多播地址 FE02:0:0:0:0:0:0:2 可以简写为 FF02::2。

需要注意的问题有以下两点。

1）在使用零压缩法时，不能将一个位段内的有效 0 压缩掉。例如，不能将 FF02:30:0:0:0:0:0:5 简写为 FF2:3::5，而应该简写为 FF02:30::5。

2）双冒号在一个地址中只能出现一次。如地址 0:0:0:2AA:12:0:0:0，一种简化的表示法是::2AA:12:0:0:0，另一种表示法是 0:0:0:2AA:12::，不能将它表示为:::2AA:12::

（2）如何确定双冒号之间被压缩 0 的位数

若要确定双冒号代表被压缩的 0 的位数，可以数一下地址中还有多少个位段，然后用 8 减去这个数，再将结果乘以 16。

例如，在地址 FF02:3::5 中有 3 个位段（FF02、3 和 5），可以计算 (8-3)×16=80，则表示有 80 位的二进制数字 0 被压缩。

3. IPv6 前缀

在 IPv4 中，子网掩码用来表示网络和子网地址长度。例如，192.1.29.7/24 表示子网掩码长度为 24 位，子网掩码为 255.255.255.0。由于在 IPv4 中可用于标识子网地址长度的位数是不确定的，因此要使用前缀长度来区分子网 ID 和主机 ID。在上述例子的一个 B 类网络地址中，网络号为 192.1，子网号为 29，主机号为 7。

IPv6 不支持子网掩码，它只支持前缀长度表示法。前缀是 IPv6 地址的一部分，用作 IPv6 路由或子网标识。前缀的表示方法与 IPv4 中的无类域间路由 CIDR 表示方法基本类似。IPv6 前缀可以用"地址前缀长度"来表示。例如，21DA:D3::/48 是一个路由前缀，而 21DA:D3:0:2F3B::/64 是一个子网前缀。64 位前缀用来表示主机所在的子网，子网中的所有主机都有相应的 64 位前缀。任何少于 64 位的前缀，要么是一个路由前缀，要么就是包含部分 IPv6 地址空间的一个地址范围。

在当前已定义的 IPv6 单播地址中，用于标识子网与子网中主机的位数都是 64。因此，尽管在 RFC2373 中允许在 IPv6 单播地址中写明它的前缀长度，但在实际中它们的前缀长度总是 64，因此不需要再表示出来。

例如，不需要将 IPv6 单播地址 F0C0::2A:A:FF:FE01:2A 表示成 F0C0::2A:A:FF:FE01:2A/64。根据子网和接口标识平分地址的原则，IPv6 单播地址 F0C0::2A:A:FF:FE01:2A 的子网标识是 F0C0::2A/64。

5.2.4 IPv6分组结构与基本报头

1. IPv6分组结构

IPv6分组由一个IPv6报头、多个扩展报头与一个高层协议数据单元组成。图5-10给出了IPv6分组结构。IPv6分组的有效载荷包括扩展报头与高层协议数据。

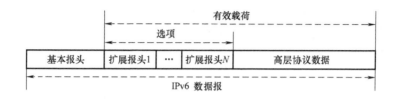

图5-10 IPv6分组结构

（1）IPv6报头

每个IPv6分组都有IPv6基本报头。基本报头长度固定为40个字节。

（2）扩展报头

IPv6数据包可以没有扩展报头，也可以有一个或多个扩展报头，扩展报头可以具有不同的长度。IPv6基本报头中的"下一个报头"字段指向第一个扩展报头。每个扩展报头中都包含下"下一个报头"指向再下一个扩展报头。最后一个扩展报头指示上层协议数据单元中的上层协议的报头。上层协议可以是TCP、UDP。协议数据也可以是ICMPv6协议报文数据。

IPv6基本报头与扩展报头代替IPv4报头及其选项，新的扩展报头格式增强IP功能，使得它可以支持未来新的应用。与IPv4报头中的选项不同，IPv6扩展报头没有最大长度的限制，因此可以有多个扩展报头。

（3）高层协议数据

高层协议数据单元（PDU）可以是一个TCP或UDP报文段，也可以是ICMPv6报文。IPv6分组的有效载荷由IPv6的扩展报头和高层协议数据构成。有效载荷的长度最多可以达到65535个字节。有效载荷长度大于65535个字节的IPv6分组称为"超大包（Jumbogram）"。

2. IPv6报头的结构与各个字节的意义

图5-11给出了IPv6报头的结构，REFC2460定义的IPv6基本报头结构包括版本、流量类型、流标记、载荷长度、下一个报头、跳步限制、源地址与目的地址等字段。

（1）版本（Version）

版本字段的意义与IPv4相同，版本字段值为6，表示使用IPv6协议。

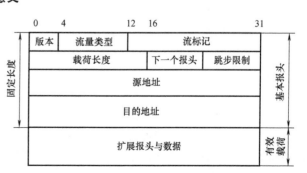

图5-11 IPv6报头结构

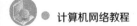
（2）流量类型（Traffic Class）

流量类型字段为 8 位，表示 IPv6 分组的类型或优先级，其功能类似于 IPv4 的服务类型字段。

（3）流标记（Flow Label）

流标记字段为 20 位，表示分组属于源结点和目标结点之间的一个特定分组序列，它需要由中间 IPv6 路由器进行特殊处理。流标记用于非默认的 QoS 连接，例如实时数据（音频和视频）的连接。对于默认的路由器处理，流标记字段的值为 0。在源主机和目的主机之间可能有多个数据流，它们需要用不同的流标记值区分。与流量类型字段一样，RFC2460 对流标记字段的使用没有明确定义。

（4）载荷长度（Payload Length）

载荷长度字段为 16 位，表示 IPv6 有效载荷的长度。有效载荷的长度包括扩展报头和高层 PDU。由于有效载荷长度字段为 16 位，因此可以表示最大长度为 65535 字节的有效载荷。

（5）下一个报头（Next Header）

下一个报头字段为 8 位，表示如果存在扩展报头，"下一个报头"值表示下一个扩展报头的类型。如果不存在扩展报头，"下一个报头"值表示传输层报头是 TCP 或 UDP，也可以是 ICMP 报头。

（6）跳步限制（Hop Limit）

跳步限制字段为 8 位，表示 IPv6 分组可以通过的最大路由器转发数。IPv6 跳步限制字段与 IPv4 的 TTL 字段非常相似。分组每经过一个路由器，数值减 1，当跳步限制字段的值减为 0 时，路由器向源结点发送"跳步限制超时"ICMPv6 报文，并丢弃该分组。

（7）源地址（Source Address）与目的地址（Destination Address）

IPv6 地址字段为 128 位，表示源结点与目地结点 IPv6 地址。

图 5-12 给出了一个简化的 IPv6 基本报头结构。这个例子是一个 ICMPv6 协议回送请求报文的报头。报文使用默认的流量类型与流标记，以及一个 128 的跳步限制。

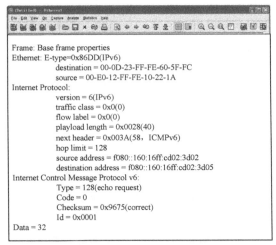

图 5-12 简化的 IPv6 基本报头结构示例

5.2.5 IPv4 到 IPv6 过渡的基本方法

在 IPv4 地址与 Internet 规模之间的矛盾无法缓解的情况下，推进 IPv6 技术已经是势在必行。但是，由于目前大量的网络应用都是建立在 IPv4 基础之上的，所以人们必然要在很长的时间内面对 IPv4 与 IPv6 共存的局面。如何平滑地从 IPv4 过渡到 IPv6 是需要研究的一个重要问题。

1. 双 IP 层或双协议栈

双 IP 层是指在完全过渡到 IPv6 之前，使部分结点和路由器装有两个协议，一个 IPv4 协议和一个 IPv6 协议。这种结点既能与 IPv6 结点通信，又能与 IPv4 结点通信。具有双 IP 层的结点或路由器应具有两个 IP 地址，一个 IPv6 地址和一个 IPv4 地址。IP 结点在与 IPv6 结点通信时采用 IPv6 地址，与 IPv4 结点通信时采用 IPv4 地址。双 IP 层结点的 TCP 或 UDP 都可以通过 IPv4、IPv6 网络，或 IPv6 穿越 IPv4 的隧道的通信来实现。图 5-13 给出了双 IP 层和双协议栈结构。图 5-13a 给出了双 IP 层结构。图 5-13b 给出了双协议栈结构。

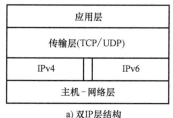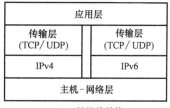

图 5-13 双 IP 层和双协议栈结构

2. 隧道技术

隧道技术是指 IPv6 分组进入 IPv4 网络时将 IPv6 分组封装成 IPv4 分组，整个 IPv6 分组变成 IPv4 分组的数据部分。当 IPv4 分组离开 IPv4 网络时，再将其数据部分交给主机的 IPv6 协议，这就好像在 IPv4 网络中打通一个隧道来传输 IPv6 分组。图 5-14 给出了通过 IPv4 隧道传输 IPv6 分组的机制。

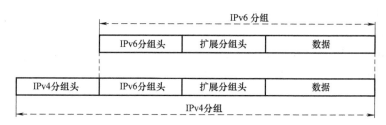

图 5-14 通过 IPv4 隧道传输 IPv6 分组的机制

在通过隧道传输封装的 IPv4 分组时，IPv4 分组头的协议字段值为 41，表示这是一个经过封装的 IPv6 分组；源地址与目的地址分别为隧道端点路由器的 IPv4 地址。

隧道配置用于建立隧道。RFC2893 将隧道配置分为路由器—路由器、主机—路由器或路由器—主机、主机—主机 3 种情况，以及手动配置的隧道与自动配置的隧道两种类型。

（1）路由器—路由器隧道

图 5-15 给出了路由器—路由器隧道结构。在这种结构中，隧道端点是两台 IPv4/IPv6 路

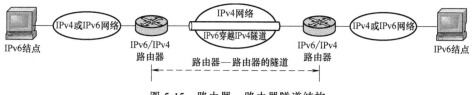

图 5-15 路由器—路由器隧道结构

由器，隧道是 IPv4 网络两个端点之间的逻辑链路。IPv4/IPv6 路由器都有 IPv6 穿越 IPv4 网络的隧道的接口，以及对应的路由。对于穿越 IPv4 网络的 IPv6 分组来说，穿越隧道相当于一个单跳路由。

（2）主机—路由器隧道

图 5-16 给出了主机—路由器隧道结构。在这种结构中，由 IPv4 网络中的 IPv4/IPv6 结点创建一个 IPv6 穿越 IPv4 网络的隧道，作为从源结点到目的结点之间路径中的第一段。对于穿越 IPv4 网络的 IPv6 分组来说，穿越隧道相当于一个单跳路由。

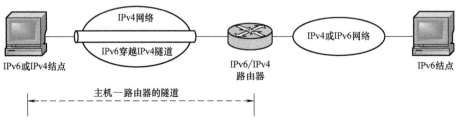

图 5-16　主机—路由器隧道结构

（3）主机—主机隧道

图 5-17 给出了主机—主机隧道结构。在这种结构中，由 IPv4 网络中的 IPv4/IPv6 结点创建一个 IPv6 跨越 IPv4 网络的隧道，作为从源结点到目的结点的整个路径。对于穿越 IPv4 网络的 IPv6 分组来说，穿越隧道相当于一个单跳路由。

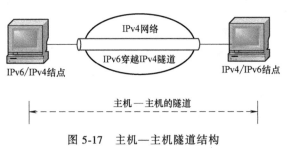

图 5-17　主机—主机隧道结构

（4）6over4

6over4 又称为"IPv4 多播隧道"（RFC2529）。它是一种主机—主机、主机—路由器或路由器—主机的隧道技术。6over4 为 IPv6 结点之间提供穿越 IPv4 网络的单播和多播 IPv6 联通性。图 5-18 给出了 6over4 的结构。

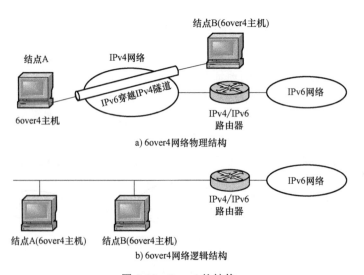

图 5-18　6over4 的结构

6ove4 将每个 IPv4 网络看作一个具有多播能力的单独链路。这样，邻结点发现过程的地址解析、路由器发现可以像在一个具有多播功能的物理链路上运行一样。在默认的情况下，6ove4 结点为每个 6over4 接口自动配置一个 FE80::wwxx:yyzz 的链路本地地址。

（5）6to4

6to4 是一种地址分配和路由器—路由器的自动隧道技术，它为 IPv6 结点之间提供穿越 IPv4 网络的单播 IPv6 的联通性。RFC3056 对 6to4 进行了定义。6to4 使用全球地址前缀 2002:wwxx:yyzz::/48。同时，RFC3056 定义了 6to4 主机、6to4 路由器与 6to4 中继路由器的概念。

6to4 主机是指任何一个配置 6to4 地址的 IPv6 主机。6to4 地址是使用标准地址的由地址自动配置机制来创建的。6to4 路由器是支持 6to4 接口的 IPv4/IPv6 路由器，用于转发带有 6to4 地址的 IPv6 分组。6to4 中继路由器是在 IPv4 网络中转发带有 6to4 地址的 IPv6 分组的 IPv4/IPv6 路由器。

（6）ISATAP

ISATAP 是一种地址分配和主机—主机、主机—路由器和路由器—主机的自动隧道协议。它为 IPv6 结点之间提供穿越 IPv4 网络的单播 IPv6 联通性。ISATAP 结点不需要手工配置地址，使用标准的地址自动配置机制创建 ISATAP 地址。与 IPv4 映射地址 6over4、6to4 地址相同，ISATAP 地址内嵌一个 IPv4 地址。当发送到 ISATAP 地址的 IPv6 分组通过隧道穿越 IPv4 网络后，内嵌 IPv4 地址可以确定 IPv4 分组头中的源地址与目的地址。

5.3 网络互联的基本原理

5.3.1 网络互联的基本概念

网络互联是为了将两个或者两个以上具有独立自治能力、同构或异构的计算机网络连接起来，以实现数据流通，扩大资源共享的范围，或者容纳更多的用户。

网络互联的基本类型包括局域网与局域网（LAN/LAN）的互联、局域网与广域网（LAN/WAN）的互联或局域网经广域网的互联。实际应用中，网络互联的形式非常复杂，例如，因特网就是把千差万别的网络互联起来的一个互联网络。

由于不同的子网间可能存在各种差异，因此网络互联除了必须提供网络间物理的和链路的连接控制，并提供不同网络间的路由选择和数据转发外，还必须容纳网络的差别。这些差别包括以下内容。

1）不同的寻址模式。互联的网络可能使用不同的命名、地址及目录维护机制。

2）不同的分组（帧）长度。

3）不同的网络存取机制。

4）不同的时限。典型的，一个面向连接的传输服务将等待一个确认，直到时限超时。一般而言，穿越多个网络需要更多的时间，互联网的计时机制必须考虑到这些问题。

5）不同的传输速率。两个互联的网络其传输速率相差可能很大，比如 10Mbit/s 的局域网与 64kbit/s 的广域网的互联。这时互联设备就必须有足够的数据缓冲能力，以防数据丢失。

6）差错恢复。网络互联服务不应该依赖于单个子网的差错恢复能力，也不应该受它们的干扰。

7）面向连接还是面向无连接。互联的子网可能提供面向连接的服务，也可能提供面向无连接的服务。互联服务应该不依赖于子网的连接服务性质。

总之，互联的网络彼此之间的差异会很大，网络互联设备和互联所使用的协议应该克服这些差异。路由器就是这样的设备，而 IP 可以兼容各种不同的物理子网。

用于网络之间互联的中继设备，称为网络互联设备。依据子网间差异的不同，需要不同的网络互联设备将各个子网连接起来。根据网络互联设备工作的层次及其所支持的协议，可将网络互联设备分为中继器、网桥、路由器和网关。

工作在物理层的网络互联设备是中继器。中继器用于扩展局域网段的长度，实现两个相同类型的局域网段间的连接。目前市场上常见的多路复用器、多口中继器、模块中继器及缓冲中继器等均属于这一类产品。

工作在数据链路层的网间设备称为网桥。网桥可以将两个或多个网段连接起来，常用于局域网之间的互联。

工作在 5 层协议参考模型的第三层，即网络层的网间设备称为路由器。路由器是一种具有多个输入端口和多个输出端口的专业计算机，其任务是转发分组。也就是说，将路由器某个输入端口收到的分组，按照分组要去的目的地，将该分组从某个合适的输出端口转发给下一跳路由器。下一跳路由器也按照这种方法处理分组，直到该分组到达目的地为止。路由器的转发分组正是网络层的主要工作，它提供各种子网间的网络接口。路由器是主动、智能的网络结点，可参与网络管理，提供子网之间数据的路由选择，并对网络资源进行动态控制等。在互联网上，如果报文分组不是发向本地网络的，则由相应的路由器转发出去。路由器对每个分组进行检测，以决定转送方向。路由器是依赖于协议的，必须对某种协议提供支持，如 IP、IPX 等。因此，路由器和路由协议的种类非常繁多，但最流行的路由协议还是 IP。

工作在网络层以上的网间设备统称为网关。网关的作用是连接两个或多个不同的网络。这种“不同”可能意味着其物理网络和高层协议不一样。因此，网关一般必须提供不同网络间协议的转换（网关又称为协议转换器）。最常见的网关是将某一特定种类的局域网与某个专用的网络相互连接起来。由于网关常涉及与专用系统的连接，因此网关没有一定的标准。目前的网关一般都由软件实现。

需要注意的是，当中继设备是中继器或网桥时，一般不称为网络互联，因为它们仅仅是把一个网络扩大了，而这仍然是一个网络。由于网关比较复杂，目前使用得较少，因此一般讨论的互联网都是指用路由器进行互联的互联网络。由于历史的原因，许多有关 TCP/IP 的文献将网络层使用的路由器称为网关，请读者加以注意。

5.3.2 IP 分组转发机制

前面讲过，一般讨论的互联网都是指用路由器进行互联的互联网络。如何通过路由器转发 IP 分组是网络互联的关键技术，因此，这里先介绍 IP 分组转发机制。

1. IP 分组交付的概念

分组交付是指在互联网络中路由器转发 IP 分组的物理传输过程与 IP 分组转发的交付机制。

在讨论 IP 分组转发时，应该注意以下几个问题：

1）一个网络号唯一地标识联入 Internet 的一个子网。

2）连接在同一个子网上的所有主机与路由器的相应接口 IP 地址都有相同的网络号。

3）每个连接到 Internet 的子网都有一个并且至少有一个路由器与其他子网的主机或路由器连接，这个路由器可以在被连接的子网之间交换 IP 分组。

4）如果在同一个子网的主机之间交换 IP 分组，它们可以不通过路由器而直接进行分组传输，那么它属于直接交付；如果两个主机不属于同一个子网，那么它们之间的 IP 分组交换需要通过一个或多个路由器转发，那么它就属于间接交付。

因此，分组交付可以分为直接交付和间接交付两类。是直接交付还是间接交付，路由器需要根据分组的目的 IP 地址与源 IP 地址是否属于同一个子网来判断。当分组的源主机和目的主机在同一个子网时，或交付是在最后一个路由器与目的主机之间进行时，分组将直接交付。直接交付的工作过程如图 5-19 所示。

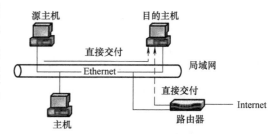

图 5-19　直接交付的工作过程

如果目的主机与源主机不在同一个子网上，分组就要间接交付。在间接交付时，路由器从路由表中找出下一个路由器（下一跳）的 IP 地址，然后把 IP 分组传送给下一个路由器。当 IP 分组到达与目的主机所在的子网连接的路由器时，分组将被直接交付。图 5-20 给出了间接交付的工作过程。

2. IP 分组转发

IP 分组在路由器中是通过查找路由表进行转发的。路由表中的表项包含目的网络地址、子网掩码、下一跳、衡量参数、接口等项，这里先考虑非常关键的两项：目的网络地址和下一跳。路由器中的 IP 分组转发示例如图 5-21 所示。

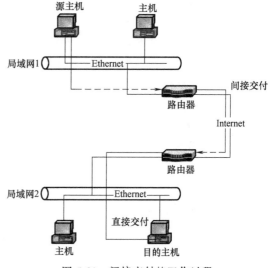

图 5-20　间接交付的工作过程

可以看出：

1）进入 R2 的 IP 分组是通过查找 R2 的路由表向下一跳进行转发的。

由于 R2 同时连接在网络 2 和网络 3 上，因此只要目的站在这两个网络上，都可通过接口 0 或 1 由路由器 R2 直接交付。若目的主机在网络 1 中，则下一跳路由器应为 R1，其 IP 地址为 20.0.0.1。由于路由器 R2 和 R1 同时连接在网络 2 上，因此从路由器 R2 把分组转发到路由器 R1 是很容易的。同理，若目的主机在网络 4 中，则路由器 R2 应把分组转发给 IP 地址为 30.0.0.3 的路由器 R3。

2）路由表是按目的主机所在的网络地址来制作的。若按目的主机地址制作，路由表会

路由器R2的路由表

目的主机所在的网络地址	下一跳地址
10.0.0.0	20.0.0.1
20.0.0.0	直接交付，接口0
30.0.0.0	直接交付，接口1
40.0.0.0	30.0.0.3

图 5-21　路由器中的 IP 分组转发示例

大得难以想象，路由器的存储空间和查找路由表的速度都会出现问题。

3）在互联网上转发分组时，是从一个路由器转发到下一个路由器，即是逐跳转发的。每个路由器只负责把分组转往下一跳。只有到达最后一个路由器时，才向目的主机进行直接交付。

需要说明的是，大多数情况下都允许对特定的目的主机指明一个路由。这种路由称为特定主机路由。但这种路由只在一些特殊情况下才可以使用，例如当网络管理人员需要控制网络和测试网络，或需要考虑某种安全问题时。路由器还可采用默认路由（Default Route）以减少路由表所占用的空间和查找路由表所用的时间。这种转发方式在一个网络只有很少的对外连接时是很有用的，如局域网的出口网关。局域网的默认路由示意图如图 5-22 所示。

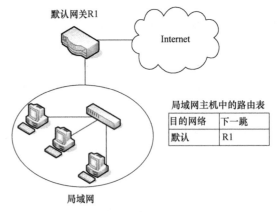

局域网主机中的路由表

目的网络	下一跳
默认	R1

图 5-22　局域网的默认路由示意图

路由器还需确定分组的目的地址属于哪个目的网络。采用的方法是将分组的目的地址与路由表中的所有项的子网掩码相与，并与目的网络地址比较，取最长匹配（即有最长匹配前缀）的一项，并向这一项的下一跳转发。如果都无法匹配，则向默认路由的下一跳转发（不存在默认路由时会丢弃分组）。

3. 路由表

路由器的主要工作就是为经过路由器的每个分组寻找一条最佳传输路径，并将该分组逐跳传送到目的站点。为此，每个路由器中都要维护一个路由表，供路由选择（即分组向哪个路由器转发）时使用。

路由表中保存着如何去往各目的网络的目的网络地址、子网掩码、下一跳、衡量参数等内容。以目的地址作为关键字，就可以从路由表中查出下一跳的地址以及它所在的接口。因此，路由表就成为路由器的中枢，它决定了每个数据包的转发方向。

路由表可以是由系统管理员固定设置好的，也可以由系统动态修改。另外，路由表既可以由路由器自动调整，也可以由主机控制。因此将路由表分为静态路由表和动态路由表两大类。

1）静态路由表是由系统管理员事先设置好的固定的路由表，一般在系统安装时根据网络的配置情况进行预先设定，如果网络结构发生变化，则必须由系统管理员手工重新配置。

2）动态路由表是路由器根据网络系统的运行情况而自动调整的路由表。路由器根据路由选择协议提供的功能自动学习和记忆网络运行情况，在需要时自动计算数据传输的最佳路径。

5.4　因特网的路由选择协议

5.4.1　路由算法

路由表的建立和维护是路由器技术的关键。建立和维护路由表的算法称为路由算法。路由选择协议的核心就是路由算法，即需要何种算法来获得路由表中的各项目。交换路由信息的最终目的在于通过路由表找到一条数据交换的"最佳"路径。每一种路由算法都有其衡量"最佳"的一套原则。一个理想的路由算法应具有如下的一些特点。

1）算法必须是正确的和完整的。这里的"正确"指的是沿着各路由表所指引的路由，分组一定能够最终到达目的网络和目的主机。

2）算法在计算上应简单。进行路由选择的计算必然要增加分组的延迟。因此，路由选择的计算不应使网络通信增加太多的额外开销。

3）算法应能适应通信量和网络拓扑的变化，即要有自适应性。当网络中的通信量发生变化时，算法能自适应地改变路由以均衡各链路的负载。当结点、链路发生故障不能工作，或者修理好了再投入运行时，算法应能及时地改变路由。有时称这种自适应性为"稳健性"。

4）算法应具有稳定性。在网络通信量和网络拓扑相对稳定的情况下，路由算法建立和维护的路由表应比较稳定。

5）算法应是公平的。即算法对所有用户（除对少数优先级高的用户）应都是平等的。

6）算法应是最佳的。这里的"最佳"是指以最低的代价实现路由算法，"代价"是指由一个或几个因素综合决定的一种衡量参数，如链路长度、吞吐量、延迟等。可以根据用户的具体情况设置每一条链路的"代价"。因此，不存在一种绝对的最佳路由算法。所谓"最佳"，只能是相对于某一种特定要求得出的较为合理的选择而已。

下面介绍几种常用的路由选择算法。它们分别用来建立和维护静态路由或动态路由。

1. 洪泛（Flooding）算法

洪泛算法也称扩散式算法。它的基本思想是每个结点收到分组后，即将其发往除分组来的结点之外的其他各相邻结点。可以想象，按照这种算法，网络上的分组会像洪水一样泛滥起来，造成大量的分组冗余，导致网络出现拥塞现象，因此要限制分组复制的数目。

此时可以采用3种方法：一是在每个分组的头部设置一个计数器，用来统计分组到达结点的数量，当计数器超过规定值（如端到端最大段数）时将之丢弃；另一种方法是在每个结点上建立一个分组登记表，不接收重复的分组；还有一种方法是只选择距目标结点近的部分结点发送分组。

洪泛算法具有很好的健壮性和可靠性，适用于规模较小、可靠性要求较高的场合。

2. 距离向量（Distance Vector）算法

距离向量算法的原理非常简单。它把每经过一个路由器称为一跳，把一条路由上的跳数称为"距离"，然后动态地选择最短距离作为路径。图 5-23 所示为一个简单的距离向量路由表的例子，图中给出了 R2、R3 和 R4 这 3 个路由器的距离向量路由表。

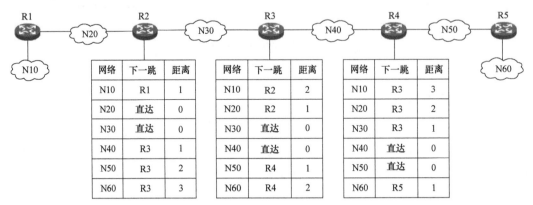

图 5-23　距离向量路由表示例

距离向量算法的主要优点是易于实现和调试，主要用于小型网络中。

3. 链路状态（Link State）算法

链路状态是路由器上的接口（网络地址和网络类型等）描述及其与哪些路由器相邻、到相邻路由器的链路的衡量参数值等的总称。这些链路状态的集合形成了一个链路状态数据库（Link State Database）。在 Internet 中广泛使用的最短路径优先（Shortest Path First，SPF）就是一种分布式链路状态算法。它提供了网络的树状表示。树根是运行 SPF 的设备，用来计算到达每个目的网络的最短路径列表。图 5-24 所示为在路由器 R_1 上执行最短路径算法的例子，其网络拓扑结构如图 5-24a 所示。

1）每个路由器标识与它直接相连的网络上的所有路由器。

2）SPF 将实际网络、路由器和链路集抽象成有向图，两个路由器间的一系列链路由一对有向弧表示，各指向一方，且它们的权值可能不同。然后根据有向弧上的权值计算最短路径。这些权值即衡量参数值，可以用专用名词"度量"（Metric）称呼。"度量"的具体内容可以是费用、距离、延迟、吞吐量等，它们都由网络管理人员决定。在图 5-24b 中，R_{i-j} 表示当前路由器到 R_i 的路径上的度量为 j。

SPF 处理服务类型路由的方法是保留多张有向图，一张标注以延迟为度，一张标注以吞吐量为度，一张标注以可靠性为度（虽然 3 张有向图的计算工作量是一张图的 3 倍，但却分别提供了按延迟、吞吐量和可靠性优先选择路由的可能）。

3）每个路由器通过与全网络中的其他路由器交换链路状态公告（Link State Advertisement，LSA），通知所有其他路由器自己的链路状态。

每个路由器都使用这些 LSA 建立一个详细记录当前网络拓扑结构的全网链路状态数据库（因为每个路由器都处理相同的 LSA 集合，所以每个路由器建立的全网链路状态数据库是相同的）。只要网络拓扑发生任何变化，该链路状态数据库就能很快进行更新，并且通过各路由器之间频繁地交换信息维持链路状态数据库在全网的一致性，即维持各路由器链路状态数据库的同步。

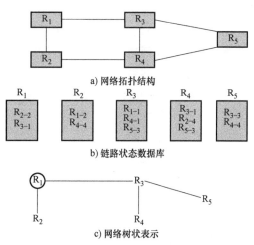

a）网络拓扑结构

b）链路状态数据库

c）网络树状表示

图 5-24　在路由器 R_1 上执行最短路径算法

4）SPF 提供了网络的树状表示。树根是运行 SPF 的设备，用来计算到达每个目的网络的理想路径。虽然每个路由器的链路状态数据库相同，但是由于每个设备占据了网络中的一个不同位置，SPF 将为每个路由器产生不同的树。树是路由器依据链路状态数据库用最短路径算法计算出来的，如图 5-24c 所示，用于生成路由表。

5.4.2　内部网关协议

因特网采用的路由选择协议主要是自适应的（即动态的）、分布式路由选择协议。在路由选择问题上采用分层的思路，以"化整为零""分而治之"的办法来解决这个复杂的问题，其原因如下。

1）因特网的规模非常大，接入的子网非常多，路由器数量巨大，如果全因特网只使用无分层的同一路由选择协议，会产生如下后果：①路由表将非常大，路由器的处理延迟很大；②所有路由器之间交换路由信息所需的带宽将使因特网的通信链路饱和。

2）出于对安全等因素的考虑，许多单位不希望外界了解自己单位网络的布局细节和其所采用的路由选择协议，但同时还需要连接到因特网上。

因此，因特网将它的整个互联网划分为许多较小的自治系统（Autonomous System，AS）。

一个自治系统是一个互联网，其最重要的特点就是自治系统有权自主地决定在本系统内采用何种路由选择协议。一个自治系统内的所有网络一般由一个行政单位来管辖。但一个自治系统的所有路由器在本自治系统内都必须是联通的。如果一个单位管辖两个网络，但这两个网络必须通过其他的主干网才能互联起来，那么这两个网络无法构成一个自治系统，它们还是两个自治系统。在目前的因特网中，一个大的 ISP 就是一个自治系统。

一个 AS 使用一个单一的和一致的路由选择策略，而 AS 之间也必须使用相应的路由选择协议来确定分组在 AS 之间的路由。因此，因特网把路由选择协议划分为两大类。

1）内部网关协议（Interior Gateway and Protocols，IGP）。即在一个自治系统内部使用的路由选择协议。例如，路由信息协议（Routing Information Protocol，RIP）和开放最短路径优先（Open Shortest Path Fist，OSPF）协议。

2）外部网关协议（External Gateway Protocols，EGP）。若源站和目的站处在不同的自治系统中，当 IP 分组传到一个自治系统的边界时，就要使用一种协议将路由选择信息传递到另一个自治系统中。这样的协议就是外部网关协议。在外部网关协议中，目前使用最多的是 BGP-4。

因特网常用的内部网关协议是 RIP 和 OSPF。

RIP（路由信息协议）是 UNIX 系统中最常用的内部网关协议。RIP 运用距离向量运算法则来选择分组要到达目的地址经过的路由器数目最少的路径作为最佳路径。RIP 假定最佳路径中包含的路由器最少。

OSPF（开放最短路径优先）协议是另外一个为 TCP/IP 而开发的链路状态路由选择协议。它适合于非常大的网络，而且比 RIP 拥有更多的优势。

1. RIP

（1）RIP 工作原理

RIP 是一种分布式的基于距离向量的路由选择协议，是因特网标准协议，其最大的优点就是简单。

所谓的距离向量，是指每一个路由器的路由表都有一列"距离"记录，作为衡量路由是否最佳的"度量"。"距离"是分组从一个路由器到目的网络所经过的路由器数目的一种度量。RIP 将"距离"的具体值定义如下。

1）将从一路由器到直接连接的网络的距离定义为 1。

2）将从一路由器到非直接连接的网络的距离定义为所经过的路由器数加 1。

RIP 的"距离"也称为"跳数"，因为每经过一个路由器，跳数就加 1。RIP 允许一条路径最多只能包含 15 个路由器，即"距离"的最大值为 16 时相当于不可达。显然，RIP 只适用于小型互联网。

需要说明的是，在图 5-23 所示的例子中，我们把直达的距离定义为 0，这对算法的正确性没有任何影响，因为算法需要的是差值，即距离。

RIP 不能在两个网络之间同时使用多条路由。RIP 选择一个具有最少路由器的路由，即使还存在另一条高速但路由器较多的路由。

路由器在刚刚开始工作时，只知道到直接连接的网络的距离（此距离定义为 1）。以后，每一个路由器只和数目非常有限的相邻路由器交换并更新路由表信息。经过若干次的更新后，所有的路由器最终都会知道到达本自治系统中任何一个网络的最短距离和下一跳路由器的地址，从而形成比较稳定的路由表。RIP 规定：

1）不相邻的路由器不交换路由信息。交换的信息是自己的路由表，即到本自治系统中各网络的（最短）距离，以及到每个网络应经过的下一跳。

2）按固定的时间间隔交换路由信息，例如每隔 30s，路由器根据收到的路由信息更新路由表。

3）当网络拓扑发生变化时，路由器及时向相邻路由器通告拓扑变化后的路由信息。

路由表中最主要的信息就是到某个网络的距离（即最短距离）及应经过的下一跳地址。路由表更新的原则是找出到每个目的网络的最短距离，这种更新算法称为距离向量算法。当收到相邻路由器（其地址为 X）的一个 RIP 报文（即路由表信息）时，路由器更新其路由表的基本原则如下。

1）先修改此 RIP 报文中的所有条目：将"下一跳"字段中的地址都改为 X，并将所有的"距离"字段的值加 1。

2）对修改后的 RIP 报文中的每一个条目以如下原则更新原路由表：

● 若条目中的目的网络不在路由表中，则将该条目添加到路由表中。

- 若下一跳字段给出的路由器地址是相同的，则将收到的条目替换原路由表中的条目。
- 若收到的条目中的距离小于路由表中的距离，则进行更新。

3）若 3min 还没有收到相邻路由器的更新路由表，则将此相邻路由器记为不可达的路由器，即将距离置为 16。

RIP 使用传输层的用户数据报（UDP）进行传送（使用 UDP 的端口 520），因此 RIP 的位置应当在应用层。但转发 IP 分组的过程是在网络层完成的。

（2）RIP 的报文格式

现在较新的 RIP 版本是 RIP2，它支持变长子网掩码和 CIDR，支持多播。图 5-25 是 RIP2 的报文格式。

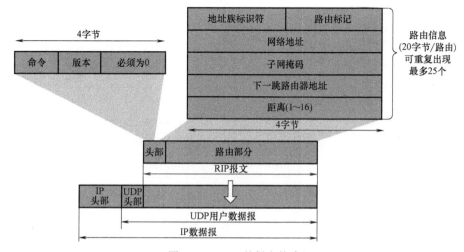

图 5-25　RIP2 的报文格式

RIP 报文由头部和路由部分组成。

RIP 的头部占 4 个字节，其中的命令字段指出报文的意义。例如，1 表示请求路由信息，2 表示对请求路由信息的响应或未被请求而发出的路由更新报文。头部后面的"必须为0"是为了 4 字节字的对齐。

RIP2 报文中的路由部分由最多 25 个路由信息组成。每个路由信息 20 个字节，因而 RIP 报文的最大长度是 4+20×25＝504 字节。如果超过，则必须再用一个 RIP 报文来传送。地址族标识符（又称为地址类别）字段用来标识所使用的地址协议。如果采用 IP 地址，该值为 2。路由标记字段是自治系统的号码，因为 RIP 有可能收到本自治系统以外的路由选择信息。后面的 4 个字段指出网络地址、该网络的子网掩码、下一跳路由器地址以及到此网络的距离。

RIP 存在的一个比较突出的问题是当网络出现故障时会形成路由环路，导致更新过程的收敛时间过长。图 5-26 所示的例子可以说明这一问题。

1）在网络 11.4.0.0 发生故障之前，所有的路由器都具有正确一致的路由表，网络是收敛的，如图 5-26a 所示。

2）当网络 11.4.0.0 发生故障后，路由器 R3 最先收到故障信息，路由器 R3 把网络 11.4.0.0 设为不可达，并等待更新周期以通告这一路由变化给相邻路由器。如果路由器 R2

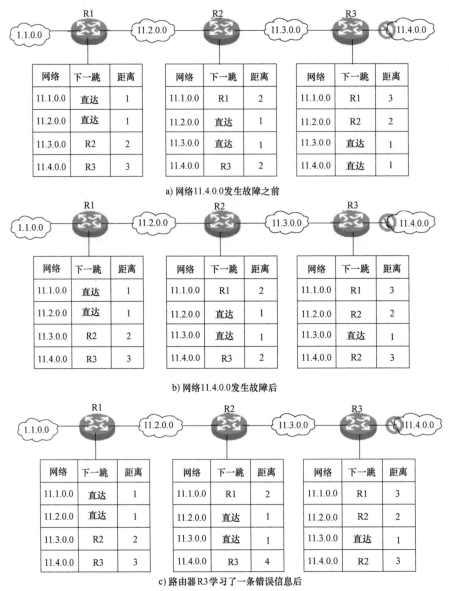

图 5-26   RIP 存在的一个比较突出的问题

的路由更新周期在路由器 R3 之前到来，那么路由器 R3 就会从路由器 R2 那里学习到去往 11.4.0.0 的新路由（实际上，这一路由已经是错误路由了）。这样路由器 R3 的路由表中就记录了一条错误路由（经过路由器 R2，可去往网络 11.4.0.0，跳数增加到 3），如图 5-26b 所示。

3）路由器 R3 学习了一条错误信息后，它会把这样的路由信息再次通告给路由器 R2，根据通告原则，路由器 R2 也会更新这样一条错误路由信息，认为可以通过路由器 R3 去往网络 11.4.0.0，跳数增加到 4，如图 5-26c 所示。

4）这样，路由器 R2 认为可以通过路由器 R3 去往网络 11.4.0.0，而路由器 R3 认为可以通过路由器 R2 去往网络 11.4.0.0，就形成了环路。实际上，错误信息还会传到 R1，这里不再讨论。

为了解决路由环路问题，可以采取多种措施。例如，让路由器记录收到某特定路由信息的接口，而不让同一路由信息再通过此接口向反方向传送。

总之，RIP 最大的优点就是实现简单、开销较小。其缺点如下：

1）RIP 限制了网络的规模，它能使用的最大距离为 15；

2）路由器之间交换的路由信息是路由器中的完整路由表，随着网络规模的扩大，开销会增加。

3）会形成路由环路，导致更新过程的收敛时间过长。

因此，对于规模较大的网络，就应当使用 OSPF。不过目前在规模较小的网络中，使用 RIP 的仍占多数。

（3）RIP 基本配置实例

参见实验部分的"附录 E 路由协议基本配置"实例。

2. OSPF

OSPF 使用分布式的链路状态协议，其路由算法的基本原理就是前面介绍的 SPF。

为了使 OSPF 能够用于规模很大的网络，OSPF 将一个自治系统再划分为若干个更小的范围，称为区域（Area）。如图 5-27 所示，一个自治系统被划分为 4 个区域。每个区域都有一个 32bit 的区域标识符（用点分十进制表示）。一般，一个区域内的路由器不超过 200 个。

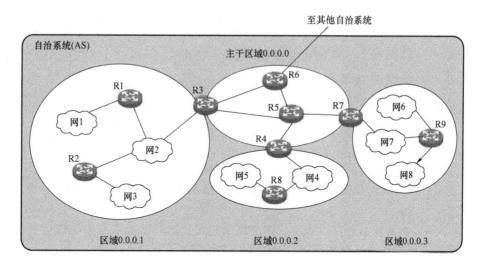

图 5-27 OSPF 的区域划分

划分区域的好处就是将利用洪泛法交换链路状态信息的范围局限于每一个区域而不是整个的自治系统，以减少整个网络上的通信量。这样，一个区域内部的路由器只知道本区域的完整网络拓扑，而不知道其他区域的网络拓扑的情况。

OSPF 的区域划分使用层次结构的方法。上层的区域称为主干区域，主干区域的标识符规定为 0.0.0.0。主干区域的作用是用来联通其他下层的区域，从而使每一个区域能够和本区域以外的区域进行通信。

负责区域间信息交换的路由器称为区域边界路由器。在图 5-27 中，路由器 R3、R4 和

R7 都是区域边界路由器。在主干区域内的路由器称为主干路由器，如 R3、R4、R5、R6 和 R7。显然，每一个区域至少应当有一个区域边界路由器，且每个区域边界路由器都是主干路由器的一员。在主干区域内还要有一个路由器专门和本自治系统外的其他自治系统交换路由信息，称为自治系统边界路由器（如图 5-27 中的 R6）。

这里需要强调指出的是划分层次在网络工程设计中具有十分重要的意义。

OSPF 在网络层，其分组是封装在 IP 数据报中传送的（其 IP 数据报头部的协议字段值为 89）。OSPF 分组很短，这样做可减少路由信息的通信量。

OSPF 具有下列的一些优点。

1）OSPF 的链路状态数据库能较快地进行更新，使各个路由器能及时更新其路由表。OSPF 的更新过程收敛得快是其重要的优点。

2）OSPF 能够用于规模很大的网络。

3）OSPF 对不同的链路可根据 IP 分组的不同服务类型 TOS 而设置成不同的代价。例如，高带宽的卫星链路对于非实时的业务可设置为较低的代价（因为较高延迟对非实时的业务影响较小），但对于延迟敏感的业务就可设置为非常高的代价。

4）如果到同一个目的网络有多条相同代价的路径，则可以将通信量分配给这几条路径，这称为多路径间的负载平衡。

5）所有在 OSPF 路由器之间交换的分组都具有鉴别的功能。使用该功能可以保证仅在可信赖的路由器之间交换链路状态信息。

6）OSPF 支持可变长度的子网划分和 CIDR。

为了确保链路状态数据库与全网的状态保持一致，OSPF 还规定每隔一段时间（如 30min）要刷新一次数据库中的链路状态。

5.4.3 外部网关协议 BGP-4

上面介绍的 RIP 和 OSPF 是两种常用的内部网关协议，但若进行自治系统间的信息交换，就需要使用外部网关协议。这里介绍常用的外部网关协议 BGP-4。

不同自治系统之间的路由选择不能使用 OSPF，其原因在于：OSPF 主要是设法使分组在一个自治系统中尽可能有效地从源站传送到目的站，即寻找最佳路由；而对于自治系统之间的路由选择，要寻找最佳路由是很不现实的。自治系统之间的路由选择需要考虑多方面的因素，例如：

1）由于各自治系统运行自己选定的内部网关协议，使用的是本自治系统指明的路径度量，自治系统之间的路由选择如何兼容这些不同的度量。

2）自治系统之间的路由选择必须考虑有关策略。这些策略包括政治、安全或经济方面。

BGP 只能是力求寻找一条能够到达目的网络且比较好的路由，而并非要寻找一条最佳路由。BGP 采用了路径向量（Path Vector）路由选择协议，它与距离向量协议和链路状态协议的区别很大。

在配置 BGP 时，每一个自治系统的管理员要选择至少一个路由器作为该自治系统的"BGP 发言人"。而 BGP 发言人往往就是 BGP 边界路由器。一个 BGP 发言人负责与其他自治系统中的 BGP 发言人交换路由信息。BGP 使用 TCP 连接（端口号为 179）交换路由信息的两个 BGP 发言人，即 BGP 报文用 TCP 封装。使用 TCP 连接能提供可靠的服务，也简化了路由选择协议。

图 5-28 是 BGP 发言人和自治系统（AS）的关系示意图。图中画出了 3 个自治系统中的 5 个 BGP 发言人。每一个 BGP 发言人除了必须运行 BGP 外，还必须运行该自治系统所使用的内部网关协议，如 OSPF 或 RIP。

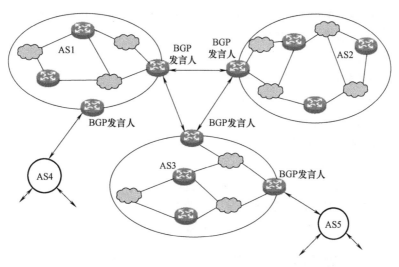

图 5-28　BGP 发言人和自治系统（AS）的关系示意图

BGP 所交换的的路由信息称为网络可达性信息，指出了要到达某个网络（用网络前缀表示）所要经过的一系列的自治系统。当 BGP 发言人互相交换了网络可达性的信息后，各 BGP 发言人就根据所采用的策略从收到的路由信息中找出到达各自治系统的比较好的路由，并构造出树形结构的自治系统联通图，以更新和维护自己的路由表。

图 5-29 给出了一个 BGP 发言人交换路径向量的例子。自治系统 AS2 的 BGP 发言人通知主干网的 BGP 发言人"要到达网络 N1、N2、N3 和 N4 可经过 AS2"。主干网在收到这个通知后，就发出通知"要到达网络 N1、N2、N3 和 N4 可沿路径（AS1,AS2）"。同理，主干网还可发出通知"要到达网络 N5、N6 和 N7 可沿路径（AS1,AS3）"。

很显然，BGP 交换路由信息的结点数的量级是自治系统数的量级，这是因特网采用分层次的路由选择协议来实现其路由选择的原因。

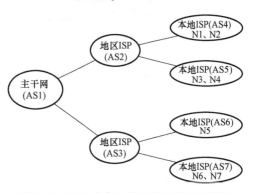

图 5-29　BGP 发言人交换路径向量的例子

5.5　路由器基础

5.5.1　路由器的基本功能

1. 路由器和网桥的区别

路由器和网桥都是实现多个网络互联的设备。路由器和网桥的不同点表现在如下几方面。

1）网桥工作在数据链路层，而路由器工作在网络层。网桥利用物理地址（MAC 地址）来确定是否转发数据帧，而路由器则根据目的 IP 地址来确定是否转发该分组。

2）如果使用网桥去连接两个局域网，那么两个局域网的物理层与数据链路层协议可以是不同的，但数据链路层以上的高层要采用相同的协议。如果使用路由器去连接两个物理网络，那么两个网络的物理层、数据链路层与第三层协议可以是不同的，但需要相同的网络互联协议与高层协议，如 IP。

3）网桥工作在数据链路层，由于传统局域网采取的是广播方式，因此容易产生"广播风暴"问题，而路由器可以有效地将多个局域网的广播通信量相互隔离开来，使得互联的每一个局域网都是独立的子网。

2. 路由器的主要服务功能

1）建立并维护路由表。

2）查找路由表，确定转发路径并转发数据包。

在转发数据包的同时，路由器还可以"附带地"进行若干信息处理和网络管理方面的工作，如进行按优先级处理、过滤、加密、压缩、流量监控等工作。

5.5.2 路由器的基本工作原理

1. 互联网络的协议结构

图 5-30 给出了用路由器互联的网络系统层次结构与数据流示意图。其中，图 5-30a 给出

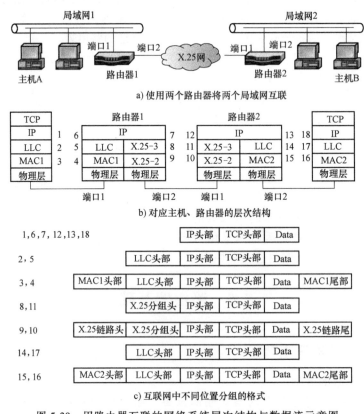

图 5-30 用路由器互联的网络系统层次结构与数据流示意图

了一个使用两个路由器，将两个局域网通过一个广域网互联的结构。

图中的两个局域网中，局域网1是总线型以太网，局域网2是令牌环网。广域网（WAN）是一个X.25分组交换网。主机A连接在局域网1的Ethernet上，主机B连接在局域网2的Token Ring网上。图5-30b给出了对应的主机、路由器的层次结构。图5-30c给出了在互联网络中不同位置分组的格式。

其中，连接在局域网1的主机A的传输层与网络层使用的是TCP/IP，逻辑链路控制（LLC）子层采用802.2协议标准，MAC子层与物理层采用802.3标准的以太网协议。连接在局域网2的主机B的传输层与网络层同样也使用了TCP/IP，LLC子层采用802.2协议标准，MAC子层与物理层采用802.5标准的Token Ring协议。

路由器1要分别联入局域网1的Ethernet与广域网X.25分组交换网，那么从它的内部协议层次结构看，与局域网1连接的端口1的LLC子层采用802.2协议标准，MAC子层与物理层采用802.3标准的Ethernet协议，与局域网1保持一致；与WAN连接的端口2的网络层、数据链路层与物理层采用X.25分组交换网的协议标准。

路由器2要分别联入广域网与局域网2的Token Ring，那么从它的内部协议层次结构看，与WAN连接的端口1的网络层、数据链路层与物理层采用X.25分组交换网的协议标准；与局域网2连接的端口2的LLC子层采用802.2协议标准，MAC子层与物理层采用802.5标准的Token Ring协议。

2. 用路由器互联的网络系统中数据的传输过程

可以通过图5-30b所示的层次结构分析主机A向主机B发送数据的传输过程，以此来说明用路由器互联的网络的基本工作原理。

当主机A要向主机B发送数据时，主机A的应用层数据（Data）传送给传输层；传输层在Data前面加上TCP的报头TCP-H后，将（TCP-H+Data）传送给网络层；网络层在它的前面加上IP报头IP-H后，将（IP-H+TCP-H+Data）传送给LLC子层。依照以上的规律，通过局域网1发送的帧的内容为（MAC1-H+LLC-H+IP-H+TCP-H+Data）。

当路由器1接收到该帧时，由于路由器1端口1的LLC、MAC子层与物理层采用802.3标准的Ethernet协议，与局域网1保持一致，因此它可以按照MAC、LLC子层的顺序，将（IP-H+TCP-H+Data）整体作为高层数据送到路由器1的网络层。网络层根据IP报头IP-H中的源IP地址与目的IP地址通过路由表查找输出路径。如果路由表标明了该分组应该通过路由器1的端口2发送到X.25网，那么路由器1通过端口2的X.25分组交换网的网络层、数据链路层，逐级在（IP-H+TCP-H+Data）之前加上X.25-3分组头与X.25-2帧头、帧尾，再由物理层通过X.25分组交换网传输到远程的路由器2。

当路由器2的端口1接收到该分组之后，它将按照X.25分组交换网的数据链路层、网络层的顺序，逐级除去X.25-3分组头与X.25-2帧头、帧尾，将（IP-H+TCP-H+Data）交给路由器2的路由处理软件。路由器2的路由处理软件发现分组的目的主机就在端口2连接的局域网2上，那么它就会将（IP-H+TCP-H+Data）作为网络层的高层数据，按照端口2对应的LLC、MAC子层的顺序，以及802.2、802.5 Token Ring协议标准，逐级加上帧头，再由Token Ring的物理层传输到主机B。

主机B在接收到该帧之后，按照MAC、LLC子层顺序，逐级除去802.5帧头，将（IP-H+TCP-H+Data）分组交给主机B的网络层。主机B的网络层根据目的IP地址判断是它应该接收的分组后，除去 IP 协议头 IP-H，将正确的（TCP-H+Data）送交主机 B 的传输层。

图 5-30c 给出了互联网络中不同位置的分组和帧结构，它是对以上关于路由器数据处理过程的总结。图中数字分别表示主机与路由器端口的各层，对应的是该层上的分组或帧的结构。

从以上讨论可以看出，通过路由器连接两个网络，它们的物理层、数据链路层与网络层协议可以是不同的，这是因为路由器在不同的端口根据连接的网络类型的不同，已经考虑了端口各层的协议一致性问题，但是都需要相同的网络互联协议与高层协议。

5.5.3 路由器的结构

1. 路由器的基本结构

路由器是一种具有多个输入端口和多个输出端口的用于转发分组的专用计算机系统。路由器在某个输入端口收到分组之后，按照分组的目的地址，根据路由表选择该分组合适的输出端口，以便转发给下一跳路由器。下一跳路由器也按照这种方法处理分组，直到该分组到达目的地为止。路由器的转发分组正是网络层的主要工作。

图 5-31 给出了典型的路由器结构。路由器可划分为两个部分：路由选择部分和分组转发部分。

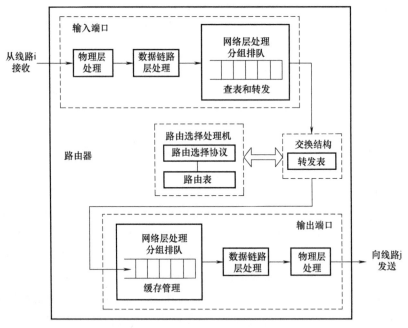

图 5-31 路由器的结构

2. 路由选择处理机

路由选择部分的核心构件是路由选择处理机。路由选择处理机的任务是根据所选定的路由选择协议构造路由表，同时从相邻路由器交换路由信息，更新和维护路由表。

3. 分组转发部分

分组转发由 3 部分组成：交换结构、一组输入端口和一组输出端口。

（1）交换结构

交换结构的作用就是根据转发表对分组进行处理，将某个输入端进入的分组从一个合适的输出端口转发出去，而转发表是根据路由表形成的。

（2）输入端口和输出端口

路由器一般应该有多个输入端口和多个输出端口。在路由器的输入端口和输出端口里面各有 3 个模块，它们对应于物理层、数据链路层和网络层的处理模块。物理层进行比特流的接收与发送，数据链路层则按照数据链路层协议接收和传送帧，而网络层则处理分组信息。

如果接收到的分组是路由器之间交换路由信息的分组（如 RIP 或 OSPF 分组），则将这种分组送交路由器的路由选择部分中的路由选择处理机。如果接收到的是数据分组，则按照分组头中的目的地址查找转发表，确定合适的输出端口。

查找转发表和转发分组的过程虽然并不复杂，但在具体的实现中还是很困难的，问题的关键在于转发分组的速率。最理想的状况是分组处理速率等于输入端口的线路传送速率。人们把路由器的这种能力称为线速（Line Speed）。如果使用的是 OC-48 链路，速率为 2.488Gbit/s。如果分组长度为 256B，路由器的处理能力达到线速，就要求路由器每秒能处理 121.48 万个以上的分组。因此，路由器每秒能够处理的分组数是衡量路由器性能的重要参数。

当一个分组正在查找转发表时，后面又紧跟着从这个输入端口收到的另一个分组，这个后到的分组就必须在输入队列中排队等待。输出端口从交换结构接收分组，然后将它们发送到路由器输出端口的线路上，也需要设有一个缓存并形成一个输出队列。

只要路由器的接收分组速率、处理分组速率、输出分组速率小于线速，那么无论是输入端口、处理分组的过程中、输出端口都会出现排队等待的问题，产生分组转发延时，严重时会因为队列长度不够而溢出，造成分组丢失。

5.5.4 第三层交换

1. 第三层交换的基本概念

早期的局域网使用集线器将计算机连接在一起。然而，因为集线器连接的设备全部共享同一个"冲突域"，因此在竞争共享介质的过程中浪费了网络的共享带宽。为解决冲突域问题，提高整体性能，网桥被用来隔开网段中的流量。根据帧地址过滤和转发帧，网桥建立了分离的冲突域。但是，网桥也存在"广播风暴"等问题。同时，桥接网络上的所有计算机共享同一个"广播域"。

为解决广播域的问题，引入了路由器，为互联网络之间的信息提供路由。路由器建立分离的广播域，因为它们可以根据分组报头的地址决定是否转发分组。桥接也提高了网络整体的带宽和性能。但是路由器需要较多的时间处理每个分组，因为它们必须使用软件来处理分组报头。分组延迟对不同的分组可能差异很大，这取决于路由器的处理能力以及经过路由器的流量。

在网桥的基础上结合硬件交换技术，出现了第二层交换机，实现了网桥的功能，并提高了网桥的性能。人们自然会考虑将硬件交换技术与路由器技术相结合，从而实现了第三层交换机。传统的交换机工作在数据链路层，根据帧的物理地址实现了第二层帧的转发；第三层交换机工作在网络层，根据网络层地址实现了第三层分组的转发。第三层交换机本质上是用硬件实现的一种高速路由器。

计算机网络教程 ···

然而，第三层交换机设计的目标主要是快速转发分组，其功能比路由器少。这种简单性为第三层交换机提供了非常快的速度，适合那些不需要路由器额外特性的应用程序。

2. 第三层交换机提供的主要功能

第三层交换机通常提供如下功能。

1）分组转发。一旦源结点到目的结点之间的路径决定下来，第三层交换机就将分组转发给目的主机。

2）路由处理。第三层交换机通过内部路由选择协议（如 RIP 或 OSPF）创建和维护路由表。

3）安全服务。出于安全考虑，第三层交换机一般提供防火墙、分组过滤等服务功能。

4）特殊服务。第三层交换机提供的特殊服务包括封装及拆分帧和分组，以及进行流量优化。

第三层交换机设计的重点放在如何提高接收、处理和转发分组速度，减小传输延迟上，其功能是由硬件实现的，使用专用集成电路 ASIC 芯片，而不是路由处理软件。然而，这也意味着每台交换机执行的协议是硬件固化的，因此只能采用特定的网络层协议。在某种意义上说，第三层交换机比路由器简单，因为它们提供的功能少，从而提高了交换机的速度，但这也意味着第三层交换机不如路由器灵活，以及不容易控制和不安全。

3. 第三层交换机的应用

对那些更需要高分组转发速度的而不是对网络管理和安全有很高要求的应用场合，如内部网络主干部分，使用第三层交换机是最佳选择。图 5-32 给出了一个标准的路由器作为主干结点的结构。假设这个网络有上千台主机和多个服务器，通过路由器和 Internet 连接。

在这种结构中，路由器不仅仅是连接的中心点，而且是网络的瓶颈。为了解决这个问题，理想的方法是在主干结点部分增加一个第三层交换机，这种配置能提高网络的整体性能，因为第三层交换机在服务器、工作站和交换机之间的分组交换能力比普通的路由器更高。图 5-33 给出了增加一个第三层交换机的主干结点结构示意图。

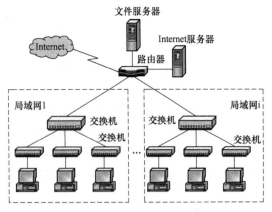

图 5-32　一个标准的路由器作为主干结点
的结构示意图

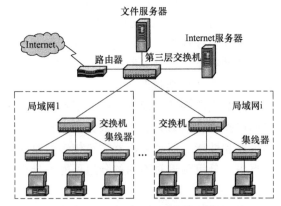

图 5-33　增加一个第三层交换机的主干结点
结构示意图

一般情况下，一个网络系统内部的分组交换量应该占 80% 左右，这样，主要的分组交换任务由第三层交换机完成，20% 左右的与外部的通信量由路由器完成。图 5-33 给出的这样一个合理的分工可以提高系统整体的效率。

习　　题

1. IP 地址分为几类？该如何表示？

2. 试辨认以下 IP 地址的网络类别。

1）129.36.199.3

2）21.12.33.17

3）192.12.69.248

4）200.3.6.2

3. 回答如下问题。

1）子网掩码为 255.255.255.0 代表什么意思？

2）一个 A 类网络和一个 B 类网络的子网号分别为 16 个 1 和 8 个 1，问这两个网络的子网掩码有何不同？

3）一个 B 类地址的子网掩码是 255.255.240.0。试问其中每一个子网上的主机数最多是多少？

4）255.255.0.255 是否为一个有效的子网掩码？

4. 网桥的工作原理和特点是什么？

5. 路由器如何确定分组的目的地址属于哪个目的网络？

6. 试总结 IP 分组转发的主要特点。

7. 为什么因特网采用分层的路由选择协议？

8. 比较 RIP 和 OSPF。

9. 简述路由器的结构及其工作原理。

10. 举例说明第三层交换机的典型应用。

第6章

传　输　层

本章介绍了传输层基本功能以及传输层协议 TCP 与 UDP。

本章教学要求

　　理解：传输层基本功能。
　　掌握：TCP 的基本内容。
　　掌握：UDP 的基本内容。

6.1　传输层与传输层协议

6.1.1　传输层的基本功能

　　网络层、数据链路层与物理层实现了网络中主机之间的数据通信，但是数据通信不是组建计算机网络的最终目的。计算机网络的本质活动是实现分布在不同地理位置的主机之间的进程通信，以实现应用层的各种网络服务功能。传输层的主要功能是实现分布式进程通信。因此，传输层是实现各种网络应用的基础。图 6-1 给出了传输层基本功能的示意图。

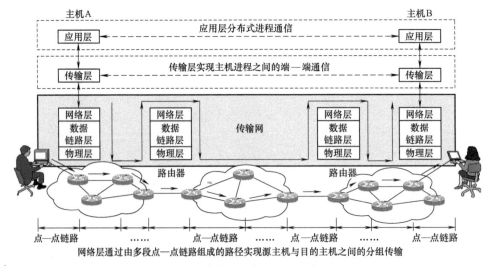

图 6-1　传输层基本功能的示意图

　　理解传输层基本功能需要注意以下几个问题。

1）网络层的 IP 地址标识了主机、路由器的位置信息；路由选择算法可以在 Internet 中选择一条源主机—路由器、路由器—路由器、路由器—目的主机的多段点—点链路组成的传输路径；IP 通过这条传输路径完成 IP 分组数据的传输。传输层协议是利用网络层所提供的服务，在源主机的应用进程与目的主机的应用进程之间建立"端—端"连接，实现分布式进程通信。

2）Internet 中的路由器与通信线路构成了传输网。传输网一般是由电信公司运营和管理的。如果传输网提供的服务不可靠（如频繁丢失分组），那么用户就无法对传输网加以控制。解决这个问题需要从两个方面入手：一是电信公司进一步提高传输网的服务质量；二是传输层对分组丢失、线路故障进行检测并采取相应的差错控制措施，以满足分布式进程通信对服务质量（QoS）的要求。因此，在传输层要讨论如何改善 QoS 以达到计算机进程通信所要求的服务质量问题。

3）传输层可以屏蔽传输网实现技术的差异性，弥补网络层所提供服务的不足，使得应用层在设计各种网络应用系统时，只需要考虑选择什么样的传输层协议可以满足应用进程通信的要求，而不需要考虑数据传输的细节问题。因此，从点—点通信到端—端通信是一次质的飞跃，为此传输层需要引入很多新的概念和机制。

6.1.2 传输协议数据单元的基本概念

传输层中实现传输协议的软件称为"传输实体"，传输实体可以在操作系统内核中，也可以在用户程序中。图 6-2 给出了传输协议数据单元的示意图。图中也能够看出传输层与应用层、传输层与网络层之间的关系。

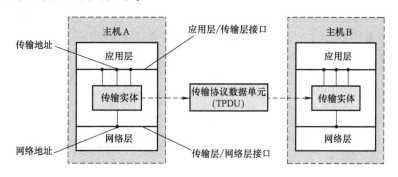

图 6-2　传输协议数据单元示意图

传输层之间传输的报文称为传输协议数据单元（TPDU），有效载荷 TPDU 是应用层的数据，传输层在有效载荷 TPDU 之前加上 TPDU 头，就形成了 TPDU。TPDU 传送到网络层后，加上 IP 分组头后形成 IP 分组；IP 分组传送到数据链路层后，加上帧头、帧尾形成帧。帧经过物理层传输到目的主机后，经过数据链路层与网络层处理，传输层接收到 TPDU 后读取 TPDU 头，按照传输层协议的要求完成相应的动作。和数据链路层、网络层一样，TPDU 头用于传达传输层协议的命令和响应。

6.1.3 应用进程、传输层接口与套接字

传输层接口与套接字是传输层的重要概念。图 6-3 给出了应用进程、套接字与 IP 地址

关系的示意图。

理解应用进程、传输层接口与套接字的关系，需要注意以下几个问题。

（1）应用程序、传输层软件与本地主机操作系统的关系

应用程序与传输层的 TCP 或 UDP 都是在主机操作系统控制下工作的。应用程序只能够根据需要在传输层选择 TCP 或 UDP，设定相应的最大缓存、最大报文长度等参数。一旦传输层协议的类型和参数被设定后，实现传输层协议的软件就在本地主机操作系统的控制之下为应用程序提供进程通信服务。

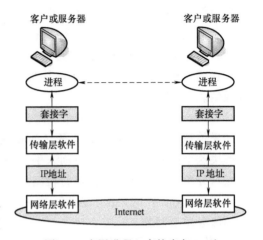

图 6-3　应用进程、套接字与 IP 地址关系的示意图

（2）进程通信、传输层端口号与网络层 IP 地址的关系

传输层的通信指的就是两台主机之间进程通信的过程。在计算机网络中，只有知道网络层 IP 地址与传输层端口号（Port Number），才能唯一地找到准备通信的进程。

（3）套接字的概念

传输层需要解决的一个重要问题是进程标识。在一台计算机中，不同的进程需要用进程（Poces ID）唯一地标识。进程号也称为"端口号"。当 IP 包到达目的地时，如果计算机上有多个应用程序正在同时运行，那么收到的 IP 信息包应该送给哪个应用程序呢？此时，TCP/IP 传输层可以通过协议端口号来标识通信的应用进程。传输层就是通过端口与应用层的应用程序进行信息交互的，应用层的各种用户进程通过相应的端口与传输层实体进行信息交互。通过端口，传输层解决了复用问题。在网络环境中，标识一个进程必须同时使用 IP 地址与端口号。RFC793 定义的"套接字（Socket）"是由 IP 地址与对应的端口号（IP 地址:端口号）组成的。例如，一个 IP 地址为 202.10.2.5 的客户端使用 30022 端口号，与一个 IP 地址为 155.8.22.51、端口号为 80 的 Web 服务器建立 TCP 连接，那么标识客户端的套接字为"202.10.2.5:30022"，标识服务器端的套接字为"155.8.22.51:80"。术语 Socket 有多种不同的含义：

1）在网络原理的讨论中，RFC793 中的 Socket = IP 地址:端口号。

2）在网络软件编程中，API（Applcation Programming Interface）是网络应用程序的可编程接口，也称为"Socket"。

3）在 API 中，一个函数名也称为"Socket"。

4）在操作系统的讨论中也会出现术语 Socket。

（4）端口号

在传输层和应用层接口上设置的端口实际上是一个 16bit 的地址，并用端口号来进行标识，取值范围为 0～65535。Internet 账号管理局（IANA）定义了端口类型，图 6-4 给出了端口号的类型，即熟知端口号、注册端口号和临时端口号，并对端口号取值范围进行了划分。

按照 IANA 的规定，将 0～1023 端口号称为熟知端口，这些端口是由 IANA 统一分配的，每个客户进程都知道相应的服务器进程的熟知端口号。其余 1024～49151 端口号称为注册端

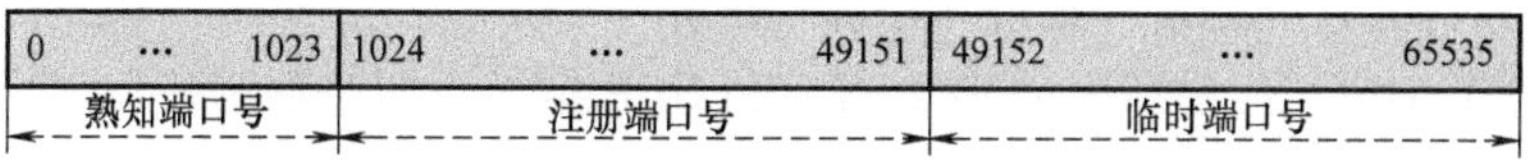

0	...	1023	1024	...	49151	49152	...	65535

熟知端口号 ———— 注册端口号 ———— 临时端口号

图 6-4 IANA 对于端口号取值范围的划分

口号，当用户开发了一种新的网络应用程序时，为了防止这种应用在 Internet 上使用时出现冲突，可以为这种新的网络应用程序的服务器程序在 IANA 登记一个注册端口号。临时端口号为 49152~65535，客户进程使用临时端口号，它是由 TCP/UDP 软件随机选取的。临时端口号只对一次进程通信有效。

1）TCP 的熟知端口号见表 6-1。

2）UDP 的熟知端口号见表 6-2。

表 6-1 TCP 的熟知端口号

端口号	服务进程	说明
20	FTP	文件传输协议（数据连接）
21	FTP	文件传输协议（控制连接）
23	TELNET	网络虚拟终端协议
25	SMTP	简单邮件传输协议
80	HTTP	超文本传输协议
179	BGP	边界路由协议

表 6-2 UDP 的熟知端口号

端口号	服务进程	说明
53	DNS	域名服务
67/68	DHCP	动态主机配置协议
69	TFTP	简单文件传送协议
161/162	SNMP	简单网络管理协议
520	RIP	路由信息协议

6.1.4 TCP、UDP 与其他协议的层次关系

传输层协议与应用层协议的关系如图 6-5 所示。从图 6-5 中可以看出，应用层协议与传

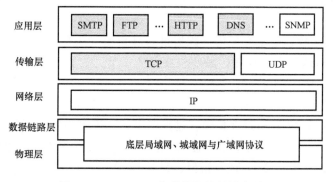

图 6-5 TCP、UDP 与其他协议的层次关系

输层协议的关系有 3 种类型：一类应用层协议依赖于 TCP，一类依赖于 UDP，另一类既依赖于 UDP 又依赖于 TCP。但是所有的 TCP 报文和 UDP 报文在网络层都使用 IP。

6.2 用户数据报协议 (UDP)

UDP 是无连接的、不可靠的传输协议。它除了提供进程到进程的通信（而不是主机到主机的通信）外，就没有给 IP 服务添加任何东西。此外，它还完成非常有限的差错检验。

UDP 是一个非常简单的协议，只有很小的开销。若某进程想发送一个很短的报文而不关心可靠性，那么就可以使用 UDP。使用 UDP 发送一个很短的报文，在源主机和目的主机之间的交互要比使用 TCP 时少得多。

6.2.1 UDP 的格式

UDP 的格式比较简单，这也是它传输数据时效率高的一个主要原因，UDP 只在 IP 数据报的基础上增加了很少的一些功能。UDP 包括两部分：数据和头部。头部只有 8 个字节，共 4 个字段，具体格式如图 6-6 所示。

部分字段的具体意义如下。

（1）源端口号

这是在源主机上运行的进程使用的端口号。它有 16 位长，这就表示端口号的取值范围为 0~65535。若源主机是客户端（当客户进程发送请求时），则这个端口号是临时端口号，它由该进程请求，由源主机上运行的 UDP 软件进行选择。若源主机是服务器端（当服务器进程发送响应时），则这个端口号是熟知端口号。

（2）目的端口号

这是在目的主机上运行的进程使用的端口号。它也是 16 位长。同样，若目的主机是服

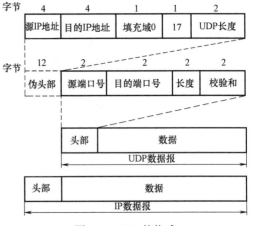

图 6-6 UDP 的格式

务器端，则这个端口号是熟知端口号。若目的主机是客户端，则这个端口号就是临时端口号。

（3）长度

这是一个 16 位字段，它定义了用户数据报的总长度（头部加上数据）。16 位可定义的总长度范围是 0~65535 字节。但是，最小长度是 8 字节，它指出用户数据报只有头部而无数据。

（4）校验和字段

校验和字段防止 UDP 数据报在传输的过程中出错。校验和的计算方法和 TCP 数据报中校验和的计算方法是一样的（见 TCP 校验和字段）。计算之前需要在整个报文段的前面添加一个伪头部，伪头部的格式也与 TCP 相似，只是将第 4 个字段改为 17，它是 UDP 的标识值，将第 5 个字段改为 UDP 数据报的长度。

6.2.2 UDP 的工作原理

UDP 提供的是一种无连接的服务，它并不保证可靠的数据传输，不具有确认、重发等机制，而是必须靠上层应用层的协议来处理这些问题。UDP 相对于 IP 来说，唯一增加的功能是提供对协议端口的管理，以保证应用进程间进行正常通信。它和对等的 UDP 实体在传输时不建立端到端的连接，而只是简单地向网络上发送数据或从网络上接收数据。并且，UDP 将保留上层应用程序产生的报文的边界，即它不会对报文合并或分段处理，这样使得接收端收到的报文与发送时的报文大小完全一致。

此外，一个 UDP 模块必须提供产生和验证校验和的功能，但是一个应用程序在使用 UDP 服务时，可以自由选择是否要求产生校验和。当一个 UDP 模块在收到由 IP 传来的 UDP 数据报后，首先检验 UDP 校验和。如果校验和为 0，表示发送端没有计算校验和；如果校验和非 0，并且校验和不正确，则 UDP 将丢弃这个数据报；如果校验和非 0，并且正确，则 UDP 根据数据报中的目标端口号将其送给指定应用程序等待排队。

6.2.3 UDP 适用的范围

（1）视频播放应用

在 Internet 上播放视频，用户最关注的是视频流能尽快地及不间断地播放，丢失个别数据报文对视频节目的播放效果不会产生重要的影响。如果采用 TCP，它可能因为重传个别丢失的报文而加大传输延迟，反而对视频播放造成不利的影响。因此，视频播放程序对数据交付的实时性要求较高，而对数据交付的可靠性要求相对较低，UDP 更为适用。

（2）简短的交互式应用

有一类应用只需要进行简单的请求与应答报文，客户端发出一个简短的请求报文，服务器端回复一个简短的应答报文，这种情况下，应用程序应该选择 UDP。应用程序可以通过设置"定时器/重传机制"来处理 IP 数据分组丢失问题，而不需要选择有"确认/重传"作用的 TCP，以提高系统的工作效率。

（3）多播与广播应用

UDP 支持一对一、一对多与多对多的交互式通信，这点 TCP 是不支持的。UDP 头部长度只有 8 字节，比 TCP 头部长度的 20 字节要短。同时，UDP 没有拥塞控制，在网络拥塞时不会要求源主机降低报文发送速率，而只会丢弃个别的报文。这对于 IP 电话、实时视频会议应用来说是适用的。这类应用要求源主机以恒定速率发送报文，在拥塞发生时允许丢弃部分报文。

当然，任何事情都有两面性。简洁、快速、高效是 UDP 的优点，但是它不能提供必需的差错控制机制，在拥塞严重时缺乏必要的控制与调节机制。这些问题需要使用 UDP 的应用程序设计者在应用层设置必要的机制加以解决。UDP 是一种适用于实时语音与视频传输的传输层协议。

6.3 传输控制协议（TCP）

6.3.1 TCP 的报文格式

TCP 是 TCP/IP 体系结构中的传输层协议，是面向连接的，因而可以提供可靠的全双工信息服务。TCP 的数据传送单位称为报文段（Segment），是封装在 IP 数据报中进行传输的。下面详细介绍 TCP 报文段的格式。

一个 TCP 报文段分为两部分：头部和数据。TCP 的头部包括固定部分（有 20 个字节）、可变部分选项和填充。可变部分的长度为 4 个字节的整数倍，但是这一部分是可选的，因此 TCP 报文的头部最小为 20 个字节，具体的格式如图 6-7 所示。

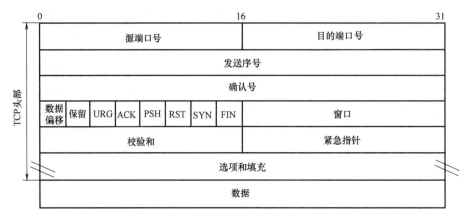

图 6-7　TCP 报文段格式

头部各字段的具体意义如下。

（1）源端口号和目的端口号

源端口号字段和目的端口号字段各占 16 位，两个字节，分别标识连接两端的两个通信的应用进程。端口号与 IP 地址一起构成套接字，相当于传输层与应用层之间进行信息交换的服务访问点。

（2）发送序号

发送序号字段占 32 位，4 个字节。TCP 的序号不是对每一个 TCP 报文段编号，而是对每一个字节进行编号，因此在这个字段中给出的数字是本报文段所发送的数据部分的第一个字节的序号。例如，刚刚发送出去的报文段的发送序号为 200，每一个报文段的长度设为 100，则发送下一个报文段的发送序号为 300，从这点看来，TCP 是面向数据流的。

（3）确认号

确认号字段占 32 位，4 个字节，由于 TCP 是将报文段的每一个字节进行编号，所以确认号的值给出的也是字节的序号。但这里要注意，确认号指的是期望收到对方下次发送的数据报的第一个字节的序号，也就是期望收到的下一个报文段的头部中的发送序号，同时确认以前收到的报文。

（4）数据偏移

数据偏移字段占 4 位，通过此字段可以指出 TCP 数据报内实际的数据到 TCP 报文段的起始位置的距离，实际上就是整个 TCP 报文段头部的长度。由于在 TCP 报文段中存在着选项字段这一可变部分，所以头部的长度不固定，因此数据偏移字段是必须设置的。但是需要注意的是，数据偏移字段存储的数值的单位是 32 位的字，而不是字节或位。

（5）保留字段与标志位

保留字段占 6 位，设置的值为 0，供功能扩展使用，新的 TCP 版本中有些位已被启用。

接下来的 6 位是用来说明本报文段性质的控制字段，也可以称为标志位，共有 6 个标志位，每个标志位占一位，具体每一位的意义如下。

1）紧急位（URG）。当此位设置为 1 时，表明此报文段为紧急数据段，包含需要马上传送出去的数据，而不用按照原来的排队顺序来传送，具有加速数据传送的功能。例如，要传送一个很长的程序到目的主机上运行，假设已经传送了很大一部分程序，却发现传送的程序发生了致命错误，这时需要发送一个紧急报文段来取消该程序的运行。从键盘发送的中断信号就属于紧急数据，但是只靠这一个数据位是不能完成所有功能的，还需要和 TCP 头部中的紧急指针字段配合使用。

2）确认位（ACK）。标志着头部中的确认号字段是否可用，当设置此位为 1 时，确认号才有意义。

3）紧迫位（PSH）。表明此数据报文段为紧急报文段，当此位设置为 1 时，表明请求远地目的主机的 TCP 时要将本报文段立即向上传递给其应用层进行处理，而不用等到整个缓冲区都填满以后再整批提交。这样可以处理紧急事件。

4）重置位（RST）。TCP 是面向连接的，此位设置为 1 后的作用是，由于出现严重的错误，进行通信的两台主机不得不释放连接时，可以重新建立新的连接。除此之外，还可以用来拒绝接收一个非法的报文段或拒绝打开一个连接。

5）同步位（SYN）。在建立连接时使用，与确认位（ACK）配合使用。当 SYN = 1，ACK = 0 时，表明这是一个请求建立连接的报文段，若对方同意建立连接，则在发回的确认报文段中将 SYN 设置为 1，将 ACK 设置为 1。

6）终止位（FIN）。用来表示要释放一个连接。当 FIN = 1 时，表明在此次传送任务中，需要传送的全部字节都已经传送完毕，并要求释放传输连接。

（6）窗口

窗口字段占两字节，此字段设置的值为发送此报文段端接收窗口的大小，单位为字节。其作用是通知对方在没收到确认报文段时对方可以发送的数据的最大字节数。

（7）校验和

校验和字段占两字节，是为了确保高可靠性而设置的，用来检验头部和数据部分以及伪头部。在计算校验和时，要首先在 TCP 报文段前添加一个 12 字节的伪头部（Pseudo Header），它的格式如图 6-8 所示。

字节 4	4	1	1	2
源 IP 地址	目的 IP 地址	0	6	TCP 长度

图 6-8　伪头部的格式

当执行检验这一操作时，TCP 的校验和字段首先设置为 0，并且对于数据长度为奇数的字节，数据字段附加一个 0 字节，校验和算法是简单地将所有 16 位字以补码形式相加，然后对相加后的和取补，因此当接收端对整个数据段（包括校验和字段）进行运算时，结果应为 0。

在校验和计算过程中包括了伪头部，这样有助于检测传送的分组是否正确，但这样做却违反了协议的分层规则，因为其中的 IP 地址是属于 IP 层的，而不是 TCP 层。

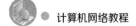

（8）紧急指针

紧急指针字段与紧急位配合使用来处理紧急情况，指出本报文段中紧急数据的最后一个字节的序号（紧急数据结束后就是普通数据，即紧急数据放在前面）。

（9）选项和填充

TCP头部可以有多达40字节的可选信息。此字段为可变部分，它们用来将附加信息传递给目的站，或用来将其他选项对齐。TCP定义了两类选项：单字节选项和多字节选项。第一类选项又包括两种类型的选项：选项结束和无操作；第二类选项包括3种类型的选项：最大报文段长度、窗口扩大因子以及时间戳。其中，最大报文段长度（Maximum Segment Size，MSS）定义可以被目的站接收的TCP报文段的最长数据块。选项长度不一定是32的整数倍，所以要加填充位，以保证TCP头是32的整数倍。

最大数据长度是在连接建立阶段确定的，这个大小是由报文段的目的站而不是源站确定的。因此，甲方定义由乙方应发送的MSS，乙方则定义由甲方应发送的MSS。若双方都不定义这个大小，则选用默认值。

6.3.2　TCP的编号与确认

在上面的叙述中，已经讲过TCP不是按照传送的报文段来进行编号的，TCP将所要传送的整个报文段看成由一个个字节组成的，对每一个字节进行编号。在传送数据之前，通信双方要首先商定好起始序号，每一次传送数据时都会将报文段中的第一个字节的序号放在报文段中的发送序号字段中。

在TCP报文段头部含有确认号字段，通过它可以完成TCP报文的确认，具体的确认是对接收到的数据的最高序号进行确认，返回的确认号是已经收到的数据的最高序号加1，即期望得到的下一个报文段的第一个字节的序号，表示在此序号之前的所有数据都已接收。由于TCP采用全双工的通信方式，因此进行通信的每一方都不必专门发送确认报文段，可以在传送数据的同时进行确认，这种方式称为捎带确认。在通信链路很紧张时，采用这种方法可以提高链路的传输效率。

6.3.3　TCP的流量控制机制

1. 滑动窗口

在传输连接建立后，两个传输服务用户进程就可以进入数据传送阶段，两用户进程间的流量控制与链路层两相邻结点间的流量控制类似，都要防止快速发送数据时超过接收者的能力，采用的方法都是基于滑动窗口的原理。但是由于链路层线路少、通信量大，因此常采用固定窗口，而传输层则采用可变窗口并使用动态缓存分配。在TCP报文段头部的窗口字段写入的数值就是当前设定的接收窗口的大小。

最初的发送窗口由通信双方在连接建立时商定，但是在通信过程中，接收端可以根据自己的资源使用情况随时动态地改变接收窗口的大小，然后通知发送端，让发送端的发送窗口与自己的接收窗口一致。下面通过一个例子来详细地讲解流量控制的过程。假设发送端要发送的数据为8个报文段，每个报文段的长度为100个字节，而此时接收端许诺的发送窗口为400个字节，具体情况如图6-9所示。

在图6-9中可以看到，发送端已经有两个报文段正确发送并被接收和确认，并且发送了

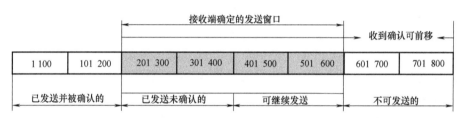

图 6-9　流量控制过程

两个等待确认的报文段，另外还可以再发送两个报文段，当发送端收到接收端发来的确认后，可以将滑动窗口向前移动。

实际上，实现流量控制并非仅仅为了使接收端来得及接收，还有控制网络拥塞的作用。例如，接收端正处于较空闲的状态，而整个网络的负载却很多，这时如果发送端仍然按照接收端的要求发送数据就会加重网络负荷，并引起报文段的延迟增大，使主机不能及时地收到确认而重发更多的报文段，进一步加剧了网络的阻塞，形成恶性循环。为了避免发生这种情况，主机应该及时地调整发送速率。

发送端主机在发送数据时，既要考虑接收端的接收能力，也要考虑网络目前的使用情况。也就是说，发送端发送窗口大小的确定应该考虑以下几点。

1）通知窗口（Advertised Window）。这是接收端根据自己的接收能力而确定的接收窗口的大小，然后接收端将这个窗口的值放在 TCP 报文段头部的窗口字段，通知发送端现在接收端的接收能力，也就是说，通知窗口来自接收端的流量控制。

2）拥塞窗口（Congestion Window）。这是发送端根据目前网络的使用情况而得出的窗口值，也就是来自发送端的流量控制。具体的发送窗口取通知窗口和拥塞窗口两值当中较小的一个，即发送窗口=Min[通知窗口，拥塞窗口]。

当网络中未发生拥塞情况时，通知窗口和拥塞窗口是相等的。但在发生拥塞时，为了更好地进行拥塞控制，Internet 标准推荐使用如下技术，即慢启动（Slow-Start）和拥塞避免（Congestion Avoidance），快重传和快恢复。限于篇幅，本书不介绍这些技术。

2. 窗口管理

TCP 使用两个缓存和一个窗口来控制数据的流动。发送端的 TCP 有一个缓存，用来存储从发送端应用程序来的数据。应用程序产生数据，并将其写入缓存。发送端为这个缓存设置一个窗口，只要这个窗口大小不是 0 就可以发送报文段。TCP 的接收端也有一个缓存，它接收数据，检查数据，并将它们存储在缓存中，以便接收应用程序将数据取走。

前面说过，发送端的 TCP 的窗口大小取决于接收端，并在 ACK 报文段中设定。由接收端设定的窗口大小通常就是接收端的 TCP 缓存剩下的空间。图 6-10 所示为窗口大小的确定实例。

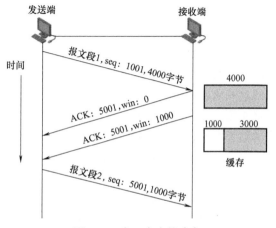

图 6-10　窗口大小的确定

设想发送端的 TCP 在开始时定义了一个非常大的缓存,接收端的 TCP 定义了一个 4K 缓存。在连接建立期间,接收窗口设定窗口大小为 4K,同它的缓存一样大。

发送端的 TCP 在它的第一个报文段中发送了 4K 数据,接收窗口的缓存就满了。接收端的 TCP 确认收到了该报文段,但设定窗口大小为 0。发送端的 TCP 不能够再发送更多的数据了,它必须等待确认来设定一个非 0 的窗口大小。

在接收端,应用程序接收了 1K 的数据,腾出了 1K 的可用缓存空间。接收端的 TCP 发送一个新确认,窗口大小为 1K。发送端现在可以发送 1K 的报文段,它填满了缓存。

6.3.4 TCP 的差错控制

TCP 是一个可靠的传输层协议。这就表示,将数据流交付给 TCP 的应用程序依靠 TCP 将整个的数据流交付给另一端的应用程序,并且是按序的,没有差错,也没有任何丢失或重复。TCP 使用差错控制提供可靠性。差错控制可检测受到损伤的报文段、丢失的报文段、失序的报文段和重复的报文段,差错控制还包括检测出差错后纠正差错的机制。

(1)差错检测和纠正

TCP 中的差错检测是通过 3 种简单工具完成的:校验和、确认和超时。每一个报文段都包括校验和字段,用来检查受到损伤的报文段。若报文段受到损伤,就由目的 TCP 将其丢弃。TCP 使用确认的方法来证实收到了某些报文段,它们已经无损伤地到达了目的 TCP。若一个报文段在超时截止期之前未被确认,则被认为是受到损伤或已丢失。

(2)受损伤的报文段

图 6-11 所示为一个受损伤的报文段到达目的站。在这个例子中,源站发送报文段 1~报文段 3,各 200 字节。序号从报文段 1 的 1201 开始。接收 TCP 收到报文段 1 和报文段 2,使用确认号 1601,表示它已经安全和完整地收到了字节 1201~1600,并期望接收字节 1601。但是,它发现报文段 3 受到损伤了,因此丢弃报文段 3。应注意,虽然它收到了字节 1601~1800,但因这个报文段受到损伤,因此目的站不认为这个报文段已"收到"。当为报文段 3 设置的超时截止期到时,源 TCP 就重传报文段 3。在收到报文段 3 后,目的站发送对字节 1801 的确认,表示它已安全和完整地收到了字节 1201~1800。

(3)丢失的报文段

对于一个丢失的报文段,与受损伤报文段的情况完全一样。换言之,从源站和目的站的角度看,丢失的报文段与受损伤的报文段是一样的。受损伤的报文段是被目的站丢弃的,丢失的报文段是被某一个中间结点丢失的,并且永远不会到达目的站。

(4)重复的报文段

重复的报文段一般由源 TCP 产生,当超时截止期到而确认还没有收到时,源

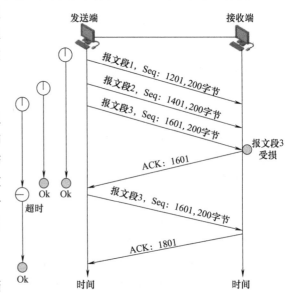

图 6-11 受损伤的报文段到达目的站

TCP 就会重发刚刚发过的报文段。对目的 TCP 来说，处理重复的报文段是个简单的过程。目的 TCP 期望收到连续的字节流。当含有同样序号的报文段作为另一个收到的报文段到达时，目的 TCP 只要丢弃这个报文段就行了。

（5）失序的报文段

TCP 使用 IP 的服务，而 IP 是不可靠的无连接网络层协议。TCP 报文段封装在 IP 数据报中。每一个 IP 数据报都是独立的实体，路由器可以通过找到的合适路径自由地转发每一个数据报。一个数据报可能沿着一条延迟较短的路径走，另一个数据报可能沿着一条延迟较长的路径走。若数据报不按序到达，则封装在这种数据报中的 TCP 报文段也就不按序到达。目的 TCP 处理失序的报文段也很简单：它对失序的报文段不确认，直到收到所有它以前的报文段为止。当然，若确认晚到了，源 TCP 的失序的报文段的计时器会到期而重新发送该报文段。目的 TCP 就丢弃重复的报文段。

（6）丢失的确认

图 6-12 所示为一个丢失的确认，这个确认是由目的站发出的。在 TCP 的确认机制中，丢失的确认甚至不会被源 TCP 发现。TCP 使用累计确认系统，每一个确认都证实一直到由确认号指明字节的前一个字节为止的所有字节都已经收到了，例如，目的站发送的 ACK 报文段的确认号是 1801，这就证实了字节 1201~1800 都已经收到了。若目的站前面发送了确认，其确认号为 1601，表示它已经收到了字节 1201~1600，因此丢失这个确认完全没有关系。当然，如果超时就会产生重传动作。

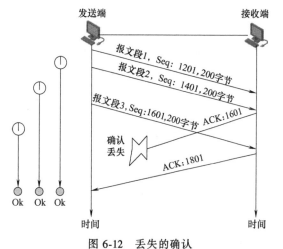

图 6-12 丢失的确认

6.3.5 TCP 的重发机制

在 TCP 中，每发送一个报文段就会重新设置一次计时器，只要在计时器设置的时间内还没有收到接收端的确认，就要重新发送此报文段。在此过程中，关键在于如何设置定时器的时间，定时器的时间应该等于报文段往返延迟，也就是等于从数据发出到收到对方确认所经历的时间。但是 TCP 的下层是一个个互联网环境，发送出去的报文段可能会经历一个高速的局域网，也可能会经历多个低速的广域网，因此计时器时间的设定很关键。数值设定偏小会造成不必要的数据重发，加大网络的负荷；数值设定偏大会降低网络的传输效率。

在数据链路层中，帧确认到达的时间的概率密度比较集中；而在传输层中，TCP 确认到达的时间概率分布不是很集中，所以确定超时重发的时间就很困难。TCP 采用了基于报文段往返延迟的自适应算法来计算重发超时时间。对于该算法，本书不做详细讨论了。

6.3.6 TCP 的连接管理

TCP 是面向连接的，在进行数据通信之前需要在两台主机间建立连接，通信完毕后要释放连接。传输层连接管理的主要工作就是管理传输连接的建立和释放。

（1）TCP 连接的建立

开始建立连接时，一定会有一方为主动端，另一方为被动端。在 WWW 中，通常是客户端的浏览器扮演主动端的角色，而服务器端的 Web 服务是被动的角色。传输层连接的建立，主要是让通信双方知道各自使用的各项 TCP 参数。例如，在进行通信之前要让每一方知道对方的存在；允许双方商定一些参数，如最大报文段长度、最大窗口大小等。TCP 采用"三次握手"方式来建立连接，这种方式可以有效地防止已失效的连接请求报文段突然传送到接收端。建立连接的一般过程如下。

第一次握手：源端主机发送一个带有本次连接序号的请求。

第二次握手：目的主机收到请求后，如果同意连接，则发回一个带有自己本次连接序号的对源端主机连接序号进行的确认。

第三次握手：源端主机收到应答后向目的主机发送一个对目的主机连接序号进行的确认。此次确认的发送序号为第一次握手的序号加 1。

当目的主机收到确认后，双方就建立了连接。由于此连接是由软件实现的，因此是虚连接。下面通过一个例子来帮助理解连接的建立。

设主机 A 中的某一个用户应用进程要与主机 B 中的某一个应用进程进行数据交换，首先主机 A 的 TCP 要向主机 B 的 TCP 发出连接请求报文段，报文段头部中的同步位（SYN）应设置为 1，同时指定一个从主机 A 到主机 B 的初始序号 x，过程如图 6-13 中的①所示。

主机 B 的 TCP 收到主机 A 发送来的连接请求报文段后，如果同意，则发回确认报文段。设置此报文段头部中的 SYN 和 ACK 字段值为 1，确认号为 x+1，并为自己选择一个新的序号 y，用来标志自己发送的报文段，过程如图 6-13 中的②所示。

当主机 A 的 TCP 收到主机 B 发送来的确认报文段后，仍然要向主机 B 发送确认报文段，确认号为 y+1，过程如图 6-13 中的③所示。

此时，主机 A 的 TCP 通知上层应用进程连接已经建立，可以传送数据。当主机 B 的 TCP 收到主机 A 的确认报文段后，也会向上通知它的应用进程连接已经建立，可以开始准备接收数据了。

（2）连接的释放

当双方数据传送结束后，需要释放目前的连接。进行通信的双方任意一方都可以发出释放连接的请求，连接的释放与连接的建立相似，但采用的是"四次握手"的方式，只有这样才能将连接所用的资源（连接端口、内存等）释放出来。

第一次握手：由进行数据通信的任意一方发出要求释放连接的请求报文段。

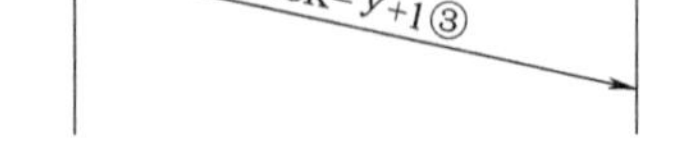

第二次握手：接收端（另一方）收到此请求后，会发送确认报文段。

第三次握手：当接收端的所有数据也都已经发送完毕后，接收端会向发送端发送一个带有其自己序号的要求释放连接的报文段。

第四次握手：发送端收到接收端的要求释放连接的报文段后，发送反向确认。

当接收端收到确认后，表示连接已经全部释放。具体的连接释放的过程如图 6-14 所示。

主机A　　　　　　　　　　主机B

$SYN, SEQ=x$ ①

$SYN, SEQ=y, ACK=x+1$ ②

$ACK=y+1$ ③

图 6-13　TCP 中连接建立的过程

假设主机 A 传送完数据后，主机 A 的 TCP 向对方发送释放连接的请求，要求释放由主机 A 到主机 B 这个方向的连接，将发送的这个请求报文段的头部中的 FIN 字段值设置为 1，确定它的序号 x 为已传送数据的最后一个字节的序号加 1，过程如图 6-14 中的①所示。

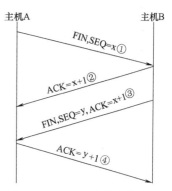

图 6-14 TCP 连接的释放过程

主机 B 接收到这个报文段后会立即发送确认，确认号为 x+1，并通知高层应用进程。这样从主机 A 到主机 B 的连接就释放了，但此时只是释放了半个连接，也就是说连接处于半关闭状态。此时相当于主机 A 告诉主机 B 没有数据发送了，而主机 A 仍然可以接收主机 B 发送的数据。此时，主机 A 不会再向主机 B 发送数据，过程如图 6-14 中的②所示。

当主机 B 要发送的数据也发送完毕后，主机 B 会向主机 A 发送释放从主机 B 到主机 A 的连接的请求报文段，将报文段的头部 FIN 字段置为 1，并发送一个自己的序号 y，y 等于主机 B 发送的数据的最后一个字节的序号加 1，另外还要重复上次已经发送给主机 A 的确认号 x+1，过程如图 6-14 中的③所示。

主机 A 收到主机 B 的请求后还要发送确认，确认号为 y+1，过程如图 6-14 中的④所示。这时主机 A 的 TCP 向高层应用通知从主机 B 到主机 A 的反向连接也被释放掉，此时整个连接已经被释放了。

（3）连接复位

TCP 可以请求将一条连接复位。这里的复位表示当前的连接已经被破坏了。以下 3 种情况下可以发生复位。

1）在某一端的 TCP 请求了一条并不存在的端口的连接。在另一端的 TCP 就可以发送报文段，将其 RST 位置为 1，以取消该请求。

2）由于出现了异常情况，某一端的 TCP 可能愿意将连接异常终止。用 RST 报文段来关闭这一连接。

3）某一端的 TCP 可能发现另一端的 TCP 已经空闲了很长的时间，它可以发送 RST 报文段来撤销这个连接。

习　题

1. 什么是端口号和套接字？它们有什么作用？

2. UDP 与 TCP 相比有什么优点？

3. 在使用 TCP 传送数据时，如果有一个确认报文段丢失了，也不一定会引起对方数据的重传。请说明原因。

4. 试举例说明有些应用程序愿意采用不可靠的 UDP，而不愿意采用可靠的 TCP。

5. 主机 A 向主机 B 连续发送了两个 TCP 报文段，其序号分别是 100 和 200。试问：

1）主机 B 收到第一个报文段后发回的确认中的确认号应当是多少？

2）如果主机 B 收到第二个报文段后发回的确认中的确认号是 301，试问主机 A 发送的第二个报文段中的数据有多少字节？

3）如果主机 A 发送的第一个报文段丢失了，但第二个报文段到达了主机 B。主机 B 在第二个报文段到达后向主机 A 发送确认。试问这个确认号应为多少？

6. 一个 TCP 报文段中的数据部分最多有多少个字节？为什么？如果用户要传送的数据的字节长度超过 TCP 报文段中的序号字段可能编出的最大序号，试问是否还能使用 TCP 来传送数据？

7. 简述 TCP 建立连接时的三次握手的过程。

8. 在 TCP 中，发送窗口的大小是如何确定与实现的？

第7章

应 用 层

本章介绍了 Internet 应用技术发展的 3 个阶段，C/S 模式与 P2P 模式的比较，并对域名系统（DNS）、远程登录服务与 TELNET 协议、电子邮件服务与 SMTP、文件传输协议（FTP）、动态主机配置与 DHCP，以及相关的 TCP/IP 测试命令进行了介绍。

本章教学要求

了解：Internet 应用技术发展的 3 个阶段。

掌握：C/S 与 P2P 模式的特点。

掌握：DSN 协议、TELNET 协议、SMTP、FTP 的基本工作原理。

掌握：TCP/IP 测试命令。

7.1　Internet 应用与应用层协议的分类

7.1.1　Internet 应用技术发展的 3 个阶段

Internet 应用技术发展的 3 个阶段如图 7-1 所示。

1. 第一阶段

第一阶段 Internet 应用的主要特征是提供远程登录、电子邮件、文件传输、电子公告与网络新闻组等基本的网络服务功能。

1）远程登录（TELNET）服务实现终端远程登录服务功能。

2）电子邮件（E-mail）服务实现电子邮件服务功能。

3）文件传输（FTP）服务实现交互式文件传输服务功能。

4）电子公告（BBS）服务实现网络中人与人之间交流信息的服务功能。

5）网络新应用的主要特征是搜索引擎技术的发展。

基本的 网络服务	基于Web的 网络服务	新的 网络服务
• TELNET • E-mail • FTP • BBS • Usernet	• Web • 电子商务 • 电子政务 • 远程教育 • 远程医疗	• 网络电话 • 网络电视 • 网络视频 • 搜索引擎 • 博客 • 播客 • 即时通信 • 网络游戏 • 网络广告 • 网络出版 • 网络地图 • 网络存储

图 7-1　Internet 应用技术的发展阶段

2. 第二阶段

第二阶段 Internet 应用的主要特征：Web 技术的出现，以及基于 Web 技术的电子政务、电子商务、远程医疗与远程教育应用，搜索引擎技术的发展。

3. 第三阶段

第三阶段 Internet 应用的主要特征：P2P 网络应用扩大了信息共享的模式，无线网络应用扩大了网络覆盖的范围，云计算为网络用户提供了一种新的信息服务模式，物联网扩大了网络技术的应用领域。

7.1.2　C/S 模式与 P2P 模式的比较

从 Internet 应用系统的工作模式看，网络应用可以分为两类：客户/服务器模式（Client/Server，CS）与对等（Peer to Peer，P2P）模式。

1. 客户/服务器模式的基本概念服务

（1）客户/服务器结构的特点

从网络应用程序工作模式的角度，网络应用程序分为客户程序与服务器程序。以电子邮件程序为例，E-mail 应用程序分为服务器端的邮局程序与客户端的邮箱程序。用户在自己的计算机中安装并运行客户端的邮箱程序，成为电子邮件系统的客户，能够发送和接收电子邮件。而安装并运行计算机就成为电子邮件服务器，它为客户提供接收、存储、转发电子邮件与用户管理的服务功能。

（2）采用客户/服务器模式的原因

Internet 应用系统采用客户/服务器模式的主要原因是网络资源分布的不均匀性，网络资源分布的不均匀性表现在硬件、软件和数据 3 个方面。

1）网络中计算机系统的类型、硬件结构、功能都存在着很大的差异。它可以是一台大型计算机服务器、服务器集群，或者是云计算平台，也可以是一台个人计算机，甚至是一个 PDA、智能手机、移动数字终端或家用电器。它们在运算能力、存储能力和服务功能等方面存在着很大差异。

2）从软件的角度来看，很多大型应用软件都安装在一台专用的服务器中，用户需要通过 Internet 去访问服务器，成为合法用户之后才能够使用网络的软件资源。

3）从信息资源的角度来看，某类型的文本数据，图像、视频或音乐资源存放在一台或几台大型服务器中，合法的用户可以使用 Internet 访问这些信息资源。这样做对保证信息资源使用的合法性与安全性，以及保证数据的完整性与一致性是非常必要的。

网络组建的目的就是要实现资源的共享，"资源共享"表现出网络中的结点在硬件配置、运算能力、存储能力以及数据分布等方面存在差异与分布的不均匀性。能力强、资源丰富的计算机充当服务器，能力弱或需要某种资源的计算机作为客户。客户使用服务器的服务，服务器向客户提供服务。因此，客户/服务器反映这种网络服务提供者与网络服务使用者的关系。在客户/服务器模式中，客户/服务器在网络服务中的地位不平等，服务器在网络中处于中心地位。在这种情况下，"客户"可以理解为"客户端计算机"，"服务器"可以理解为"服务器端计算机"。云计算是典型的"瘦"客户与"胖"服务器模式的代表。在云计算环境中，客户可以使用个人计算机、PDA、智能手机、移动数字终端或家用电器终端等"瘦"端系统的设备，随时、随地去访问能够提供巨大计算和存储能力的"云服务器"，而不需要知道这些服务器放在什么地方，是什么型号的计算机，使用什么样的操作系统和 CPU。

2. 对等网络的基本概念

P2P 是网络结点之间采取对等的方式通过直接交换信息达到共享计算机资源和服务的工作模式。人们也将这种技术称为"对等计算"技术，将能提供对等通信功能的网络称为 P2P 网络。目前，P2P 技术已广泛应用于实时通信、协同工作、内容分发与分布式计算领域。统计数据表明，目前的 Internet 流量中 P2P 流量超过 60%，已经成为 Internet 的新的重要形式，也是当前网络技术研究的热点问题之一。P2P 已经成为网络技术中的术语。研究 P2P 涉及 3 方面内容：P2P 通信模式、P2P 网络与 P2P 实现技术。

1）P2P 通信模式是指 P2P 网络中对等结点之间直接通信的能力。

2）P2P 网络是指在 Internet 中由对等结点组成的一种动态的逻辑网络。

3）P2P 实现技术是指为实现对等结点之间直接通信的功能和特定的应用所涉及的协议与软件。

因此，术语"P2P"泛指 P2P 网络与实现 P2P 网络的技术。

P2P 与 C/S 工作模式的主要区别如图 7-2 所示。

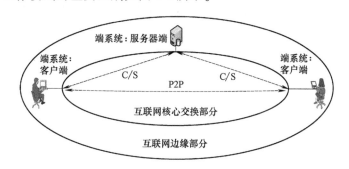

图 7-2　P2P 与 C/S 工作模式的主要区别

P2P 与 C/S 工作模式的主要区别主要表现在如下方面。

1）C/S 工作模式中信息资源的共享是以服务器为中心的。

以 Web 服务器为例，所有 Web 页信息都存储在 Web 服务器中。服务器可以为很多 Web 浏览器客户提供服务。但是 Web 浏览器之间不能直接通信。显然，在传统的 C/S 模式中的信息资源共享关系中，服务提供者与服务使用者之间的界限是清晰的。

2）P2P 工作模式淡化服务提供者与服务使用者的界限。P2P 工作模式中，所有结点同时身兼服务提供者与服务使用者的双重身份，在 P2P 网络环境中，成千上万台计算机处于一种对等的地位，网络中的每台计算机既可以作为网络服务的使用者，也可以向其他提出服务请求的客户提供资源和服务。这些资源可以是数据资源、存储资源、计算资源与通信资源。

3）C/S 与 P2P 模式的差别主要在应用层。

从网络体系结构的角度来看，C/S 与 P2P 模式的区别表现在应用层。传统客户/服务器工作模式的应用层协议主要包括 DNS、SMTP、FTP、Web 等。P2P 网络应用层协议主要包括支持 Napster 与 BitTotrent 服务的协议、支持多媒体传输类 Skype 服务的协议等。

4）P2P 网络是在 IP 网络上构建的一种逻辑的覆盖网。

P2P 网络并不是一个新的网络结构，而是一种新的网络应用模式。构成 P2P 网络的结点通常已经是 Internet 的结点，它们不依赖于网络服务器，在 P2P 应用软件支持下以对等方式共享资源与服务，在 IP 网络上形成一个逻辑的网络。

7.1.3 应用层协议的分类

根据应用层协议在 Internet 中的作用和提供的服务功能，应用层协议可以分为基础设施类、网络应用类和网络管理类。图 7-3 给出了主要应用层协议分类的示意图。

1）基础设施类。主要包括支持 Internet 运行的全局基础设施类应用层协议——域名服务（DNS）协议与支持各个网络系统运行的局部基础设施类应用层协议——动态主机配置协议（DHCP）。

2）网络应用类。网络应用类协议分为两类：基于 C/S 模式的应用层协议与基于 P2P 工作模式的应用层协议。基于 C/S 模式的应用层协议主要包括远程终端协议（TELNET）、电子邮件服务的简单邮件传输协议（SMTP）、文件传输协议（FTP）、Web 服务的 HTTP。基于 P2P 工作模式的应用层协议主要有文件共享 P2P 协议，即时通信 P2P 协议、流媒体 P2P 协议、共享存储 P2P 协议、协同工作 P2P 协议。

3）网络管理类。网络管理类协议主要有简单网络管理协议（SNMP）。

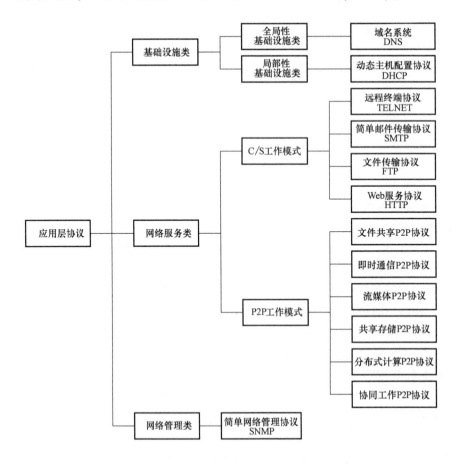

图 7-3　主要应用层协议分类的示意图

7.2 基于 Web 的网络应用

7.2.1 概述

1. WWW

WWW（World Wide Web）简称 Web 或万维网。万维网是目前应用最为广泛的 Internet 服务之一。用户只要通过浏览器就可以非常方便地访问 Internet，获得所需的信息。

Web 是一个容纳各种类型信息的集合，信息主要以超文本标记语言（Hypertext Markup Language，HTML）编写的文本形式（称为 Web 文本）分布在世界各地的 Web 服务器上。用户使用浏览器来浏览和解释 Web 文本，并以 Web 页面的形式显示在用户端机上。浏览器和服务器之间的信息交换使用超文本传输协议（Hypertext Transfer Protocol，HTTP）。基于 HTTP 的万维网实际上是一个大规模的、联机式的信息仓库，是一个支持交互式访问的分布式超媒体系统。万维网用链接的方法从因特网上的一个站点访问另一站点。

万维网是日内瓦的欧洲原子核研究委员会（CERN，这是法文缩写）的 Tim Berners-Lee 最初于 1989 年 3 月提出的。

万维网是一个分布式的超媒体（Hypermedia）系统，它是超文本（Hypertext）系统的扩充。一个超文本由多个信息源链接成，而这些信息源的数目实际上是不受限制的。利用一个链接可使用户找到另一个文档，而这个文档又可链接到其他的文档。这些文档可以位于世界上任何一个接在因特网上的超文本系统中。超文本是万维网的基础。超媒体与超文本的不同之处在于：超文本文档仅包含文本信息，而超媒体文档还包含其他各种表示方式的信息，如图形、图像、音频、动画和视频等。

万维网以客户/服务器方式（即 B/S 方式）工作。浏览器是在用户计算机上的万维网客户程序。万维网服务器是万维网文档所驻留的计算机，其运行服务器程序。客户程序向服务器程序发出请求，服务器程序向客户程序发送客户所要的万维网文档。在客户程序主窗口上显示出的万维网文档称为页面。

2. 统一资源定位符（URL）

统一资源定位符（URL）是用于表示从因特网上得到资源的位置并进行访问的方法。URL 相当于一个文件名在网络范围的扩展，其实质是指向与因特网相连的机器上的任何可访问对象的一个指针。由于对不同对象的访问方式不同（如 HTTP、FTP 等），所以 URL 还指出读取某个对象时所使用的访问方式。

URL 的一般形式为<URL 的访问方式>://<主机>:<端口>/<路径>。最常用的访问方式是 HTTP，除此之外还支持一些通用的应用协议，如 FTP、Telnet 等。<主机>一项是必需的，而<端口>和<路径>则有时可省略。表 7-1 列出了一些 URL 支持的协议。

表 7-1 URL 支持的协议

协议	说明	举例
HTTP	支持超文本文档传输	http://www.sohu.com
FTP	文件传输	ftp://ftp.usth.edu.cn

（续）

协议	说明	举例
FILE	浏览本地文件	file:///c:/mywebs/index.htm
MAILTO	发送邮件	mailto:ikefly@163.com
TELNET	远程登录	telnet://netmail.usth.edu.cn

7.2.2 超文本传输协议（HTTP）

HTTP 定义了浏览器（即万维网客户进程）怎样向万维网服务器请求万维网文档，以及服务器怎样把文档传送给浏览器。HTTP 是无连接的，虽然它使用面向连接的 TCP。

万维网的大致工作过程如图7-4所示。

用户浏览页面的方法有两种。一种方法是在浏览器的地址窗口中输入所要找的页面的 URL。另一种方法是在某一个页面中用鼠标单击一个带有超链接的内容，这时浏览器自动在因特网上找到所要链接的页面。

假定图7-4中的用户用鼠标单击了 IE 浏览器页面上的一个超链接。他单击的超链接

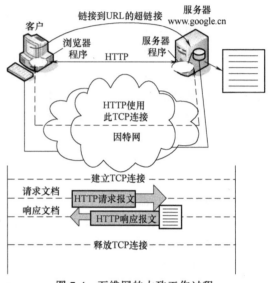

图 7-4　万维网的大致工作过程

指向了"谷歌网"的页面，其 URL 是 http://www.google.cn。大致工作过程如下。

1）浏览器分析超链接指向页面的 URL。

2）浏览器向 DNS 请求解析 www.google.cn 的 IP 地址。

3）域名系统 DNS 解析出谷歌网服务器的 IP 地址为 203.208.37.160。

4）浏览器与服务器建立 TCP 连接（服务器端的 IP 地址是 203.208.37.160，端口是 80）。

5）浏览器发出取文件命令：GET/index.html。

6）服务器 www.google.cn 给出响应，把文件 index.html 发送给浏览器。

7）TCP 连接释放。

8）浏览器显示"谷歌网"主页文件 index.html 中的所有内容。

7.3　DNS 域名系统

7.3.1　概述

1. 域名系统的由来及作用

要在 Internet 中正确地寻址，就需要给每个地址进行唯一标识。IP 地址为 Internet 提供了统一的寻址方式，32 位的 IP 地址在网络层次模型中用于 IP 层及 IP 层以上各层的协议中。由于采用了统一的 IP 地址，Internet 中任意一对主机的上层软件就能相互通信，IP 地址为上

层软件设计提供了极大的方便。

但是 IP 地址只是一串数字，没有任何意义，用户难以记忆。

为了给用户提供一种便于记忆的网络地址，Internet 对每一个寻址地点按一种层次结构定义了一个字符方式的层次型名字，它是一种比 IP 地址更易用也更直观的地址。某个寻址地点的 IP 地址和它的名字地址有一个对应关系。域名系统（Domain Name System，DNS）就是用来保存 IP 地址与名字地址之间的相互对应关系，并提供实现互换机制的系统。

DNS 是网上的一个分布于全世界范围的分布式数据库，里面存放了 Internet 上各寻址点的 IP 地址和对应的名字地址的有关信息。DNS 的主要工作是完成名字解析。建立和维护好一个合理的 DNS 是使网络正常高效运行的关键之一。

2. Internet 域名层次结构

Internet 域名采用树状层次结构。它首先将 Internet 名字空间分成若干部分，每一部分规定国际通用的域名，授权给某个机构管理，得到授权管理的机构可以再将其所管理的名字空间进一步划分，进一步授权给若干机构管理。如此下去，名字空间的管理组织最终形成一种树形结构，其中的每一个结点（包括各层管理机构和最后的主机结点）都有一个相应的标识符，主机的名字就是从树叶到树根路径上各结点标识符的有序序列。显然，只要同一结点下各子结点的标识符不相同，主机名绝对不会相同。这种命名方式只代表一种逻辑的组织方法，并不代表实际的物理连接。位于同一域中的主机可以分布在任何地方。

NIC 对顶级域名（即最高层名字空间）的划分一般按两种方式进行，一是按组织模式，二是按地理区域。表 7-2 列出了常见的顶级域名。

表 7-2　常见的顶级域名

顶级域名	分配对象
com	商业组织
edu	教育机构
gov	政府部门
mil	军事部门
net	网络支持中心
org	上述以外的组织
arpa	ARPANET 域
int	国际组织
国家代码	其他国家(用两个字符)

图 7-5 是 Internet 域名空间的一部分，如顶级域名 cn 由中国互联网中心（CNNIC）管理，它将 cn 划分成若干子域，如 edu、net 等，并将二级域名 edu 的管理权授予网络中心管理（CERNET）。CERNET 又将 edu 划分成若干三级域名，如 hit（哈工大）、usth 等。hit 又可继续对三级域名进行划分，划分的四级域名分配给下属部门或主机。

3. 主机名

标识一台主机的主机名时，依次写出机器名和各级域名，其中顶级域名写在最右面，机器的名字写在最左面，各级域名之间用"."分隔。例如要写出 cn→edu→usth 下的 www 主机的域名，只要从域名空间的树形层次结构的根开始，沿各层向下，直到 www，然后逆序依次写出途径的名称即可，www.usth.edu.cn 即为其域名表示。

7.3.2 DNS 工作机制

DNS 定义了一个名称空间、一个分布
式数据库和一个用于交换信息的协议。它
的映射机制提供的是一种客户/服务器解
决方案。这里的"客户"指"客户机"。
客户机通常希望连接其他计算机借以交换
电子邮件或下载文件等。客户机可能知道
计算机的名称，但不一定知道其 IP 地址。
依靠客户机上运行的软件连接 DNS 服务
器，并从中检索需要的信息来提供映射。

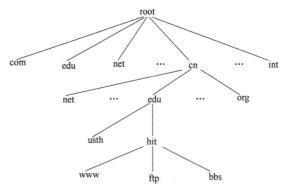

图 7-5　Internet 域名空间示意图

客户机通过解析器查询 DNS 服务器。解析器通常是在执行 DNS 查询的客户机上运
行的一段程序代码。客户机向服务器发送查询，并缓存答复。每个查询都使用 UDP 发
送数据。

客户机可发送两种查询：递归查询和迭代查询。

当第一台服务器不能满足客户机的要求时，客户机所发出的递归查询就会让 DNS 服务
器与另一台 DNS 服务器进行联系，第二台 DNS 服务器又继续联系第三台 DNS 服务器，以此
类推，直到最后满足要求。

客户机最常用的是迭代查询。对于迭代查询，当 DNS 服务器没有所需要的信息时，将
返回一个指针，指向其他可能提供所需信息的服务器。迭代查询对服务器的压力比较小。

解析程序通常把从 DNS 服务器返回的值缓存，从而提高性能并减轻 DNS 服务器的
负担。

域名虽然使用方便，但计算机不能通过
主机名直接进行通信，仍需要 IP 地址完成数
据的传输。域名服务器保存着它所管辖区域
内的主机的名字与 IP 地址的对照表，在实际
使用中完成解析工作。域名服务器实际上是
一个服务器软件，运行在指定的机器上，完
成名字到 IP 地址的映射。

图 7-6 所示为域名服务器完成域名解析
的示意图。

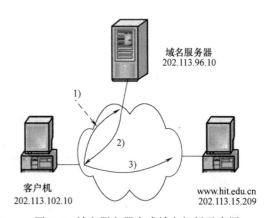

图 7-6　域名服务器完成域名解析示意图

1）客户机 202.113.102.10 欲访问名为
www.hit.edu.cn 的主机，它首先向域名服务器
发出查询请求，并将 www.hit.edu.cn 和自己的
IP 地址发送给域名服务器 202.113.96.10。

2）域名服务器进行域名解析，如果不能完成，则按解析策略询问其他的域名服务器。
最终将查询的结果（www.hit.edu.cn—202.113.15.209）返回给 IP 地址为 202.113.102.10
的客户机。

3）客户机直接向目的主机 202.113.15.209 发送数据。

7.4　TELNET 服务

7.4.1　TELNET 协议产生的背景

　　TELNET 协议出现在 20 世纪 60 年代后期，那时个人计算机（PC）还没有出现。当时，人们在使用大型计算机时必须直接连接到主机的某一个终端，在使用用户名与密码登录成为合法用户之后，才能将软件与数据输入到主机中，完成科学计算的任务。当用户需要使用多台计算机共同完成一个较大的计算任务时，需要调用远程计算机与本地计算机协同工作。当这些大型计算机互联之后就需要解决一个问题，那就是不同型号计算机之间的差异性问题。TELNET 协议是 1969 年在 ARPANET 演示的第一个应用程序。专门定义 TELNET 协议的 RFC97 文档是在 1971 年 2 月公布的。作为 TELNET 协议标准的 RFC854 "TELNET 协议规定" 最终于 1983 年 5 月完成并公布。

　　不同型号计算机系统的差异性主要表现在硬件、软件与数据格式上。最基本的问题是，不同计算机系统对终端键盘输入命令的解释不同。例如，有的系统用 return 或 enter 作为行结束标志，有的系统用 ASCII 字符的 CR 作为行结束标志，而有的系统用 ASCII 字符的 LF 作为行结束标志。键盘定义的差异给远程登录带来了很多问题。在中断一个程序时，有些系统使用 Ctrl+C 组合键，而另一些系统使用 Esc 键。发现这个问题之后，各个厂商都分别研究如何解决互操作性的方法，例如，Sun 公司制定远程登录协议 rlogin，但是该协议是专为 BSD UNIX 系统开发的，它只适用于 UNIX 系统，并不能很好地解决不同类型计算机之间的互操作性问题。

　　为了解决异构计算机系统互联中存在的问题，人们研究了 TELNET 协议。TELNET 协议引入网络虚拟终端（Network Virtual Terminal，NVT）的概念，它提供一种专门的键盘定义，用来屏蔽不同计算机系统对键盘输入的差异性，同时定义客户与远程服务器之间的交互过程。TELNET 协议的优点就是能解决不同类型的计算机系统之间的互操作问题。远程登录服务是指用户使用 TELNET 命令，使自己的计算机成为远程计算机的一个仿真终端的过程。一旦用户成功地实现远程登录，用户计算机就可以像一台与远程计算机直接相连的本地终端一样工作。因此，TELNET 协议又被称为 "网络虚拟终端协议" "终端仿真协议" 或 "远程终端协议"。

7.4.2　TELNET 协议的基本工作原理

　　远程登录服务采用典型的客户/服务器模式。图 7-7 给出了 TELNET 协议的工作原理示意图。用户的实终端（Real Terminal）采用用户终端的格式与本地 TELNET 客户通信；远程计算机采用主机系统格式与 TELNET 服务器通信。在 TELNET 客户进程与 TELNET 服务器进程之间，通过网络虚拟终端（Network Virtual Terminal，NVT）标准来进行通信。NVT 是一种统一的数据表示方式，以保证不同硬件、软件与数据格式的终端与主机之间通信的兼容性。

　　TELNET 客户端进程将用户终端发出的本地数据格式转换成标准的 NVT 格式，再通过网络传输到 TELNET 服务器端。TELNET 服务器将接收到的 NVT 格式数据转换成主机内部数

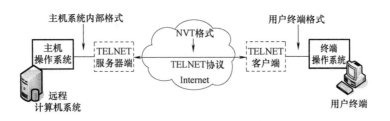

图 7-7　TELNET 协议的工作原理示意图

据格式，再传输给主机。Internet 上传输的数据都是标准的 NVT 格式。引入网络虚拟终端概念之后，不同的用户终端与服务器进程将与各种不同的本地终端格式无关。TELNET 客户与服务器进程完成用户终端格式、主机系统内部格式与标准 NVT 格式之间的转换。TELNET 已经成为 TCP/IP 协议族中一个最基本的协议。即使用户从来没有直接调 TELNET 协议，但是 E-mail、FTP 与 Web 服务都是建立在 TELNET NVT 的基础上的。

7.5　电子邮件服务与 SMTP

7.5.1　电子邮件工作原理

电子邮件（E-mail）是 Internet 中使用最广泛的服务之一，E-mail 将邮件发送到 ISP 的邮件服务器，并放在其中的收件人邮箱，收件人可随时上网到 ISP 的邮件服务器上进行读取。电子邮件不仅可以传送文字信息，还可附上声音和图像，十分方便。而且电子邮件还具有传递迅速和费用低廉的优点，已成为因特网上最受欢迎的一种应用。

一个电子邮件系统应具有 3 个主要组成构件：用户代理、邮件服务器和电子邮件使用的协议，如 SMTP 和 POP3（或 IMAP）等，如图 7-8 所示。

用户代理（User Agent，UA）就是用户与电子邮件系统的接口，在大多数情况下，它就是在用户 PC 中运行的程序，即客户端程序。用户代理使用户能够通过一个很友好的窗口界面来发送和接收邮件。

邮件服务器是电子邮件系统的核心构件，因特网上所有的 ISP 都有邮件服务器。邮件服务器的功能是发送和接收邮件，同时还要向发件人报告邮件传送的情况（已交付、被拒绝、丢失等）。邮件服务器按照客户/服务器方式工作。邮件服务器需要使用两个不同的协议：一个协议用于发送邮件，即 SMTP，而另一个协议用于接收邮件，即邮局协议（Post Office Protocol，POP）。

一个邮件服务器既可以作为客户，也可以作为服务器。当邮件服务器向另一个邮件服务器发送邮件时，它是 SMTP 客户；而当邮件服务器从另一个邮件服务器接收邮件时，它是 SMTP 服务器。

如图 7-8 所示，下面是一封电子邮件的发送和接收过程。

1）发件人调用用户代理编辑要发送的邮件。用户代理用 SMTP 将邮件传送给发送端邮件服务器。

2）发送端邮件服务器把邮件放入邮件缓存队列中，等待发送。

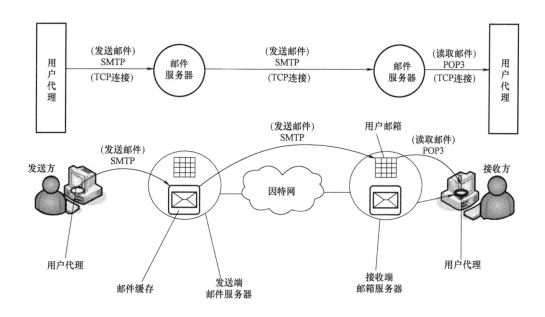

图 7-8 电子邮件的组成构件与工作过程

3）运行在发送端邮件服务器的 SMTP 客户进程发现邮件缓存中有待发送的邮件，就向运行在接收端邮件服务器的 SMTP 服务器进程发起 TCP 连接建立的请求。

4）当 TCP 连接建立后，SMTP 客户进程开始向远程的 SMTP 服务器进程发送邮件。如果有多个邮件在邮件缓存中，则 SMTP 客户一一把它们发送到远程的 SMTP 服务器。当所有的待发送邮件发完了，SMTP 就关闭所建立的 TCP 连接。

5）运行在接收端邮件服务器中的 SMTP 服务器进程收到邮件后，把邮件放入收件人的用户邮箱中，等待收件人方便时进行读取。

6）收件人在打算收信时，调用用户代理，使用 POP3（或 IMAP）协议把自己的邮件从接收端邮件服务器的用户邮箱中取回。

需要注意的是，如果双方用户没使用用户代理，而是直接通过网页访问自己的邮箱进行邮件发送或读取，则 1）和 6）两步有所不同。

电子邮件由信封和内容两部分组成。用户需填写内容头部，如收件人地址（To）、抄送（Cc）、主题（Subject）等，邮件系统会自动将信封所需的信息提取出来并写在信封上。

内容头部关键字还有"From"和"Date"等，表示发件人的电子邮件地址和发件日期。这两项一般都由邮件系统自动填入。

在邮件的信封上，最重要的就是收件人的地址。TCP/IP 体系的电子邮件系统规定电子邮件地址的格式为收件人邮箱名@ 邮箱所在主机的域名，如 network@ 163. com。

其中，符号"@"读作"at"，表示"在"的意思。收信人邮箱名又简称为用户名（User Name），是收件人自己定义的字符串标识符。标识收件人邮箱名的字符串在邮箱所在计算机中必须是唯一的。

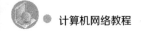

7.5.2 简单邮件传送协议（SMTP）

SMTP 规定了在两个相互通信的 SMTP 进程之间应如何交换信息。负责发送邮件的 SMTP 进程就是 SMTP 客户，而负责接收邮件的 SMTP 进程就是 SMTP 服务器。SMTP 是有连接的应用层协议。和 HTTP 不同，它在 TCP 连接的基础上还要建立自己的连接。

SMTP 通信的 3 个阶段如下。

（1）连接建立

发件人先将要发送的邮件送到邮件缓存。SMTP 客户每隔一定时间对邮件缓存扫描一次。如果发现有邮件，就使用 SMTP 的熟知端口号（25）与目的主机的 SMTP 服务器建立 TCP 连接。在连接建立后，SMTP 服务器开始建立自己的连接，过程如下。

1）发送"220"（Service Ready）。

2）发送 HELLO 命令，附上发送方的主机名。

3）对方 SMTP 服务器若有能力接收邮件，则回应"250"（OK）。

4）若 SMTP 服务器不可用，则回应"421"（Service not available）。

这里要强调指出，上面所说的连接并不是在发件人和收件人之间建立的。连接是在发送服务器的 SMTP 客户进程和接收服务器的 SMTP 服务器进程之间建立的。

（2）邮件传送

邮件传送的过程如下。

1）客户机发送 Mail From 报文介绍报文的发送者。报文包括发件人的邮件地址，这样，服务器在返回错误和响应报文时就知道返回到哪个地址。

2）SMTP 服务器响应状态码 250（OK）或相应的错误状态码，如"451"（处理时出错）。

3）客户机发送 RCPT 收件人报文，其中包括收件人的邮件地址。

4）SMTP 服务器响应状态码 250（OK）或相应的错误状态码，如"550"（No such user here）"。

5）客户机发送 DATA 报文来对邮件发送进行初始化。

6）服务器响应状态码 354（开始邮件输入）或相应的错误状态码，如"421"（服务器不可用）。

7）客户机用连续的行发送报文的内容。每一行以回车换行符终止。整个邮件以仅有一个点的行结束。

8）SMTP 服务响应状态码 250（OK）或相应的错误状态码。

如果在同一个邮件服务器中有多个收件人，那么重复步骤 3）、4）。

（3）连接释放

连接释放的过程如下。

1）邮件发送完毕后，SMTP 客户应发送 QUIT 命令。

2）SMTP 服务器返回的信息是"221"（服务器关闭），表示 SMTP 同意释放 TCP 连接。邮件传送的全部过程即结束。

7.5.3 邮件读取协议 POP3 和 IMAP

目前常用的邮件读取协议有两个，即邮局协议 POP 和因特网报文存取协议（Internet

Message Access Protocol，IMAP）。

邮局协议 POP 是一个非常简单但功能有限的邮件读取协议。现在使用的是它的第 3 个版本 POP3。大多数的 ISP 都支持 POP。

POP 使用客户/服务器的工作方式。在接收邮件的用户 PC 中必须运行 POP 客户程序，而在用户所连接的 ISP 的邮件服务器中则运行 POP 服务器程序。当然，这个 ISP 的邮件服务器还必须运行 SMTP 服务器程序，以便接收发送方邮件服务器的 SMTP 客户程序发来的邮件。POP 服务器只有在用户输入鉴别信息（用户名和口令）后才允许对邮箱进行读取。

IMAP 比 POP3 复杂得多。IMAP 也按客户/服务器方式工作，现在较新的版本是版本 4，即 IMAP4。

在使用 IMAP 时，所有收到的邮件都先送到 ISP 的邮件服务器的 IMAP 服务器，在用户的 PC 上运行 IMAP 客户程序，然后与 ISP 的邮件服务器上的 IMAP 服务器程序建立 TCP 连接。用户在自己的 PC 上就可以操纵 ISP 的邮件服务器的邮箱，就像在本地操纵一样，因此 IMAP 是一个联机协议。当用户 PC 上的 IMAP 客户程序打开 IMAP 服务器的邮箱时，用户就可看到邮件的头部。用户需要打开某个邮件，该邮件才可传到用户的计算机上。用户可以根据需要为自己的邮箱创建便于分类管理的层次式的邮箱文件夹，并且能够将存放的邮件从某一个文件夹中移动到另一个文件夹中。用户也可按某种条件对邮件进行查找。在用户未发出删除邮件的命令之前，IMAP 服务器邮箱中的邮件一直保存着，这样就节省了用户 PC 硬盘上的大量存储空间。

需要强调的是，不要把邮件读取协议 POP 或 IMAP 与邮件传送协议 SMTP 弄混。发件人的用户代理向源邮件服务器发送邮件，以及源邮件服务器向目的邮件服务器发送邮件，都使用 SMTP。而 POP 或 IMAP 则是用户从目的邮件服务器上读取邮件所使用的协议，通过网页进入自己邮箱看信的用户用不到这两个协议。

7.5.4 通用因特网邮件扩充（MIME）

SMTP 不能传送可执行文件或其他的二进制对象，它仅限于传送 7 位的 ASCII 码，并且 SMTP 服务器会拒绝超过一定长度的邮件。因特网邮件扩充（MIME）协议可以解决这些问题。

MIME 定义了许多邮件内容的格式，对多媒体电子邮件的表示方法进行了标准化，并且定义了传送编码，可对任何内容格式进行转换，而不会被邮件系统改变。

MIME 作为 SMTP 的扩充，是和 SMTP 一起协同工作的。它们的关系如图 7-9 所示。

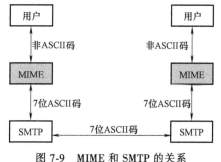

图 7-9 MIME 和 SMTP 的关系

7.6 文件传输协议（FTP）

1. 概述

文件传输协议（File Transfer Protocol，FTP）是因特网上使用得最广泛的应用层协议之一。FTP 提供交互式的访问，允许客户指明文件的类型与格式（如指明是否使用 ASCII 码），并允许文件具有存取权限（如访问文件的用户必须经过授权，并输入有效的口令）。FTP 屏蔽了各计算机系统的细节，因而适合于在异构网络中任意计算机之间传送文件。

2. FTP 的基本工作原理

网络环境中的一项基本应用就是将文件从一台计算机中复制到另一台可能相距很远的计算机中。众多的计算机厂商研制出的文件系统多达数百种，且差别很大。因此，FTP 的主要功能是减少或消除在不同操作系统下处理文件的不兼容性。

文件传输协议（FTP）只提供文件传送的一些基本的服务，它使用 TCP 可靠的传输服务。

FTP 使用客户/服务器方式。一个 FTP 服务器进程可同时为多个客户进程提供服务。FTP 的服务器进程由两大部分组成：一个主进程，负责接收新的请求；若干个从属进程，负责处理单个请求。

主进程的工作步骤如下。

1）打开熟知端口（端口号为 21），使客户进程能够连接上。

2）等待客户进程发出连接请求。

3）启动从属进程来处理客户进程发来的请求。从属进程对客户进程的请求处理完毕后即终止。

4）回到等待状态，继续接收其他客户进程发来的请求。主进程与从属进程的处理是并发进行的。

FTP 的工作情况如图 7-10 所示。

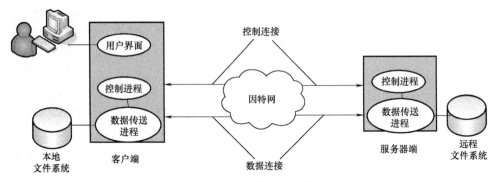

图 7-10　FTP 的工作情况

在进行文件传输时，FTP 的客户和服务器之间要建立两个连接：控制连接和数据连接。

控制连接在整个会话期间一直保持打开，FTP 客户所发出的传送请求通过控制连接发送给服务器端的控制进程，但控制连接并不用来传送文件。

实际用于传输文件的是数据连接。服务器端的控制进程在接收到 FTP 客户发送来的文件传输请求后就创建数据传送进程和数据连接，用来连接客户端和服务器端的数据传送进程。数据传送进程实际完成文件的传送，在传送完毕后关闭数据连接并结束运行。

当客户进程向服务器进程发出建立连接请求时，要寻找连接服务器进程的熟知端口（21），同时还要告诉服务器进程自己的另一个端口号码，用于建立数据传送连接。接着，服务器进程用自己传送数据的熟知端口（20）与客户进程所提供的端口建立数据传送连接。由于 FTP 使用了两个不同的端口号，所以数据连接与控制连接不会发生混乱。

使用两个独立的连接的主要好处是使协议更加简单和更容易实现，同时在传输文件时还可以利用控制连接，例如，客户发送请求终止传输。

FTP 的数据传输也存在一些缺点。例如，计算机 A 上运行的应用程序要在远程计算机 B 的一个很大的文件末尾添加一行信息。若使用 FTP，则应先将此文件从计算机 B 传送到计算机 A，添加这一行信息后，再用 FTP 将此文件传送到计算机 B。来回传送这样大的文件很麻烦，既浪费时间，又占用网络资源。

因此，网络文件系统（NFS）采用了另一种思路。NFS 允许应用进程打开一个远地文件，并能在该文件的某一个特定的位置上开始读写数据。对于上述例子，计算机 A 中的 NFS 客户软件，将要添加的数据和在文件后面写数据的请求一起发送到远地的计算机 B 中的 NFS 服务器，NFS 服务器更新文件后返回应答信息，在网络上传送的只是少量的修改数据。

7.7 动态主机配置协议（DHCP）

1. DHCP 概述

在使用 TCP/IP 的网络中，每台主机都必须有全局唯一的 IP 地址。在简单的网络中，可以用手动固定的方式来分配 IP 地址。若网络中需要分配 IP 地址的主机很多，特别是在网络中增加、删除网络结点或者重新配置网络时，其工作量很大，比较容易出错，而且出错时不易查找，加重网络管理的负担。

DHCP 是 Dynamic Host Configuration Protocol（动态主机配置协议）的缩写。采用 DHCP 服务方式后，用户不再需要自行设置网络参数，而是由 DHCP 服务器来自动分配客户端所需要的 IP 地址。它可以减少人工错误的困扰，减轻管理上的负担，还可以解决网络中主机多而 IP 地址不够的问题。

要使用 DHCP 方式自动索取 IP 地址，整个网络必须至少有一台服务器内安装了 DHCP 服务。其他要使用 DHCP 功能的客户端也必须有自动向 DHCP 服务器索取 IP 地址的功能，这些客户端被称为 DHCP 客户端。

DHCP 服务器只是将 IP 地址租给 DHCP 客户端一段时间，在租约到期时，如果 DHCP 客户端没有更新租约，DHCP 服务器将会收回该 IP 地址的使用权。DHCP 服务也支持地址绑定的长期租用。

DHCP 服务器不但可以给 DHCP 客户端提供 IP 地址，还可以给 DHCP 客户端提供一些其他的选项设置，如子网掩码、默认网关与 DNS 服务器等。

2. DHCP 的工作原理

（1）向 DHCP 服务器索取新的 IP 地址

计算机第一次以 DHCP 客户端的身份启动或 DHCP 客户端所租用的 IP 地址已被 DHCP 服务器收回时，DHCP 客户端会向 DHCP 服务器索取一个新的 IP 地址。DHCP 客户端与 DH-CP 服务器之间通过以下 4 个阶段来相互沟通，如图 7-11 所示。

1）发现阶段（DHCPDISCOVER）。DHCP 客户端以广播方式发送 DHCPDISCOVER 信息到网络上，以便查找一台能够提供 IP 地址的 DHCP 服务器。

2）提供阶段（DHCPOFFER）。当网络上的 DHCP 服务器收到 DHCP 客户端的 DHCP-

DISCOVER 信息后，它就从尚未分配的 IP 地址中挑选一个，然后用广播的方式提供给 DHCP 客户端。如果网络上有多台 DHCP 服务器都收到 DH-CP 客户端的 DHCPDISCOVER 信息，并且也都提供给该 DHCP 客户端，则 DHCP 客户端会从中选第一个收到的 DHCPOFFER 信息。

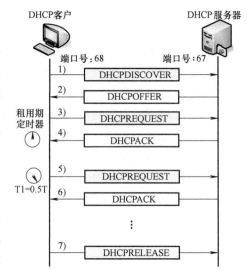

图 7-11　DHCP 客户端与 DHCP
服务器的交互过程

3）选择阶段（DHCPREQUEST）。当 DHCP 客户端选好第一个收到的 DHCPOFFER 信息后，它就用广播的方式响应一个 DHCPREQUEST 信息给 DHCP 服务器。

4）确认阶段（DHCPACK）。当 DHCP 服务器收到 DHCP 客户端请求 IP 地址的 DHCPRE-QUEST 信息后，就会利用广播的方式给 DHCP 客户端发出 DHCPACK 信息。该信息内包含 DHCP 客户端所需的 TCP/IP 设置数据，如 IP 地址、子网掩码、默认网关、DNS 服务器等。

DHCP 客户端在收到 DHCPACK 信息后就完成了索取 IP 地址的过程，也就可以利用这个 IP 地址与网络上的其他计算机进行通信了。

（2）更新 IP 地址的租约

DHCP 服务器向 DHCP 客户端租借的 IP 地址一般都有期限，期满后 DHCP 服务器便会收回租借的 IP 地址。如果 DHCP 客户端要求延长其 IP 租约，则必须更新其 IP 租约。更新租约时，DHCP 客户端会向 DHCP 服务器发送 DHCPREQUEST 信息。有以下两种情况。

1）DHCP 客户端重新启动时。若允许，DHCP 服务器则回复一个 DHCPACK 信息，否则 DHCP 客户端重新向 DHCP 服务器索取一个新的 IP 地址。

2）IP 租约期过一半时。若允许，DHCP 服务器则回答一个 DHCPACK 信息。即使租约无法续约成功，因为租约还没有到期，DHCP 客户端仍然可以继续使用原来的 IP 地址。在租约期过 7/8 时，有相似过程。

另外，DHCP 客户端也可以利用 ipconfig/renew 命令来手动更新或释放 IP 租约。

（3）DHCP/BOOTP 中继代理

如果 DHCP 服务器与 DHCP 客户端分别位于不同的网络区域（通过 IP 路由器来连接），由于 DHCP 信息以广播为主，需要 IP 路由器具备 DHCP/BOOTP 中继代理的功能才可以将 DHCP 信息转送到其他的网络区域。

如果 IP 路由器不具备 DHCP/BOOTP 中继代理的功能，则必须在每个网络区域内都安装一台 DHCP 服务器，或者必须利用一台计算机来扮演 DHCP/BOOTP 中继代理的角色。

7.8　TCP/IP 测试命令使用

上网时经常用到 DOS 方式下运行的 TCP/IP 测试命令，本节介绍 ping、ipconfig 和 netstat 命令的常用方法。

1. ping

ping 命令用于测试本地主机和远程主机是否可以联通。使用 ping 命令返回的信息参数，用户就可以推断网络是否联通，根据网络参数也可以了解远程主机的其他特征。在计算机网络技术中，ping 命令作为最基本的工具而被大量使用。

ping 命令主要用于网络联通性的测试，计算机名和 IP 对应关系的测试。使用 ping 命令根据反馈报文信息推测远程主机信息，可以作为网络基本故障排除的工具。另外，ping 命令可以作为一种 DDOS（拒绝服务攻击）攻击的工具，所以大多数防火墙默认将远程 ping 命令拒绝。下面给出其一些常用的使用方式及参数。

1）测试本机的 TCP/IP 设置是否正确，网络硬件如网卡的安装是否成功命令格式：

ping［本机名称］或［localhost］或［127.0.0.1］。

2）ping 本机 IP。该命令被送到用户计算机所配置的 IP 地址，用户的计算机始终都应该对 ping 命令做出应答，如果没有正确的应答，则表示本地配置或安装存在问题。出现此问题时，局域网用户应该断开网络电缆，然后重新发送该命令。如果网线断开后本命令正确，则表示另一台计算机可能配置了相同的 IP 地址。

3）ping 网关 IP。该命令如果应答正确，表示局域网中的网关路由器正在运行并能够做出应答。

4）ping 域名。对域名执行 ping 命令，通常是通过 DNS 服务器。如果这里出现故障，则表示 DNS 服务器的 IP 地址配置不正确或 DNS 服务器有故障。通过此命令，用户也可以实现域名对 IP 地址的转换功能。

5）ping ip -t。连续对 IP 地址执行 ping 命令，直到用户按 Ctrl+C 组合键中断。

6）ping ip -l size。指定 ping 命令中的数据包大小为 size 字节，而不是默认的 32 字节。最大为 65500byte。

7）ping ip -n count。执行该命令可发送指定数目的数据包。默认为 4 个。

2. ipconfig

ipconfig 命令用于显示当前的 TCP/IP 配置的设置值。用户常常使用该命令查看网络配置。该命令是网络其他命令使用的基础和前提，它最基本的功能是可以实现 IP 地址、子网掩码和默认网关的信息查看。当使用 all 参数的时候，用户对主机名、DNS 地址、接口类型、MAC 地址等其他属于网络的服务和配置信息都会有一个全面的了解。常用方法如下。

1）基本参数的查看。命令方式：ipconfig。该命令行中使用的是不带任何参数的 ipconfig 命令，其结果返回本机 IP、子网掩码及默认网关等相关信息。

2）详细配置信息的查看。命令方式：ipconfig/all。当使用 all 选项时，ipconfig 能为 DNS 和 Windows 服务器显示它已配置且所要使用的附加信息，并且显示内置于本地网卡的 MAC 地址。如果 IP 地址是从 DHCP 服务器租用的，ipconfig 将显示 DHCP 服务器的 IP 地址和租用地址预计失效的日期。

3）ipconfig/renew。如果用户的 IP 地址由 DHCP 服务器来自动分配，那么可以在机器联入网络时使用该命令实现对 IP 配置的动态刷新。注意，要使用该命令必须设置本机的 IP 地址为"自动获得"。当然，DNS 服务器的地址必须配置正确，否则将不能实现刷新服务。

4）ipconfig/release。该命令用于释放本机绑定的 IP 地址。

3. netstat

netstat 命令的功能是显示网络连接、路由表和网络接口信息，可以让用户得知目前都有哪些网络连接正在运行。它用来检测网络上的连接情况，可以告知用户所有的连接及其详细的端口，用户可以使用该命令实现实时监控，可以很清晰地排除网络上所有非法进程和用户的连接，如一些木马和 SYN 攻击等。netstat 命令用于显示与 IP、TCP、UDP 和 ICMP 相关的统计数据，一般用于检验本机各端口的网络连接情况。常用方法如下。

1）netstat -a：显示所有的网络连接情况。

2）netstat -n：以数字格式显示地址和端口信息。

3）netstat -o：显示所有网络连接进程的标识 PID。

4）netstat -s：统计所有协议信息，包括 IP、ICMP、TCP、UDP 等。

5）netstat -r：统计路由信息。

可以将参数合并使用，如 netstat -aon，表示以数字格式显示所有的网络连接的地址、端口、进程 ID 等信息。

习　题

1. 域名系统的主要功能是什么？因特网的域名结构是怎样的？

2. 解释以下名词：URL、WWW、HTTP。

3. 假定要从已知的 URL 获得一个万维网文档。若该万维网服务器的 IP 地址开始时并不知道，试问：除 HTTP 外，还需要什么应用层协议和传输层协议？

4. 试述电子邮件最主要的组成部件。用户代理（UA）的作用是什么？没有 UA 行不行？

5. 电子邮件的信封和内容在邮件的传送过程中起什么作用？和用户的关系如何？

6. 电子邮件的地址格式是怎样的？请说明各部分的含义。

7. 试简述 SMTP 通信的 3 个阶段的过程。

8. 在电子邮件中，为什么必须使用 POP 和 SMTP 这两种协议？

9. MIME 与 SMTP 的关系是怎样的？

10. 文件传输协议（FTP）的主要工作过程是怎样的？主进程和从属进程各起什么作用？

11. 测试本地主机和远程主机是否可以联通的命令是什么？

第8章

网络管理与网络安全

本章介绍了网络管理、网络安全的相关概念，并对加密及认证技术、防火墙技术、入侵检测等技术进行了介绍。

本章教学要求

了解：网络管理及网络安全的基本概念。

理解：加密及认证技术。

掌握：防火墙相关技术。

理解：入侵检测。

8.1 网 络 管 理

8.1.1 网络管理概述

1. 网络管理的概念

网络管理是指对组成网络的各种软硬件设施的综合管理，以达到充分利用这些资源的目的，并保证网络向用户提供可靠的通信服务。

在计算机网络的硬件中，实际存在着服务器、工作站、网关、路由器、交换机、集线器、传输介质与各种网卡。而在计算机网络操作系统中，有可能是 UNIX、Microsoft 公司的 Windows、Novell 公司的 NetWare 等。另外，计算机网络中还有各种通信软件和大量的应用软件。网络管理的对象就是网络中需要进行管理的所有硬件资源和软件资源。

管理的实质是对各种网络资源进行监测、控制和协调，收集、监控网络中各种设备和相关设施的工作状态、工作参数，并将结果提交给管理员进行处理，进而对网络设备的运行状态进行控制，实现对整个网络的有效管理。

如果在网络系统设计中没有很好地考虑与解决网络管理问题，那么这个设计方案是有严重缺陷的，按这样的设计组建的网络应用系统是十分危险的。一旦因网络性能下降，甚至因故障而造成网络瘫痪，将会造成严重的损失。这种损失的代价有可能远远大于网络组建时用于网络软硬件与系统的投资。因此，必须十分重视网络管理。

不同的厂商针对各自的网络设备与网络操作系统都会提供各自的网络管理产品，但这对于管理一个大型的、异构的、多厂家产品的计算机网络来说往往是不够的。只有具备丰富的网络管理知识与经验，才有可能对复杂网络进行有效的管理。

2. OSI 管理功能域

网络管理标准化要满足不同网络管理系统之间互操作的需求。为了支持各种互联网络管理的要求，网络管理需要有一个国际性的标准。

目前，国际上有许多机构与团体都在为制定网络管理国际标准而努力。在众多的网络协议标准化组织中，国际标准化组织（ISO）与国际电信联盟的电信标准部（ITU-T）做了大量的工作，并制定出了相应的标准。

OSI 网络管理标准将开放系统的网络管理功能划分成 5 个功能域，它们分别用来完成不同的网络管理功能。OSI 网络管理中定义的功能域只是网络管理最基本的功能，这些功能都需要通过与其他开放系统交换管理信息来实现。

OSI 管理标准中定义的 5 个功能域是配置管理、故障管理、性能管理、安全管理与记账管理。

（1）配置管理（Configuration Management）

网络配置是指网络中每个设备的功能、相互间的连接关系和工作参数，它反映了网络的状态。网络是经常需要变化的，需要调整网络配置的原因很多，主要有以下几点。

1）为了向用户提供满意的服务，网络必须根据用户需求的变化增加新的资源与设备，调整网络的规模，以增强网络的服务能力。

2）网络管理系统在检测到某个设备或线路发生故障时，在故障排除过程中将会影响部分网络的结构。

3）通信子网中某个结点的故障会造成网络上结点的减少与路由的改变。

对网络配置的改变可能是临时性的，也可能是永久性的。网络管理系统必须有足够的手段来支持这些改变，不论这些改变是长期的还是短期的。有时甚至要求在短期内自动修改网络配置，以适应突发性的需要。

网络中的配置管理功能域需要监视与控制的主要内容是网络资源及其活动状态、网络资源之间的关系，以及新资源的引入与旧资源的删除。

从管理控制的角度看，网络资源有 3 个状态：可用的、不可用的与正在测试的。从网络运行的角度看，网络资源又可以分为两个状态：活动的与不活动的。

在 OSI 网络管理标准中，配置管理部分可以说是最基本的内容。配置管理是网络中对管理对象的变化进行动态管理的核心。当配置管理软件接到网络操作员或其他管理功能设施的配置变更请求时，配置管理服务首先确定管理对象的当前状态并给出变更合法性的确认，然后对管理对象进行变更操作，最后验证变更是否已经完成。因此，网络的配置管理活动经常是由其他管理应用软件来实现的。

（2）故障管理（Fault Management）

故障管理是用来维持网络的正常运行的。网络故障管理包括及时发现网络中发生的故障，找出网络故障产生的原因，必要时启动控制功能来排除故障。控制活动包括诊断测试活动、故障修复或恢复活动、启动备用设备等。

故障管理是网络管理功能中与设备故障的检测、差错设备的诊断、故障设备的恢复或故障排除有关的网络管理功能，其目的是保证网络能够提供连续、可靠的服务。网络中所有的部件，包括网络设备与线路，都有可能成为网络通信的瓶颈。事先进行性能分析，将有助于在运行前或运行中避免出现网络通信的瓶颈问题。但是进行这项工作需要对网络的各项性能参数（如可靠性、延时、吞吐量、网络利用率、拥塞与平均无故障时间等）进行定量评价。

（3）性能管理（Performance Management）

网络性能管理可持续地评测网络运行中的主要性能指标，以检验网络服务是否达到了预定的水平，找出已经发生的或潜在的瓶颈，报告网络性能的变化趋势，为网络管理决策提供依据。为达到这些目的，网络性能管理功能需要维护性能数据库、网络模型，需要与性能管理功能域保持连接，并完成自动的网络管理。

典型的网络性能管理可以分为两部分：性能监测与网络控制。性能监测指网络工作状态信息的收集和整理；而网络控制则是为了改善网络设备的性能而采取的动作和措施。

在 OSI 性能管理标准中明确定义了网络或用户对性能管理的需求，以及度量网络或开放系统资源性能的标准，定义了用于度量网络负荷、吞吐量、资源等待时间、响应时间、传播延迟、资源可用性与表示服务量变化的参数。性能管理包括一系列管理对象状态的收集、分析与调整，保证网络具备可靠、连续通信的能力。

（4）安全管理（Security Management）

安全管理功能可用来保护网络资源的安全。安全管理活动能够利用各种层次的安全防卫机制使非法入侵事件尽可能少发生；能够快速检测未授权的资源使用，并查出侵入点，对非法活动进行审查与追踪；能够使网络管理人员恢复部分受破坏的文件。

安全管理中一般要设置一些权限，制定判断非法入侵的条件以及检查非法操作的规则。非法入侵活动包括无特权的用户企图修改其他用户定义的文件、修改硬件或软件配置、修改访问优先权、关闭正在工作的用户，以及任何其他对敏感数据的访问企图。收集有关数据并产生报告，由网络管理中心的安全事务处理进程进行分析、记录、存档，并根据情况采取相应的措施，如给入侵用户以警告信息、取消其使用网络的权力等。

（5）记账管理（Accounting Management）

对于公用分组交换网与各种网络信息服务系统来说，用户必须为使用网络的服务而缴费，网络管理系统则需要对用户使用网络资源的情况进行记录并核算费用。用户使用网络资源的费用有许多不同的计算办法，例如，国内一般根据上网时间进行计费。

在大多数企业内部网中，内部用户使用网络资源并不需要缴费，但是记账功能可以用来记录用户对网络的使用时间、统计网络的利用率与资源使用等内容。因此，记账管理功能在企业内部网中也是非常有用的。

记账管理功能是所有网络通信服务公司与 ISP 所要选择的重要的功能，也是确定网络利用率和实现对用户合理收费的主要服务功能。记账管理的目标是为准确、合理地收取用户因使用网络资源而应交付的费用提供数据。在激烈的商业竞争中，通信服务公司和 ISP 都需要允许用户查阅精确的计费信息，如每次通信的开始时间、结束时间、通信中使用的信息资源、通信中传送的信息量、通信对方等信息。因此，记账管理功能对于所有的网络通信服务公司和 ISP 来说都是非常重要的。

8.1.2　简单网络管理协议

对应于两大主要的网络模型，即 ISO/OSI 网络模型和 TCP/IP 网络模型，网络管理也存在着公共管理信息网络管理模型和简单网络管理模型两种。其中，SNMP 以其简单、灵活的特点而得到广泛应用。

SNMP（Simple Network Management Protocol，简单网络管理协议）是由 IETF 的研究小组为了解决 Internet 上的路由器管理问题而提出的。IETF 成立了两个工作组，从两个方面定义了因特网管理的标准。管理信息库（MIB）工作组负责定义 MIB 内的元素及结构。简单网络管理协议（SNMP）工作组定义了不同厂商的设备之间交换的协议，它为网络管理系统提供了底层网络管理的框架。目前的 SNMP 存在 3 个版本，即 SNMPv1、SNMPv2 和 SNMPv3。

本小节只简单介绍 SNMP 网络管理的基本内容。

1. SNMP 的基本原理

从广义上讲，SNMP 是由一系列协议和规范组成的，它们提供了一种从网络上的设备中收集网络管理信息的方法。它主要包括 3 个部分：

1）管理信息结构（SMI）。

2）管理信息库（MIB）。

3）简单网络管理协议（SNMP）。

为了有效地对网络进行管理，简单网络管理模型必须定义大量的变量来描述网络上硬件及软件的运行状态和统计信息，这些变量称为对象。网络的所有对象都在管理信息库（MIB）中定义。管理信息结构（SMI）定义了对象的格式、MIB 资源的命名与表示。简单网络管理协议（SNMP）用于定义管理工作站与被管理结点之间如何交换信息的简单协议，它的设计原则就是尽量简单，给网络增加尽量少的负载。

SNMP 网络管理模型采用客户/服务器的组织模式。管理工作站 SNMP 充当客户方，而装备了 SNMP 代理（SNMP Agent）的被管理结点充当服务器方。SNMP 网络管理模型示意图如图 8-1 所示。

管理工作站一般为一个独立的设备，其作为网络管理员与网络管理系统的接口，基本构成为：

1）一个用于网络管理员监控网络的接口；

2）一组具有分析数据、发现故障等功能的管理程序；

3）将网络管理员的要求转化为对远程网络元素实际监控的能力；

4）一个保存从所有被管理网络实体的 MIB 抽取出的信息的数据库。

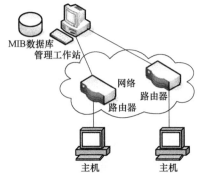

图 8-1　SNMP 网络管理模型示意图

被管理结点一般指装备了 SNMP 代理的网络实体（如主机、路由器、交换机等）。SNMP 代理对来自管理工作站的信息请求和动作请求进行应答，并异步地为管理工作站报告一些重要的意外事件。

管理工作站与被管理结点之间通过简单网络管理协议进行通信。通信主要包括以下内容：

1）Get 操作：管理站读取代理者处对象的值。

2）Set 操作：管理站设置代理者处对象的值。

3）Trap 操作：代理者向管理站通报重要事件。

在简单网络管理模型中，网络管理工作站为了在本地数据库中为所有被管理结点下的所有管理对象建立信息并及时同步该信息，它采用了主动轮询 SNMP 管理代理索求管理信息的方法。但是，如果管理站负责大量的 SNMP 代理，而每个代理又维护大量的管理对象，则靠管理站及时地轮询所有代理维护的所有可读数据是不现实的。因此管理站采取陷阱（Trap）引导轮询技术对管理信息进行控制和管理。

所谓的陷阱引导轮询技术，是指在初始化时，管理工作站轮询所有被管理结点，掌握关键信息，如接口特性、作为基准的一些性能统计值（如发送和接收的分组的平均数）等。一旦建立了基准，管理站将降低轮询频度。相反的，由每个 SNMP 代理负责向管理工作站报告异常事件。例如，SNMP 代理崩溃和重启动、连接失败、过载等。这些事件用 SNMP 的 Trap 消息报告。管理站一旦发现异常情况，可以直接轮询报告事件的被管理结点或它的相邻结点，对事件进行诊断或获取关于异常情况的更多信息。

SNMP 位于应用层，利用 UDP 的两个端口（161 和 162）实现管理员和代理之间的管理信息交换。UDP 端口 161 用于数据收发，UDP 端口 162 用于代理报警（即发送 Trap 报文）。

2. SNMP 的消息

SNMP 中定义了 5 种消息类型。

1）GetRequest：用于管理站从代理获取指定管理变量的值。

2）GetNextRequest：用于管理站从代理连续获取一组管理变量的值。

3）GetResponse：用于代理响应管理站的请求，返回请求值或错误类型等。

4）SetRequest：用于管理站设置代理中指定的管理变量的值。

5）Trap：用于代理向管理站主动传递报警信息。

SNMPv2 中增加了两种 PDU：GetBulkRequest 和 InformRequest。

1）GetBulkRequest：批量数据操作，这个 PDU 的目的是尽量减少查询大量管理信息时所进行的报文交换次数，尤其是对表元素进行查询时。

2）InformRequest：该 PDU 由一个管理者角色的 SNMPv2 实体应其应用的要求发给另一个管理者角色的 SNMPv2 实体，向后者的某个应用提供管理信息。InformRequest 使管理者间的互操作成为可能。

SNMP 管理员使用 GetRequest 从拥有 SNMP 代理的网络设备中检索信息，SNMP 代理以 GetResponse 消息响应 GetRequest。可以交换的信息很多，如系统的名称、系统自启动后正常运行的时间、系统中的网络接口数等。

GetRequest 和 GetNextRequest 结合起来使用可以获得一个表中的对象。GetRequest 取回一个特定对象；而使用 GetNextRequest 则请求表中的下一个对象。

使用 SetRequest 可以对一个设备中的参数进行远程配置。SetRequest 可以设置设备的名称，关掉一个端口或清除一个地址解析表中的项目。

Trap 即 SNMP 陷阱，是 SNMP 代理发送给管理站的非请求消息。这些消息告知管理站本设备发生了一个特定事件，如端口失败、掉电重启等，管理站可相应地做出处理。

一条 SNMP 报文由以下 3 个部分组成。

1）Version 域（Version Field）：版本号域。用于说明现在使用的是哪个版本的 SNMP。目前，Version 1 是使用最广泛的 SNMP。

2）Community 域（Community Field）：团体名域或社区名域。用于实现 SNMP 网络管理员访问 SNMP 管理代理时的身份验证。Community（Community Name）是管理代理的口令，管理员被允许访问数据对象的前提就是网络管理员知道网络代理的口令。如果配置管理代理可以执行 Trap 命令，当网络管理员用一个错误的分区名查询管理代理时，系统就发送一个 authenticationFailure trap 报文。

3）SNMP 数据单元域（SNMP Data Unit Field）：协议数据单元域。指明了 SNMP 的消息类型及其相关参数。

3. SNMP 网络管理方案

SNMPv1 中采用的是高度集中式的网络管理方案，由一个管理工作站负责整个网络管理（管理站可以设置多个，用于提供备份功能）。其他系统担任 SNMP 代理者角色，收集本地信息并保存以供管理站提取。随着网络规模的增大，管理工作站的负载及管理信息为网络带来的负载都急剧增加，集中式的网络管理已经不再适用，因此，SNMPv2 提出了分布式网络管理方案。

如图 8-2 所示，在分布式网络管理模式下，可以有一个或多个顶层的网络管理工作站，称为管理服务器，这些管理服务器可以直接管理被管理结点，但大多通过中级管理站间接管理。

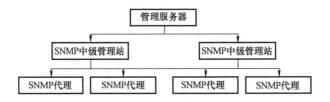

图 8-2　分布式网络管理示意图

所谓的中级管理站，是指一些同时拥有管理者和 SNMP 代理两种角色的系统。作为管理方，中级管理站监视和控制自己应当负责的被管理结点；作为 SNMP 代理，中级管理站接收高层的控制信息并应答所需的管理信息。

为了实现分布式网络管理中需要的管理者之间的互操作，SNMPv2 引入了 Inform 操作和管理站—管理站 MIB。利用 Inform 命令，一个管理站可以向高层管理站通知一些重大事件的发生，而管理站—管理站 MIB 中给出了这些异常事件的定义。

设置 PC 支持 SNMP 的网管代理，需要在机器中安装服务 "SNMP Service"。在 Windows 2000 以上的操作系统中，它作为标准服务已经安装。SNMP Service 是可配置的，可以对启动方式、登录用户名与密码、社区 Community 名称、访问本机的 SNMP 代理的主机 IP 地址等进行配置，但 PC 出于安全考虑，往往禁用此服务。也可通过安装 "SNMP Trap Service" 服务对 SNMP Trap 进行设置。

8.2　网　络　安　全

安全问题是计算机网络的一个主要薄弱环节，广大的网络用户在利用改善了他们工作和生活的计算机网络的同时，也必须面对计算机病毒、黑客、有害程序（如木马、流氓软件）、系统漏洞和后门等所带来的威胁。网络安全问题已经成为信息社会的一个焦点问题。

8.2.1 网络安全的概念

网络安全是指网络系统的硬件、软件及其系统中的数据受到保护，不受偶然的因素或者恶意的攻击而遭到破坏、更改、泄露，确保系统能连续、可靠、正常地运行，网络服务不中断。网络安全从本质上来讲主要是指网络上的信息安全。

网络安全包括物理安全、逻辑安全、操作系统安全、网络传输安全。

（1）物理安全

物理安全是指用来保护计算机硬件和存储介质的装置和工作程序安全。物理安全包括防盗、防火、防静电、防雷击和防电磁泄漏等内容。

（2）逻辑安全

计算机的逻辑安全需要用口令字、文件许可、加密、检查日志等方法来实现。防止黑客入侵主要依赖于计算机的逻辑安全。以下是加强计算机逻辑安全的几个常用措施。

1）限制登录的次数，对试探操作加上时间限制。

2）为重要的文档、程序和文件加密。

3）限制存取非本用户自己的文件，除非得到明确的授权。

4）跟踪可疑的、未授权的存取企图等。

（3）操作系统安全

操作系统是计算机中最基本、最重要的软件。如果计算机系统需要提供给许多人使用，那么操作系统必须能区分用户，防止他们相互干扰。一些安全性高、功能较强的操作系统可以为计算机的每个用户分配账户。不同账户有不同的权限。操作系统不允许一个用户修改由另一个账户产生的数据。

（4）网络传输安全

网络传输安全可以通过以下的安全服务来达到。

1）访问控制服务：用来保护计算机和联网资源不被非授权使用。

2）通信安全服务：用来认证数据的保密性和完整性，以及各通信的可信赖性。例如，基于互联网的电子商务就依赖并广泛采用通信安全服务。

8.2.2 网络安全技术必须解决的问题

网络安全技术从根本上来说，就是通过解决网络安全存在的问题来达到确保信息在网络环境中的存储、处理与传输安全的目的。因此可以说，网络安全技术的进步，依赖于网络所受到的安全威胁。下面在总结对网络构成威胁的各主要因素的基础上，介绍网络安全技术必须解决的问题。

1. 网络攻击

要保证运行在网络环境中的信息系统的安全，首要问题是保证网络自身能够正常工作，因此首先要解决如何防止网络被攻击的问题。如果预先采取了有效的攻击防范措施，网络即使受到攻击，也仍然能够保持正常工作状态。

在 Internet 中，对网络的攻击可以分为两种基本类型，即服务攻击与非服务攻击。从黑客攻击的手段上看，又可以大致分为以下 8 种：系统入侵类攻击、缓冲区溢出攻击、欺骗类攻击、拒绝服务类攻击、防火墙攻击、病毒类攻击、木马程序攻击、后门攻击等。

计算机网络教程

（1）服务攻击的特点

服务攻击（Application Dependent Attack）是指对为网络提供某种服务的服务器发起攻击，造成该网络的"拒绝服务"，使网络工作不正常。特定的网络服务包括 E-mail 服务、Telnet 服务、FTP 服务、WWW 服务、流媒体服务、P2P 服务等。例如，Telnet 服务在众所周知的 TCP 的 23 端口上提供远端连接，WWW 在 TCP 的 80 端口等待客户的浏览请求。由于 TCP/IP 缺乏认证、保密措施，因此就有可能为服务攻击提供条件。攻击者可能针对一个网站的 WWW 服务进行攻击，设法使该网站的 WWW 服务器瘫痪或修改它的主页，使得该网站的 WWW 服务失效或不能正常工作。

（2）非服务攻击的特点

非服务攻击（Application Independent Attack）不针对某项具体应用服务，而是针对网络层等低层协议。攻击者可能使用各种方法对网络通信设备（如路由器、交换机）发起攻击，使得网络通信设备的工作严重阻塞或瘫痪，使小到一个局域网，大到一个或几个子网不能正常工作或完全不能工作。TCP/IP（尤其是 IPv4）自身安全机制的不足为攻击者提供了方便。源路由攻击和地址欺骗都属于这一类。

与服务攻击相比，非服务攻击与特定服务无关。它往往利用协议或操作系统实现协议时的漏洞来达到攻击目的，更为隐蔽且常常被人们所忽略，因而是一种更为危险的攻击手段。

网络防攻击技术的关键在于如何发现网络被攻击，以及当网络被攻击时应该采取怎样的处理方法，以便将损失控制到最小。因此，网络防攻击技术应主要解决以下几个问题：

1）网络可能遭到哪些人的攻击。

2）攻击类型与手段可能有哪些。

3）如何及时检测并报告网络被攻击。

4）如何采取相应的网络安全策略与网络安全防护体系。

事实上，很多企业、机构及用户对网站或网络系统的安全重视不够，存在着一定的安全隐患，导致被黑客攻击的事件屡有发生。因此对网络系统加强管理是企业、机构及用户免受攻击的重要措施。

网络攻击所造成的后果是非常严重的，而网络攻击的手段又是千变万化的，因此网络防攻击技术是网络安全技术最重要的部分。

2. 网络安全漏洞

网络信息系统的运行一定会涉及计算机硬件与操作系统、网络硬件与网络软件、数据库管理系统、应用软件，以及各种网络通信协议。各种计算机硬件与操作系统、应用软件都会存在一定的安全问题，它们不可能是百分之百无缺陷或无漏洞的。UNIX 是 Internet 中应用很广泛的网络操作系统，但是在不同版本的 UNIX 操作系统中，或多或少都会找到能被攻击者利用的漏洞。Windows 操作系统漏洞更是大家所熟知的。TCP/IP 是 Internet 使用的最基本的通信协议，同样，TCP/IP 中也可以找到能被攻击者利用的漏洞。用户开发的各种应用软件可能会出现更多能被攻击者利用的漏洞。

网络服务是通过各种协议来完成的，因此网络协议的安全性是网络安全的一个重要方面。如果网络通信协议存在安全上的缺陷，那么攻击者就有可能不必攻破密码体制即可获得所需的信息或服务。值得注意的是，网络协议的安全性是很难得到绝对保证的。实践证明，目前 Internet 提供的一些常用服务所使用的协议，如 Telnet、FTP 和 HTTP，在安全方面都存在一定的缺陷。许多黑客就利用了这些协议的安全漏洞来达到攻击的目的。网络协议的漏洞是当今 Internet 面临的一个严重的安全问题。

网络安全漏洞的存在是不可避免的。尽管很多硬件与软件中的漏洞在研制与测试中大部分已经被发现和解决，但是总会留下一些，这些遗留的漏洞只能在使用过程中不断被发现并加以解决。

但是需要注意的是，网络软件的漏洞和后门（后门是软硬件制造者为了进行非授权访问而在程序中故意设置的万能访问口令，这些口令无论是被攻破，还是只掌握在制造者手中，都对使用者的系统安全构成严重的威胁）是进行网络攻击的首选目标。随着目前的软件系统越来越复杂，对于一个大型系统软件或应用软件来说，要想进行全面彻底的测试已经变得越来越不可能了。虽然在设计与开发过程中已经进行了大量的测试，但总会留下一些缺陷。这些缺陷可能在很长的时间内都发现不了，而只有当软件被使用或某种条件得到满足时才会显现出来。目前非常常见的一些大型系统软件，如 Windows 和一些 UNIX 系统软件，以及 Microsoft Internet Explorer 等应用软件，都不断被用户发现有这样或那样的安全漏洞。另外，网站或软件供应商专门开发、免费提供的一些应用程序，很多都存在着严重的安全漏洞。

由于网络攻击者一直在研究这些安全漏洞，并且把这些安全漏洞作为攻击网络的首选目标，因此网络安全研究人员与网络管理人员就必须主动了解本系统的计算机硬件与操作系统、网络硬件与网络软件、数据库管理系统、应用软件，以及网络通信协议可能存在的安全问题，利用各种软件与测试工具主动地检测网络可能存在的各种安全漏洞，并及时地提出对策与补救措施。

3. 网络中的信息安全问题

黑客的攻击手段和方法多种多样，一般可以分为主动攻击和被动攻击。主动攻击是指以各种方式有选择地破坏信息的有效性和完整性。被动攻击是指在不影响网络正常工作的情况下，进行信息的截获、窃取和破译。这两种攻击都可对计算机网络造成极大的危害，并导致机密数据的泄露。网络信息安全技术用来解决这些问题。

网络中的信息安全主要包括两个方面，即信息存储安全与信息传输安全。

（1）信息存储安全

信息存储安全是指如何保证静态存储在联网计算机中的信息不会被未授权的网络用户非法使用。

网络中的非法用户可以通过猜测用户口令或窃取口令的方法，或者是设法绕过网络安全认证系统来冒充合法用户，非法查看、下载、修改、删除未授权访问的信息，使用未授权的网络服务。

信息存储安全一般由计算机操作系统、数据库管理系统、应用软件与网络操作系统和防火墙来共同保障，通常采用的方法是用户访问权限设置、用户口令加密、用户身份认证、数据加密与结点地址过滤等。

（2）信息传输安全

信息传输安全是指如何保证信息在网络传输的过程中不被泄露与不被攻击。图 8-3a 给出了网络中的信息从源结点正常传输到目的结点的过程，而图 8-3b～图 8-3e 给出了信息传输过程中可能存在的 4 种攻击类型。

1）截获信息。图 8-3b 给出了截获信息的攻击过程。在这种情况下，信息从源结点传输出来，中途被攻击者非法截获，目的结点没有收到应该接收的信息，因而造成了信息在传输途中丢失。

2）窃听信息。图 8-3c 给出了信息被窃听的攻击过程。在这种情况下，信息从源结点传输到目的结点，但中途被攻击者非法窃听。尽管目的结点接收到了信息，信息并没有丢失，但如果被窃听到的是重要的或秘密信息的话，有可能导致严重的问题。

3）篡改信息。图 8-3d 给出了信息被篡改的攻击过程。在这种情况下，信息从源结点传输到目的结点的途中被攻击者非法截获，攻击者将截获的信息进行修改或插入欺骗性的信息，然后将篡改后的错误信息发送给目的结点。尽管目的结点也会接收到信息，但接收的信息却是错误的。

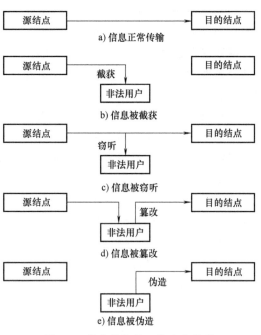

图 8-3 信息传输的 4 种攻击类型

4）伪造信息。图 8-3e 给出了信息被伪造的攻击过程。在这种情况下，源结点并没有信息要传送到目的结点。攻击者冒充源结点用户，将伪造的信息发送给了目的结点。目的结点接收到的是伪造的信息。如果目的结点没有办法发现信息是伪造的，那么就可能出现严重的问题。

因此，如何保证网络系统中信息的安全问题，即网络信息的安全保密问题，是非常重要的。

保证网络系统中信息安全的主要技术是数据的加密与解密。

数据加密与解密是密码学研究的主要问题。密码学是介于通信技术、计算机技术与应用数学之间的交叉学科。传统的密码学已经有很悠久的历史了，而 1976 年公钥密码体系的诞生使得密码学得到了迅速的发展，并在网络中获得了广泛的应用。

在密码学中，将源信息称为明文。为了保护明文，可以将明文通过某种算法进行变换，使之成为无法识别的密文。对于需要保护的重要信息，可以在存储或传输过程中用密文表示。将明文变换成密文的过程称为加密；将密文经过逆转换恢复成明文的过程称为解密。数据加密与解密的过程如图 8-4 所示。

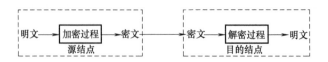

图 8-4 数据加密与解密的过程

目前，一般通过加密与解密、身份确认、数字签名等方法来保证信息存储与传输的安全。

4. 防抵赖问题

防抵赖是指如何防止信息源用户事后不承认他发送的信息，或者是用户接收到信息之后不认账。防抵赖是保障信息传输安全的重要内容之一。如何防抵赖也是在电子商务、电子政务应用中必须解决的一个重要问题。电子商务会涉及商业洽谈、签订商业合同，以及大量资金在网上划拨等问题。电子政务会涉及大量文件在网上传输与数字签名等问题。因此，网络安全技术还需要通过身份认证、数字签名、数字信封、第三方确认等方法来确保网络信息传输的合法性，防止抵赖现象出现。

5. 网络内部安全

网络内部对网络与信息安全有害的行为包括：有意或无意地泄露网络用户或网络管理员口令；违反网络安全规定，绕过防火墙私自和外部网络连接，造成系统安全漏洞；违反网络使用规定，越权查看、修改和删除系统文件、应用程序及数据；违反网络使用规定，越权修改网络系统配置，造成网络工作不正常等。这类问题经常会出现，并且危害性极大。

解决来自网络内部的不安全因素必须从技术与管理两个方面入手：一方面通过网络管理软件随时监控网络运行状态与用户工作状态，对重要资源（如主机、数据库、磁盘等）使用状态进行记录与审计；另一方面应制定和不断完善网络的使用和管理制度，加强用户培训和管理。

6. 病毒、蠕虫与木马

随着 Internet 的飞速发展与日益流行，各种病毒、蠕虫和木马纷至沓来，大肆传播破坏，给广大用户造成了极大的危害。

普通病毒（感染后不能在网上自行传播）按传染方式可分为引导型病毒、可执行文件病毒、宏病毒和混合病毒。蠕虫（Worm）是病毒中的一种，但与普通病毒有所不同。普通病毒的传染能力主要是针对计算机内的文件系统而言的，而蠕虫病毒的传染目标是互联网内的所有计算机。蠕虫病毒能控制计算机中传输文件或信息的功能。一旦系统感染蠕虫，蠕虫即可自行传播，将自己从一台计算机复制到另一台计算机，更危险的是，它还可大量复制。因而在产生的破坏性上，蠕虫病毒也不是普通病毒所能比拟的，网络的发展使得蠕虫病毒可以在短短的时间内蔓延整个网络，造成网络瘫痪，而且蠕虫的主动攻击性和突然爆发性会使人们手足无措。此外，蠕虫会消耗内存或网络带宽，从而可能导致计算机崩溃。而且它的传播不必通过"宿主"程序或文件，因此可潜入系统并像木马一样允许其他人远程控制计算机，这也使它的危害较普通病毒大。

木马是指那些表面上是有用的但实际却是危害计算机安全并导致严重破坏的计算机程序。它是具有欺骗性的文件（很多宣称是良性的，但事实上是恶意的），是一种基于远程控制的黑客工具，具有隐蔽性和非授权性的特点，但没有传染性。所谓隐蔽性，是指木马的设计者为了防止木马被发现，会采用多种手段隐藏木马，这样服务端即使发现感染了木马，也难以确定其具体位置；所谓非授权性，是指一旦控制端与服务端连接后，控制端将窃取到服务端的很多操作权限，如修改文件、修改注册表、控制鼠标和键盘、窃取信息等。一旦中了木马，系统可能就会门户大开，毫无秘密可言。木马与病毒的重大区别是木马不具有传染性，它并不能像病毒那样复制自身，也不"刻意"地去感染其他文件，它主要通过伪装自身来吸引用户下载执行。可以简单地说，病毒破坏信息，而木马窃取信息。

还有一些其他恶意程序，比较典型的是逻辑炸弹（Logic Bomb），这是一种当运行环境满足某种特定条件时执行其他特殊功能的程序。如一个编辑程序，平时运行得很好，但当系统时间为 13 日又为星期五时，它会删去系统中所有的文件，这种程序就是一种逻辑炸弹。

实际上，普通病毒和部分种类的蠕虫，还有所有的木马是无法自我传播的。感染病毒和木马的常见方式，一是运行了被感染有病毒和木马的程序，二是浏览网页、邮件时被利用了浏览器漏洞，病毒木马自动下载运行了。这基本上是目前最常见的两种感染方式了。因而要预防病毒和木马，首先要提高警惕，不要轻易打开来历不明的可疑文件、网站、邮件等，并且要及时为系统打上补丁，最后安装上防火墙及可靠的杀毒软件，并及时升级病毒库。值得注意的是，不能过多地依赖杀毒软件，因为新的病毒总是出现在杀毒软件升级之前，靠杀毒软件来防范病毒，本身就处于被动的地位。从根本上说还是要提高自己的网络安全意识，对病毒做到预防为主，查杀为辅。

因此，网络防病毒木马是保护网络与信息安全的重要问题之一，它需要从工作站与服务器的防病毒木马技术与用户管理两个方面来着手解决。

7. 网络数据备份与恢复

在实际的网络运行环境中，数据备份与恢复功能是非常重要的。因为虽然可以从预防、检查、反应等方面着手去减少网络信息系统的不安全因素，但是要完全保证系统不出现安全事件，这是任何人都不可能做到的。

网络信息系统的硬件与系统软件都是可以用钱买到的，而数据是多年积累的成果，并且可能价值连城。如果数据一旦丢失，并且不能恢复，那么就可能会给公司和客户造成不可挽回的损失。因此，一个实用的网络信息系统的设计中必须有网络数据备份、恢复手段和灾难恢复策略与实现方法的内容。

8. 知识产权保护

随着 Internet 的飞速发展，各种文件在网上传播，经常会发生知识产权的侵害问题。同时，P2P 文件共享程序被日益广泛地使用，加速了盗版媒体的分发，提高了知识产权保护的难度。例如，Internet 上的音频/视频文件的知识产权保护就是其中的一个比较典型的问题。

8.3 加密与认证技术

密码技术是保证网络与信息安全的核心技术之一。密码学（Cryptography）包括密码编码学与密码分析学（Cryptanalysis）。密码编码学是密码体制的设计学，而密码分析学则是在未知密钥的情况下从密文推演出明文或密钥的技术。可以通过数据加密来保护自己的数据。利用加密算法和一个秘密的值（称为密钥）来对信息编码，以使原来清晰的数据变得晦涩难懂，避免秘密数据外泄。

8.3.1 基本概念

1. 加密算法与解密算法

加密的基本思想是伪装明文以隐藏其真实内容，即将明文 X 伪装成密文 Y。伪装明文的操作称为加密，加密时所使用的信息变换规则称为加密算法。由密文恢复出原明文的过程称为解密，解密时所采用的信息变换规则称作解密算法。解密是加密的逆过程。

2. 密钥的作用

加密算法和解密算法的操作通常都是在一组密钥控制下进行的。密码体制是指一个密码系统所采用的基本工作方式以及它的两个基本构成要素，即加密/解密算法和密钥。

传统密码体制所用的加密密钥和解密密钥相同，也称为对称密码体制。如果加密密钥和解密密钥不相同，则称为非对称密码体制。密钥可以视为密码算法中的可变参数。从数学的角度来看，改变了密钥，实际上也就改变了明文与密文之间等价的数学函数关系。密码算法是相对稳定的。在这种意义上，可以把密码算法视为常量，而密钥则是一个变量。可以根据事先约好的规则，对应每一个新的信息改变一次密钥，或者定期更换密钥。密码算法实际上很难做到绝对保密，因此现代密码学的一个基本原则是一切秘密寓于密钥之中。在设计加密系统时，加密算法是可以公开的，真正需要保密的是密钥。

3. 数据加密的数学模型

加密技术可以分为密钥和加密算法两部分。其中，加密算法是用来加密的数学函数，而解密算法是用来解密的数学函数。密文是明文和加密密钥相结合后经过加密算法运算而得到的结果。其数学模型实际上是含有一个参数 k 的数学变换，即：

$$C = E_k(m) \tag{8-1}$$

式 (8-1) 中，m 是未加密的信息（明文），C 是加密后的信息（密文），E 是加密算法，参数 k 称为密钥。密文 C 是明文 m 使用密钥 k 经过加密算法计算后的结果。

加密算法可以公开，而密钥只能由通信双方来掌握。加密处理后的数据信息，即使被人窃取了，由于不知道相应的密钥，也很难将密文还原成明文，从而可以保证信息的安全。

4. 密钥长度

对于同一种加密算法，密钥的位数越长，破译的困难也就越大，安全性也就越好。密钥位数越多，密钥空间（Key Space）越大，也就是密钥可能的范围也就越大，那么攻击者也就越不容易通过暴力攻击（Brute-Force Attack）来破译。在暴力攻击中，破译者可以用穷举法对密钥的所有组合进行猜测，直到成功地解密。表 8-1 给出了在给定密钥长度下用穷举法进行猜测时需要尝试的密钥个数。

假设用穷举法破译，猜测每 10^6 个密钥用 $1\mu s$ 的时间，那么猜测 2^{128} 个密钥最长的时间大约是 1.1×10^{19} 年。所以，一种自然的倾向就是使用最长的可用密钥，它使得密钥很难被猜测出。但是密钥越长，进行加密和解密过程所需要的计算时间也越长。

表 8-1　密钥长度与密钥个数

密钥长度（位）	组合个数
40	$2^{40} = 1099511627776$
56	$2^{56} = 7.205759403793 \times 10^{16}$
64	$2^{64} = 1.844674407371 \times 10^{19}$
112	$2^{112} = 5.192296858535 \times 10^{33}$
128	$2^{128} = 3.402823669209 \times 10^{38}$

8.3.2　对称加密

目前常用的加密技术可分为两类，即对称加密（Symmetric Cryptography）与非对称加密

（Asymmetric Cryptography）。在传统的对称加密系统中，加密用的密钥与解密用的密钥是相同的，密钥在通信中需要严格保密。在非对称加密系统中，加密用的公钥与解密用的私钥是不同的，加密用的公钥可以向大家公开，而解密用的私钥是需要保密的。

1. 对称加密的基本概念

对称加密技术对信息的加密与解密都使用相同的密钥，因此又称为密钥密码技术。图8-5给出了对称加密的原理示意图。使用对称加密方法，加密方与解密方必须使用同一种加密算法和相同的密钥。

由于通信双方加密与解密使用同一个密钥，因此如果第三方获取该密钥就会造成失密。

只要通信双方能确保密钥在交换阶段未泄露，那么就可以保证信息的机密性与完整性。对称加密技术存在着通信双方之间确保密钥安全交换的问题。同时，如果一个用户与 N 个其他用户进行通信，每个用户对应一把密钥，那么他就需要维护 N 把密钥。

图 8-5　对称加密的原理示意图

当网络中有 N 个用户之间进行加密通信时，则需要有 $N×(N-1)$ 个密钥才能保证任意两方之间的通信。

在对称加密体系中，加密方和解密方使用相同的密钥，系统的保密性主要取决于密钥的安全性。因此，密钥在加密方和解密方之间的传递和分发必须通过安全通道进行，在公共网络上使用明文传递密钥是不合适的。如果密钥没有以安全方式传送，那么黑客就很可能非常容易地截获密钥。如何产生保密的密钥，如何安全、可靠地传送密钥是十分复杂的问题。

密钥管理涉及密钥的产生、分配、存储、销毁。如果设计了一个很好的加密算法，但是密钥管理问题处理不好，则这样的系统是不安全的。

2. 典型的对称加密算法

数据加密标准（Data Encryption Standard，DES）是最典型的对称加密算法，它是由 IBM 公司推出的经国际标准化组织认定的数据加密的国际标准。DES 算法是目前广泛采用的对称加密方式之一，加密和解密使用同一种算法，但是加密和解密时的密钥并不相同。DES 算法采用了 64 位密钥长度，其中 8 位用于奇偶校验，用户可以使用其余的 56 位。DES 算法并不是非常安全的，入侵者使用运算能力足够强的计算机对密钥逐个尝试就可以破译密文。但是，破译密文需要很长时间，只要破译的时间超过密文的有效期，那么加密就是有效的。目前，已经有一些比 DES 算法更安全的对称加密算法，如 IDEA 算法、RC2 算法、RC4 算法等。

8.3.3　非对称加密

1. 非对称加密的基本概念

非对称加密技术对信息的加密与解密使用不同的密钥，用来加密的密钥是可以公开的公钥，用来解密的密钥是需要保密的私钥，因此又被称为公钥加密（Public Key Encryption）技术。

在 1976 年，Diffie 与 Hellman 提出了公钥加密的思想，加密用的公钥与解密用的私钥不同，公开加密密钥不至于危及解密密钥的安全，图 8-6 给出了非对称加密的原理示意图。用来加密的公钥（Public Key）与解密的私钥（Private Key）是数学相关的，并且加密公钥与解密私钥是成对出现的，但是不能通过加密公钥来计算出解密私钥。

非对称密钥密码体制在密码学中是非常重要的。按照一般的理解，加密主要是解决信息在传输过程中的保密性问题。但是还存在着另一个问题，那就是如何对信息发送人和接收人的真实身份进行验证，以防止用户对所发出信息和接收信息后的抵赖，并且能够保证数据完整性。非对称密钥密码体制对这两个方面都给出了很好的解决方式。

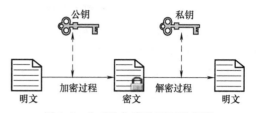

图 8-6 非对称加密的原理示意图

在非对称密钥密码体制中，加密的公钥与解密的私钥是不相同的。公钥是公开的，谁都可以使用，而私钥只有解密人自己知道。由于采用了两个密钥，并且从理论上可以保证要从公钥和密文中分析出明文和解密的私钥在计算上是不可行的，那么以公钥作为加密密钥，接收方使用私钥解密，则可实现多个用户发送的密文只能由一个持有解密的私钥的用户解读。相反，如果以用户的私钥作为加密密钥，而以公钥作为解密密钥，则可以实现由一个用户加密的消息而由多个用户解读。这样网络中有 N 个用户之间进行加密通信时，不再需要有 $N\times(N-1)$ 个密钥，并可以用于数字签名。

非对称加密技术可以大大简化密钥的管理。网络中的 N 个用户之间进行通信加密，仅仅需要使用 N 对密钥就可以，而且用于解密的私钥不需要发往任何地方，公钥在传递和发布过程中即使被截获，由于没有与公钥相匹配的私钥，截获的公钥对入侵者也没有太大的意义。这正是非对称加密技术与对称密钥加密技术相比所具有的优势。

公钥加密技术的主要缺点是加密算法复杂，加密与解密的速度比较慢。

2. 典型的非对称加密算法

目前，主要的公钥算法包括 RSA 算法、DSA 算法、PKCS 算法与 PGP 算法等。

RSA 公钥体制是 1978 年由 Rivest、Shamir 和 Adleman 提出的一个公钥密码体制，RSA 就是以其发明者的姓名的第一个字母命名的。RSA 体制被认为是目前为止理论上最为成熟的一种公钥密码体制。RSA 体制多用在数字签名、密钥管理和认证等方面。

RSA 公钥体制的理论基础是寻找大素数是相对容易的，而分解两个大素数的积在计算上是不可行的。RSA 算法的安全性建立在大素数分解的基础上，素数分解是一个极其困难的问题。

RSA 算法的保密性随其密钥的长度增加而增强。但是密钥越长，加密与解密所需要的时间也就越长。因此，人们必须根据被保护信息的重要程度、攻击者破解所要花的代价，以及系统所要求的保密期限来综合考虑，选择密钥的长度。

1985 年，Elgamal 构造了一种基于离散对数的公钥密码，这就是 Elgamal 公钥体制。Elgamal 公钥体制的密文不仅依赖于待加密的明文，而且依赖于用户选择的随机数。由于每一次的随机数是不同的，因此即使加密相同的明文，得到的密文也是不同的。由于这种加密算法的不确定性，因此又称其为概率加密体制。

目前，典型的公钥加密算法还有 Diffie-Hellman 密钥交换、数据签名标准 DSS、椭圆曲线密码等。

8.3.4 数字信封技术

数字信封技术用来保证数据在传输过程中的安全。图 8-7 给出了数字信封技术的工作原理示意图。传统的对称加密算法的算法效率高，但是密钥不适合通过公共网络传递。而非对称加密算法的密钥传递简单，但加密算法的运算效率低。数字信封技术将传统的对称加密与非对称加密算法结合起来，它利用了对称加密算法的高效性与非对称加密算法的灵活性，保证了信息在传输过程中的安全性。

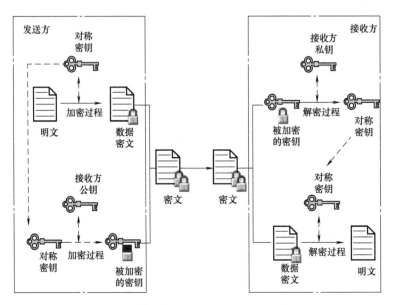

图 8-7 数字信封技术的工作原理示意图

在数字信封技术中需要有两个不同的加密解密过程：文件本身的加密解密、密钥的加密解密。首先它使用对称加密算法对发送的数据进行加密，然后利用非对称加密算法对对称加密的密钥进行加密，其过程如下：

1）在需要发送信息时，发送方生成一个密钥。

2）发送方使用对称加密的密钥和算法对发送数据进行加密，形成加密的数据密文。

3）发送方使用接收方提供的公钥对发送方的密钥进行加密。

4）发送方通过网络将加密后的密文和加密的密钥传输到接收方。

5）接收方用私钥对加密后的发送方密钥进行解密，得到对称密钥。

6）接收方使用还原出的密钥对数据密文进行解密，得到数据明文。

数据信封技术使用两层加密体制：在内层利用了对称加密技术，每次传送信息都可以重新生成新的密钥，保证信息的安全性；在外层利用了非对称加密技术加密对称密钥，保证密钥传递的安全性。

8.3.5 数字签名技术

数据加密可以防止信息在传输过程中被截获，而如何确定发送人的身份问题，需要使用数字签名技术来解决。

1. 数字签名的基本概念

亲笔签名是用来保证文件或资料真实性的一种方法。在网络环境中，通常使用数字签名技术来模拟日常生活中的亲笔签名。数字签名将信息发送人的身份与信息传送结合起来，可以保证信息在传输过程中的完整性，并提供信息发送者的身份认证，以防止信息发送者抵赖行为的发生。

目前各国已经制定了相应的法律、法规，把数字签名作为执法的依据。利用非对称加密算法（如 RSA 算法）进行数字签名是最常用的方法。

2. 数字签名的工作原理

利用非对称加密算法进行数字签名时，由于其效率比较低，并对加密的信息块长度有一定的限制，因此在使用非对称加密算法进行数字签名前，通常先使用单向散列函数，对要签名的信息进行处理，生成信息摘要，然后对信息摘要进行签名。图 8-8 给出了数字签名的工作原理示意图。

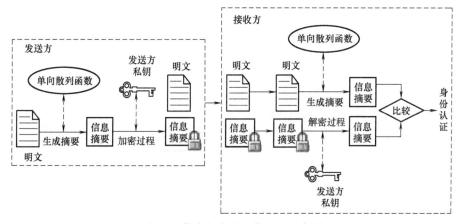

图 8-8 数字签名的工作原理示意图

数字签名的具体工作过程为：

1）发送方使用单向散列函数对要发送的信息进行运算，生成信息摘要。

2）发送方使用自己的私钥，利用非对称加密算法，对生成的信息进行数字签名。

3）发送方通过网络将信息本身和已进行数字签名的信息摘要发送给接收方。

4）接收方使用与发送方相同的单向散列函数对收到的信息进行运算，重新生成信息摘要。

5）接收方使用发送方的公钥对接收的信息摘要解密。

6）将解密的信息摘要与重新生成的信息摘要进行比较，以判断信息在发送过程中是否被篡改过。

7）利用数字签名可以保证信息传输过程中数据的完整性，并实现对发送者的身份认证，防止信息交换中抵赖现象的发生。

实际上，计算出信息摘要后，使用公开密钥法对其加密（用私钥），就生成了数字签名。

3. 信息摘要

信息摘要是通过一个单向散列函数将一段可变长度的明文转换成一个固定长度的比特串

（散列码），签名时只需要对这个固定长度的比特串签名就可以了。

散列码是报文所有比特的函数值，当报文中的任意一个比特或若干比特发生改变时，都将导致散列码发生变化，因此也称为信息的数字指纹。

不同内容的信息数据形成相同摘要值的概率几乎为零，根据摘要值无法还原原数据。用于数字签名的单向散列函数必须满足以下 4 个重要的特性。

1）给定信息 M，通过信息摘要算法 MD 很容易计算出 MD(M)。

2）给定 MD(M)，几乎无法找出 M（单向性）。

3）给定 M，无法找出另一个 M′，使得 MD(M) = MD(M′)（即不可能存在两条具有相同信息摘要的不同信息）。为满足这一点，散列码至少应为 128 位长。

4）输入的微小变化应导致输出有很大的变化。

目前，使用最广泛的信息摘要算法是 MD5 算法和 SHS 算法。

8.3.6　网络用户的身份认证

在网络中经常需要认证用户的身份，如访问控制。网络用户的身份认证可以通过以下 3 种基本途径之一或它们的组合来实现。

1）用户的密码、口令等。

2）用户的身份证、护照、信用卡等。

3）用户的个人特征（Characteristics）：人的指纹、声音、笔迹、手形、脸形、血型、视网膜、虹膜、DNA，以及个人动作方面的特征等。

自动身份认证系统需要根据安全要求和用户可接受的程度，以及成本等因素，选择适当的组合来设计。

对于安全性要求较高的系统，由口令和证件等提供的安全保障是不完善的。口令可能被泄露，证件可能丢失或伪造。更高级的身份验证是根据用户的个人特征并进行确认的，它是一种可信度高而又难以伪造的验证方法。

广义的生物统计学正在成为网络环境中个人身份认证技术中最简单而安全的方法。它是利用个人所特有的生理特征来设计的。个人特征包括很多，如容貌、肤色、发质、身材、手印、指纹、脚印、唇印、颅相、口音、视网膜、血型、DNA、笔迹、习惯性签字等。当然，采用哪种方式还要看是否能够方便地实现，以及是不是能够被用户所接受。个人特征不会丢失且难以伪造，适用于高级别个人身份认证的要求。因此，将生物统计学与网络安全、身份认证有机结合起来是网络安全技术需要解决的一个重要问题。

8.4　防　火　墙

8.4.1　防火墙的基本概念

保护网络安全非常主要的手段之一是构筑防火墙。防火墙的概念起源于中世纪的城堡防卫系统，那时人们为了保护城堡的安全，在城堡的周围挖一条护城河，每一个进入城堡的人都要经过吊桥，并且还要接受城门守卫的检查。人们借鉴了这种防护思想，设计了一种网络安全防护系统，这种系统被称作防火墙。

在设计防火墙时，人们做了一个假设：防火墙保护的内部网络是"可信赖的网络"（Trusted Network），而外部网络是"不可信赖的网络"（Untrusted Network）。设置防火墙的目的是保护内部网络资源不被外部非授权用户使用，防止内部网络受到外部非法用户的攻击。

因此，防火墙是设置在被保护的内部网络和外部网络之间的软件和硬件设备的组合，对内部网络和外部网络之间的通信进行控制。其实质是将内部网和外部网（如 Internet）分开的一种隔离技术。

那么防火墙安装的位置一定是在内部网络与外部网络之间，如图 8-9 所示。

防火墙技术根据企业的安全政策控制（允许、拒绝、监测）出入企业内部网络的信息流，尽可能地对外部屏蔽网络内部的结构、信息和运行情况，阻止网络中的黑客来访问网络资源，且具有较强的抗攻击能力。

构成防火墙系统的两个基本部件是包过滤路由器（Packet Filtering Router）和应用网关（Application Gateway，也叫应用层（级）网关）。最简单的防火墙由一个包过

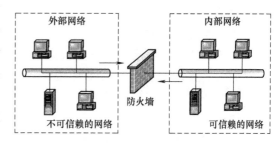

图 8-9 防火墙的位置

滤路由器组成，而复杂的防火墙系统由包过滤路由器和应用级网关组合而成。

8.4.2 防火墙技术

防火墙所采用的技术主要有 3 类，即包过滤、应用层网关和状态检测，由此形成了 3 种基本型的防火墙，即包过滤防火墙、应用层代理防火墙、状态检测防火墙。由这 3 种技术组合并引入新的技术，从而形成了混合型防火墙和各种新型防火墙。

1. 包过滤防火墙

（1）包过滤的基本概念

包过滤技术是基于路由器技术的，图 8-10 给出了包过滤技术的示意图。

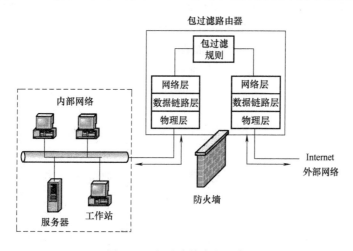

图 8-10 包过滤技术的示意图

路由器按照系统内部设置的分组过滤规则，即访问控制列表（ACL），检查每个分组，决定该分组是否应该转发。

包过滤规则是通过访问控制列表（ACL）实现的。访问控制列表可以使用 IP 报头和 TCP/UDP 报头的一些字段，包括 IP 源地址、IP 目标地址、协议类型（TCP 包、UDP 包和 ICMP 包）、TCP 包或 UDP 包的目的端口、TCP 包或 UDP 包的源端口、ICMP 消息类型、TCP 包头的 ACK 位、TCP 包的序列号、IP 校验和等。

图 8-11 给出了包过滤的工作流程图。实现包过滤的关键是制定包过滤规则。包过滤路由器将分析所接收的包，按照每一条包过滤的规则加以判断，凡是符合包转发规则的包被转发，凡是不符合包转发规则的包被丢弃。

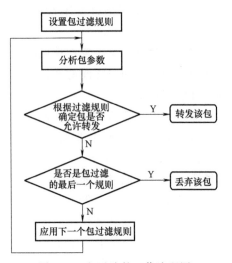

图 8-11 包过滤的工作流程图

（2）包过滤路由器配置的基本方法

包过滤路由器作为防火墙的结构，如图 8-12 所示，通常把它称为屏蔽路由器。包过滤路由器是被保护的内部网络与外部不信任网络之间的第一道防线。下面以图 8-12 为例，对包过滤路由器的设计和配置进行直观描述。

假设网络安全策略规定：内部网络的 E-mail 服务器可以接收来自外部网络用户的所有电子邮件；允许内部网络用户传送到外部电子邮件服务器的电子邮件；拒绝所有与外部网络中名称为 Hacker 主机的连接，因为 Hacker 主机用户可能会给内部网络安全带来威胁。按照以上安全策略的规定，可以用下面的过滤规则进行描述。

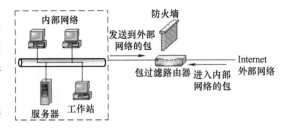

图 8-12 包过滤路由器作为防火墙的结构

过滤规则 1：不允许来自 Hacker 主机的所有连接。

过滤规则 2：不允许内部网络与 Hacker 主机的连接。

过滤规则 3：允许所有进入内部网络 SMTP 的连接。

过滤规则 4：允许内部网络 SMTP 与外部网络的连接。

这些规则可通过配置包过滤路由器的访问控制列表（ACL）来完成。

（3）包过滤方法的优缺点

包过滤是实现防火墙功能的有效与基本的方法。包过滤的优点是：

1）结构简单，便于管理，造价低。

2）由于包过滤在网络层、传输层进行操作，因此这种操作对于应用层来说是透明的，它不要求客户与服务器程序做任何修改。

3）速度快。

包过滤方法的缺点很多。例如，在路由器中配置包过滤规则比较困难；维护时需要对 TCP/IP 了解；不涉及包的内容与用户一级；对于伪装外部主机的 IP 欺骗不能阻止，而且它不能阻止 DNS 欺骗等。

2. 应用层代理防火墙

（1）应用层代理的概念

应用层代理（Proxy）也称为应用层网关，目前大多采用代理服务器机制。所谓代理服务器，是指代表客户处理与服务器连接请求的程序。当代理服务器得到一个客户的连接意图时，将核实客户请求，并经过特定的安全化的 Proxy 应用程序处理连接请求，将处理后的请求传递到真实的服务器上，然后接收服务器应答，做进一步处理后，将答复交给发出请求的最终客户。代理服务器在外部网络向内部网络申请服务时发挥了中间转接的作用。

在代理服务器上安装对应于每种服务的代理服务程序来控制与监督各类应用层服务的网络连接。例如对于外部用户（或内部用户）的 FTP、Telnet、SMTP、HTTP 等服务请求，检查用户的真实身份，请求合法性和源/目的 IP 地址等，从而由网关决定接收或拒绝该服务请求。

应用代理技术参与一个 TCP 连接的全过程。从内部发出的数据包经过这样的防火墙处理后，就好像源于防火墙外部网卡一样，可以达到隐藏内部网结构的作用，如图 8-13 所示。

（2）应用层代理防火墙的优缺点

应用层代理防火墙的最突出的优点就是安全。由于每一个内外网络之间的连接都要通过 Proxy 的介入和转换，通过专门为特定的服务（如 HTTP）编写的安全化的应用程序进行处理，然后由防火墙本身提交请求和应答，没有给内外网络的计算机以任何直接会话的机会，从而避免了入侵者使用数据驱

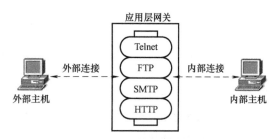

图 8-13　应用层代理防火墙

动类型的攻击方式入侵内部网。包过滤类型的防火墙是很难彻底避免这一漏洞的。就像你要向一个陌生的重要人物递交一份声明一样，如果你先将这份声明交给你的律师，然后律师就会审查你的声明，确认没有什么负面的影响后才由他交给那个陌生人。在此期间，陌生人对你的存在一无所知，如果要对你进行侵犯，他面对的将是你的律师，而你的律师当然比你更加清楚该如何对付这种人。

应用层代理防火墙的最大缺点就是速度相对比较慢，当用户对内外网络网关的吞吐量要求比较高时（如要求达到 75～100Mbit/s 时），应用层代理防火墙就会成为内外网络之间的瓶颈。所幸的是，目前用户接入 Internet 的速度一般都远低于这个数字。在现实环境中，要考虑使用包过滤防火墙来满足速度要求的情况，大部分是高速网（ATM 或千兆位以太网等）之间的防火墙。

3. 状态检测防火墙

（1）状态检测的概念

状态检测（也叫动态包过滤）防火墙采用了一个在网关上执行网络安全策略的软件引擎，称之为检测模块。检测模块在不影响网络正常工作的前提下，采用抽取相关数据的方法对通过防火墙建立的每一个连接都进行跟踪。

检测模块在抽取部分数据即状态信息后，动态地在状态表中新建一条会话。通常，这条会话包括此连接的源地址、源端口、目标地址、目标端口、连接时间等信息，对于 TCP 连接，它还应该包含序列号和标志位等信息。

当后续数据包到达时，如果这个数据包不是发起一个新的连接，状态检测引擎（即检测模块）就会直接把它的信息与状态表中的会话条目进行比较。如果信息匹配，就直接允许数据包通过，这样就不用再去接受包过滤规则的检查，提高了效率；如果信息不匹配，数据包就会被丢弃或连接被拒绝。并且，每个会话还有一个超时值，过了这个时间，相应会话条目就会从状态表中被删除。

对 UDP 来说，虽然它不像 TCP 那样有连接，但状态检测防火墙会为它创建虚拟的连接。相对于 TCP 和 UDP 来说，ICMP 也有一些信息来创建虚拟的连接，但 ICMP 数据包是单向的，所以处理要难一些。

（2）状态检测防火墙的优缺点

状态检测防火墙的优点：避免了普通包过滤防火墙经常静态地开放所有高端端口的危险；由于有会话超时的限制，因此它能够有效地避免外部的 DoS 攻击；外部伪造的 ACK 数据包不会进入，因为它的数据包信息不会匹配状态表中的会话条目；检测模块支持多种协议和应用程序，并可以很容易地实现应用和服务的扩充等。它的缺点：配置非常复杂，会降低网络的速度。

8.5 入 侵 检 测

传统的信息安全方法是采用严格的访问控制和数据加密策略来防护攻击的，但在复杂系统中，这些策略是不充分的，它们是系统安全不可缺少的部分，但不能完全保证系统的安全。随着网络安全的风险系数不断提高，曾经作为非常主要的安全防范手段之一的防火墙已经不能满足人们对网络安全的需求。入侵检测（IDS）就是对防火墙极其有益的补充。

8.5.1 入侵检测概述

作为一种安全防护系统，防火墙在网络中自然是众多攻击者的目标，抗攻击能力是防火墙的必备功能。但也存在一些防火墙不能防范的安全威胁，例如：

1）防火墙不能防范绕过防火墙的攻击，一些最新的木马能够做到这一点，并且如果允许从受保护的网络内部向外拨号，一些用户就可能形成与 Internet 的直接连接。

2）防火墙很难防范来自于网络内部的攻击以及病毒的威胁。

3）防火墙一般不检查来自于正常服务的具体服务内容，如用户正常访问的 Web 页，因而它无法抵御来自于内容的攻击。

因此，在防火墙的基础上还必须采用其他的安全防护手段，入侵检测就是比较有效的一种。

1. 入侵检测的概念

入侵检测系统（Intrusion Detection System，IDS）是对计算机和网络资源的恶意使用行为进行识别的系统。其目的是实时地监测和发现可能存在的攻击行为，包括来自系统外部的入侵行为和来自内部用户的非授权行为，并采取相应的防护手段，如记录证据、跟踪入侵、恢复或断开网络连接等。

IETF 将一个入侵检测系统分为 4 个组件：事件产生器（Event Generators）、事件分析器（Event Analyzers）、响应单元（Response Units）、事件数据库（Event Databases）。IDS 需要

分析的数据统称为事件（Event），它可以是网络中的数据包，也可以是从系统日志等其他途径得到的信息。

事件产生器的目的是从整个计算环境中获得事件，并向系统的其他部分提供此事件。

事件分析器分析得到数据，并产生分析结果，即判断什么是合法的及什么是非法的。

响应单元则是对分析结果做出反应的功能单元，它可以做出切断连接、改变文件属性等强烈反应，也可以只是简单的报警。

事件数据库存放攻击类型数据或者检测规则，它可以是复杂的数据库，也可以是简单的文本文件。事件数据库存储入侵特征描述、用户历史行为等模型和专家经验等。

2. 几类常见的 IDS

根据监测对象不同，IDS 有很多种，以下是几类比较重要的 IDS。

（1）NIDS

NIDS（Network Intrusion Detection System，即网络入侵检测系统）主要用于检测 Hacker 通过网络进行的入侵行为。

（2）SIV

SIV（System Integrity Verifiers，即系统完整性检测）主要用于监视系统文件或者 Windows 注册表等重要信息是否被修改，以堵上攻击者日后来访的后门。SIV 更多的是以工具软件的形式出现，它可以检测到重要系统组件的变化情况，但并不产生实时的报警信息。

（3）LFM

LFM（Log File Monitors，日志文件监测器）主要用于监测网络服务所产生的日志文件。LFM 通过检测日志文件内容并与关键字进行匹配的方式判断入侵行为。

（4）Honeypots

蜜罐（Honeypots）系统，也就是诱骗系统，它是一个包含漏洞的系统，通过模拟一个或多个易受攻击的主机给黑客提供一个容易攻击的目标。由于蜜罐没有其他任务需要完成，因此所有连接的尝试都应被视为是可疑的。蜜罐的另一个用途是拖延攻击者对其真正目标的攻击，让攻击者在蜜罐上浪费时间。与此同时，最初的攻击目标受到了保护，真正有价值的内容将不受侵犯。

3. 网络入侵检测系统的类型

网络入侵检测系统的运行方式有两种，一种是在目标主机上运行以监测其本身的通信信息，另一种是在一台单独的机器上运行以监测所有网络设备的通信信息。因此，网络入侵检测系统（NIDS）可分为主机型、网络型和混合型。

1）主机型入侵检测系统。主机型入侵检测系统以系统日志、应用程序日志等作为数据源，当然也可以通过其他手段（如监督系统调用）从所在的主机收集信息并进行分析。主机型入侵检测系统保护的一般是所在的系统。这种系统经常运行在被监测的系统之上，用于监测系统上正在运行的进程是否合法。

2）网络型入侵检测系统。这种类型的系统可在网络关键点收集信息和分析，发现可疑行为。它的数据源是网络上的数据包。这类系统往往将一台机器的网卡设置成混杂模式并在网络关键点旁路布置（如交换机的镜像端口），对所有本网段内的数据包进行信息收集，并进行判断。一般网络型入侵检测系统担负着保护整个网段的任务。

3）混合型入侵检测系统。主机型和网络型入侵检测系统都能发现对方无法检测到的一些入侵行为,可互为补充,因此基于网络和基于主机的混合型入侵检测系统既可以发现网络中的攻击信息,也可以从系统日志中发现异常情况。

4. 入侵检测系统的典型应用方案

防火墙和入侵检测系统的功能互补。入侵检测系统是相对被动的安全系统,能够了解网络中即时发生的攻击,但难以阻止;而防火墙无法发现某些攻击,却可以阻止攻击。采用"Firewall+NIDS"的模式,通过合理搭配部署和联动可提升网络安全级别,实例如图 8-14 所示。

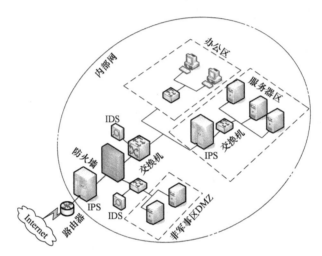

图 8-14 "Firewall+NIDS" 部署实例

8.5.2 入侵防御的基本概念

防火墙是实施访问控制策略的系统,对流经的网络流量进行检查,拦截不符合安全策略的数据包;而入侵检测技术通过监视网络或系统资源,寻找违反安全策略的行为或攻击迹象,并发出报警。传统的防火墙旨在拒绝那些明显可疑的网络流量,但不能有效检测并阻断夹杂在正常流量中的攻击代码;绝大多数 IDS 都是被动的,在攻击发生之前,它们往往无法预先发出警报,侧重安全状态监控。

而入侵防御系统(IPS)则倾向于提供主动防护,其设计宗旨是预先对入侵活动和攻击性网络流量进行拦截,避免其造成损失,而不是简单地在恶意流量传送时或传送后才发出警报。

IPS 是通过直接嵌入到网络流量中实现这一功能的,即通过一个网络端口接收来自外部系统的流量,经过检查确认其中不包含异常活动或可疑内容后,再通过另外一个端口将它传送到内部系统中。这样,有问题的数据包,以及所有来自同一数据流的后续数据包,都能在IPS 设备中被清除掉。

IPS 技术有以下的主要特点。

1)嵌入式运行。IPS 位于其要保护的网段前面,所有要进入该网段的数据包都先经过它前面的 IPS。

2)深入分析和控制。IPS 必须具有深入分析数据包内容的能力,以确定哪些恶意流量已经被拦截，根据攻击类型、策略等来确定哪些流量应该被拦截。

3）入侵特征库。高质量的入侵特征库是 IPS 高效运行的必要条件，IPS 还应该定期升级入侵特征库，并快速应用。

4）高效处理能力。IPS 必须具有高效处理数据包的能力，IPS 数据包处理引擎是专业化定制的集成电路，对整个网络性能的影响保持在最低水平。

采用"Firewall+NIDS+IPS"的方案能为企业网提供更好的防护。

习　题

1. 什么是网络管理？试简要说明 OSI 管理标准中定义的 5 个功能域。
2. 解释下列术语：SNMP、管理信息结构（SMI）、管理信息库（MIB）。
3. 试述 SNMP 网络管理模型的基本结构。
4. SNMP 使用哪几种操作？并说明各种操作的含义。
5. SNMP 陷阱引导轮询技术指的是什么？
6. 比较 SNMPv1 与 SNMPv2 的网络管理方案。
7. 对网络安全的威胁都有哪些？有哪些安全措施？
8. 对称密钥体制与公开密钥体制最主要的区别是什么？
9. 数字信封技术与数字签名技术的主要用途是什么？简述它们的工作原理。
10. 信息摘要的主要用途是什么？简述其工作原理。
11. 什么是防火墙？防火墙系统有哪两个基本部件？
12. 在防火墙技术中的分组过滤路由器工作在哪一个层次？
13. 比较包过滤防火墙、应用层代理防火墙和状态检测防火墙。
14. 杀毒软件和防火墙软件有何不同？
15. 比较防火墙、IDS 和 IPS。

第9章

无 线 网 络

本章介绍了无线局域网的基本概念及协议，介绍了无线个人区域网及无线城域网。

本章教学要求

> 了解：无线局域网的基本概念。
> 理解：IEEE 802.11 协议。
> 理解：无线个人区域网技术。
> 理解：无线城域网技术。

近年来，随着无线技术的成熟，越来越多的人通过无线设备连接到网络。人们越来越多地依赖于网络提供的服务，并希望能够随时随地地对网络进行访问，并且在移动时仍然能够保持通信。因此，无线计算机网络也日益流行起来。本章主要介绍无线局域网（WLAN），同时简单介绍无线个人区域网（WPAN）和无线城域网（WMAN）。

9.1 无线局域网（WLAN）

无线局域网提供了移动接入的功能，这就给许多需要发送数据但又不能坐在办公室的工作人员提供了方便。当大量持有便携式计算机的用户都在同一个地方同时要求上网时（如在临时地点的会议、野外等），如果采用电缆联网，布线就是个很大的问题，这时采用无线局域网就比较容易。无线局域网还有投资少、建网的速度比较快等优点。

9.1.1 无线局域网的基本概念

无线局域网是计算机网络与无线通信技术相结合的产物。它利用射频（RF）技术取代旧式的双绞铜线来构成局域网，提供传统有线局域网的所有功能。

无线局域网的发展经历了两个阶段：IEEE 802.11 标准出台以前的各个标准互不兼容的阶段和 IEEE 802.11 标准问世后的无线网络产品规范化阶段。IEEE 802.11 标准代表了无线网所需要具备的特点。无线局域网有两种配置实现方案：有基站和没有基站。IEEE 802.11 标准对这两种方案都提供了支持。凡使用 802.11 系列协议的局域网又称为 Wi-Fi（Wireless-Fidelity）。

1. IEEE 802.11 基站结构模型

802.11 标准规定无线局域网的最小构件是基本服务集（Basic Service Set，BSS）。一个基本服务集（BSS）包括一个基站和若干个使用相同 MAC 协议竞争共享媒体的移动站，所有的站在本 BSS 以内都可以直接通信，但与本 BSS 以外的站通信时都必须通过本 BSS 的基站。基本服务集内的基站（Base Station）就是接入点（Access Point，AP）。

一个基本服务集可以是孤立的，也可通过接入点（AP）连接到一个分配系统（Distribution System，DS），然后连接到另一个基本服务集，这样就构成了一个扩展的服务集（Extended Service Set，ESS）（图 9-1）。分配系统可以使用以太网（这是最常用的）、点对点链路或其他无线网络。扩展服务集（ESS）可以为无线用户提供到有线局域网的接入。这种接入是通过无线网桥来实现的。

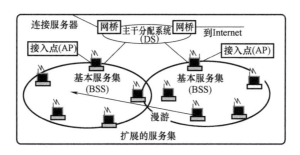

图 9-1 扩展的服务集

2. 自组网络

没有基站的无线局域网又称为自组网络（Ad Hoc Network），如图 9-2 所示。这种自组网络没有上述基本服务集中的接入点（AP），而是由一些处于平等状态的站之间相互通信组成的临时网络。在自组网络中，源结点和目标结点之间的其他结点为转发结点，这些结点都具有路由器的功能。由于自组网络没有预先建好的网络固定基础设施（基站），因此自组网络的服务范围通常是受限的，而且自组网络一般也不和外界的其他网络相连接。

自组网络有很好的应用前景，如战场指挥、灾害场景、移动会议、传感器网络等。

近年来，无线传感器网络（Wireless Sensor Network，WSN）引起了人们广泛的关注。无线传感器网络是由大量传感器结点通过无线通信技术构成的自组网络。无线传感器网络的应用包括进行各种数据的采集、处理和传输，一般并不需要很高的带宽，但是在大部分时间必须保持低功耗，以节省电池的消耗。由于无线传

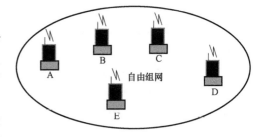

图 9-2 自组网络

感结点的存储容量受限，因此对协议栈的大小有严格的限制。

无线传感器网络中的结点基本上是固定不变的，这点和移动自组网络有很大的区别。

无线传感器网络主要的应用领域：环境监测与保护（如洪水预报）；战争中的敌情监控；医疗中的病房监测和患者护理监测；在危险的工业环境中的安全监测（如井下瓦斯的监控）；城市交通管理，建筑内的温度、照明、安全监控等。

3. IEEE 802.11 协议栈

图 9-3 给出了 IEEE 802.11 协议栈的部分示意图。在 IEEE 802.11 中，MAC 子层确定了

信道的分配方式，即由它决定下一个数据该由谁传输；LLC 子层的任务是隐藏 IEEE 802 各标准之间的差异，与网络层保持一致性。

1997 年出现的 IEEE 802.11 标准规定了物理层上允许的 3 种技术：红外线、直接序列扩频（DSSS）、跳频扩频（FHSS）。后来又引入了 OFDM 和高速率直接序列扩频（HR-DSSS）。

图 9-3　IEEE 802.11 协议栈的部分示意图

9.1.2　IEEE 802.11 物理层

在 IEEE 802.11 系列标准中，涉及物理层的标准有 4 个，即 802.11、802.11a、802.11b、802.11g，见表 9-1。根据不同的物理层标准，无线局域网设备通常被归为不同的类别，如常说的 802.11b 无线局域网设备、802.11a 无线局域网设备等。

表 9-1　802.11 系列标准的物理层跳频扩频与直接序列扩频

协议	802.11	802.11a	802.11b	802.11g
发布时间	1997.7	1999.9	1999.9	2003.7
有效频宽	83.5MHz	325MHz	83.5MHz	83.5MHz
调制方式	FHSS/DSSS	OFDM	HR-DSSS	OFDM
传输速率	2Mbit/s	6~54Mbit/s	5.5Mbit/s、11Mbit/s	54Mbit/s

802.11 工作于 2.4GHz 的 ISM 频段，定义了使用红外、跳频扩频与直接序列扩频技术，共享数据速率最高可达 2Mbit/s。它主要用于解决办公室局域网和校园网中用户终端的无线接入问题。

802.11 的数据速率不能满足日益发展的业务需要，于是 IEEE 在 1999 年相继推出了 802.11b、802.11a 两个标准。并且在 2001 年年底又通过 802.11g 试用混合方案。

802.11b 工作于 2.4GHz 的 ISM 频带，采用高速率直接序列扩频 HR-DSSS，能够支持 5.5Mbit/s 和 11Mbit/s 两种速率，可以与速率为 1Mbit/s 和 2Mbit/s 的 802.11 DSSS 系统交互操作，但不能与 1Mbit/s 和 2Mbit/s 的 802.11 FHSS 系统交互操作。

802.11a 工作于 5GHz 频带，它采用 OFDM（正交频分复用）技术。802.11a 支持的数据速率最高可达 54Mbit/s。802.11a 的速率虽高，但和 802.11b 不兼容，并且成本也比较高，所以在目前的市场中，802.11b 仍然占据主导地位。

802.11g 与已经得到广泛使用的 802.11b 是兼容的，这是 802.11g 相比于 802.11a 的优势所在。802.11g 是对 802.11b 的一种高速物理层扩展。同 802.11b 一样，802.11g 工作于 2.4GHz 的 ISM 频带，但采用了 OFDM 技术，可以实现最高 54Mbit/s 的数据速率，与 802.11a 相当；该方案可在 2.4GHz 频带上实现 54Mbit/s 的数据速率，与 802.11b 标准兼容，并且较好地解决了 WLAN 与蓝牙的干扰问题。

9.1.3 IEEE 802.11 的 MAC 子层协议

在 MAC 子层，802.11、802.11b、802.11a、802.11g 这 4 种标准采用的均是 CSMA/CA（Collision Avoidance，CA 冲突避免）协议。

无线局域网环境下的 MAC 协议必须解决两个问题：不能避免隐藏站问题；存在暴露站的问题。

图 9-4a 表示站点 A 和 C 都想和 B 通信，但 A 和 C 相距较远，彼此都听不见对方。当 A 和 C 检测到信道空闲时，就都向 B 发送数据，结果发生了碰撞。这种未能检测出信道上其他站点信号的问题称为隐蔽站问题。

图 9-4b 给出了另一种情况。站点 B 要向 C 发送数据，而 A 正在和 D 通信，但 B 检测到信道忙，于是就停止向 C 发送数据，其实 A 向 D 发送数据并不影响 B 向 C 发送数据。这就是暴露站问题。

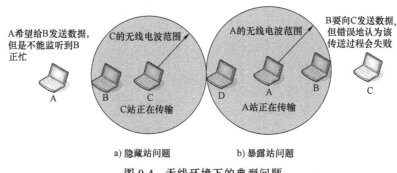

a) 隐藏站问题   b) 暴露站问题

图 9-4　无线环境下的典型问题

因此，无线局域网无法避免碰撞的发生。IEEE 802.11 的做法是尽量减少碰撞，即冲突避免（CA）。802.11 局域网在使用 CSMA/CA 的同时还使用停止等待协议，这是因为无线信道的通信质量远不如有线信道且有冲突，因此无线站点每通过无线局域网发送完一帧，都要等到收到对方的确认帧后才能继续发送下一帧。

1. IEEE 802.11 协议结构

802.11 的 MAC 子层在物理层的上面，它包括两个子层：点协调功能（Point Coordination Function，PCF）子层和分布协调功能（Distributed Coordination Function，DCF）子层，如图 9-5 所示。

PCF 用接入点（AP）集中控制整个 BSS 内的活动，因此自组网络就没有 PCF 子层。PCF 使用集中控制的接入算法，用类似于探询的方法把发送数据权轮流交给各个站，从而避免了碰撞的产生。例如，对时间敏感的业务（如分组语音）就应使用提供无争用服务的 PCF。对某些无线局域网，PCF 可以没有。

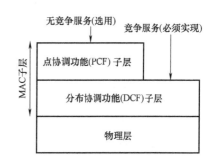

图 9-5　IEEE 802.11 协议结构

DCF 不采用任何中心控制，而是在每一个结点使用 CSMA 机制的分布式接入算法，让各个站通过争用信道来获取发送权。802.11 协议规定，所有的实现都必须有 DCF 功能。

2. CSMA /CA 协议的基本原理

DCF 让各个站争用信道使用的是 CSMA/CA 协议。在该协议中使用了物理信道的监听手段与虚拟信道的监听手段。

（1）物理信道的监听

站点发送数据帧的前提之一是信道空闲，因此需要先检测信道（进行载波监听）。在数据帧传送过程中它并不监听信道，而是直接送出整个帧。

（2）虚拟信道的监听

虚拟信道的监听是指源站把它要占用信道的时间（包括目的站发回确认帧所需的时间）写入到所发送的数据帧的头部"持续时间"字段中，以便使其他所有站在这一段时间都不要发送数据。

当站点检测到正在信道中传送的帧中的"持续时间"字段时，就调整自己的网络分配向量（Network Allocation Vector，NAV）。NAV 指出了信道处于忙状态的持续时间。

信道处于忙状态就表示或者是由于物理层的载波监听检测到信道忙，或者是由于 MAC 子层的虚拟信道监听出了信道忙。

图 9-6 给出了虚拟信道监听的方法。

源站 A 在发送数据帧之前先发送一个短的控制帧，称为请求发送（Request To Send，RTS），它包括源地址、目的地址和这次通信（包括相应的确认帧）所需的持续时间。若信道空闲，则目的站 B 就响应一个控制帧，称为允许发送（Clear To Send，CTS），它也包括这次通信所需的持续时间。A 收到 CTS 帧后就可发送其数据

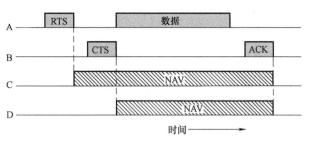

图 9-6　虚拟信道监听的方法

帧，目的站若正确收到此帧，则用确认帧（ACK）应答，结束协议交互。

在此交互过程中，假设 C 处于 A 的无线范围内，但不在 B 的无线范围内，因此一般能够收到 A 发送的 RTS，C 就调整自己的网络分配向量（NAV）以使自己保持安静。假设 D 收不到 A 发送的 RTS 帧，但能收到 B 发送的 CTS 帧，D 也调整自己的网络分配向量（NAV）。

（3）退避机制

为了尽量减少冲突，CSMA/CA 采用了一种退避机制（具体的退避算法本书不做详细介绍）。当一个站要发送数据帧时，在以下几种情况下必须进行退避。

1）在发送第一个帧之前检测到信道处于忙态。

2）每一次的重传。

3）每一次的成功发送后再要发送下一帧。

只有检测到信道是空闲的，并且这个数据帧是它想发送的第一个数据帧时才不退避。

（4）帧间间隔

CSMA/CA 通过定义帧间间隔来实现一个 BSS 内的 PCF 数据与 DCF 数据的共存。

802.11 规定，所有的站在完成发送后，必须再等待一段很短的时间才能发送下一帧。这段时间的通称是帧间间隔（InterFrame Space，IFS）。帧间间隔的长短取决于该站要发送的帧的类型。高优先级帧需要等待的时间较短，因此可优先获得发送权，但低优先级帧就必须等待较长的时间。若低优先级帧还没来得及发送，而其他站的高优先级帧已发送到媒体，则媒体变为忙态，因而低优先级帧就只能再推迟发送了。这样就减少了发生碰撞的机会。至于各种帧间间隔的具体长度，则取决于所使用的物理层特性。

802.11 的帧间间隔如图 9-7 所示。

常用的 3 种帧间间隔的作用如下。

1）SIFS，即短（Short）帧间间隔。SIFS 是最短的帧间间隔，主要用来分隔属于一次对话的各帧。在这段时间内，一个站应当能够从发送方式切换到接收方式。使用 SIFS 的帧类型有 ACK 帧、CTS 帧、由过长的 MAC 帧分片后的数据帧，以保证一次会话的相对连续。使用 SIFS 的帧还有回答 AP 探询的帧和在 PCF 方式中接入点（AP）发送出的任何帧，因为这些帧更重要。

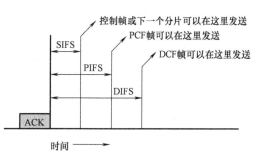

图 9-7　802.11 的帧间间隔

2）PIFS，即点协调功能帧间间隔（比 SIFS 长），是为了在开始使用 PCF 方式时（在 PCF 方式下使用，没有争用）优先获得接入到媒体中。PIFS 的长度等于 SIFS 加一个时隙时间（Slot Time）长度。时隙的长度是这样确定的：在一个基本服务集（BSS）内，当某个站在一个时隙开始时接入到信道时，那么在下一个时隙开始时，其他站就都能检测出信道已转变为忙态。

3）DIFS，即分布协调功能帧间间隔（3 种中最长的 IFS），在 DCF 方式中用来发送数据帧和管理帧。DIFS 的长度比 PIFS 多一个时隙长度。

9.1.4　IEEE 802.11 帧结构

IEEE 802.11 标准定义了 3 种用于通信的帧：数据帧、控制帧和管理帧。

802.11 数据帧格式如图 9-8 所示。

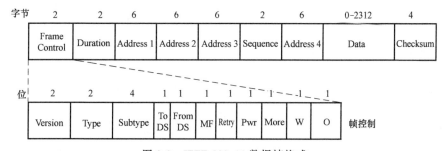

图 9-8　IEEE 802.11 数据帧格式

数据帧各字段的意义如下。其中，帧控制字段共分为 11 个子字段。

1）Frame Control 各字段介绍如下。

① Version：表示 IEEE 802.11 标准版本。

② Type：帧类型，如管理帧、控制帧或数据帧。

③ Subtype：帧子类型，如 RTS、CTS 或 ACK。

④ To DS 和 From DS：当帧发送给 Distribution System（DS）时，To DS 的值设置为 1；当帧从 Distribution System（DS）处接收到时，From DS 的值设置为 1。

⑤ MF：More Fragment，表示当有更多分段属于相同帧时该值设置为 1。

⑥ Retry：表示该分段是先前传输分段的重发帧。

⑦ Pwr：Power Management，表示传输帧以后站所采用的电源管理模式。

⑧ More：More Data，表示发送方有很多帧缓存在站中，需要发送。

⑨ W：WEP（Wired Equivalent Privacy），表示根据 WEP 算法对帧主体进行加密。

⑩ O：Order，表示利用严格顺序服务类处理发送帧的顺序。

2）Duration：Duration 值用于网络分配向量（NAV）计算。

3）Address（1~Address4）：包括 4 个地址（其中前 3 个用于源地址、目标地址、发送方地址和接收方地址，地址 4 用于自组网络），取决于帧控制字段（To DS 和 From DS 位）。

4）Sequence：由分段号和序列号组成。用于表示同一帧中不同分段的顺序，并用于识别数据包副本。

5）Data：发送或接收的信息。

6）Checksum：包括 32 位的循环冗余校验（CRC）。

管理帧的格式与数据帧的格式非常相似，只不过管理帧少了一个基站地址，因而管理帧被严格限定在一个 BSS 中。控制帧要短些，它只有一个或者两个地址，没有 Data 域，也没有 Sequence 域。对于控制帧，关键信息在 Subtype 域。

9.1.5　IEEE 802.11 服务

IEEE 802.11 定义了标准无线 LAN 必须提供的 9 种服务。这些服务可以分成两类：5 种分发服务和 4 种站服务。分发服务涉及对 BSS 的成员关系的管理，并且会影响 BSS 之外的站。与之相反，站服务则只与一个 BSS 内部的活动有关系。

5 种分发服务是由基站提供的，它们处理站的移动性：当移动站进入 BSS 的时候，通过这些服务与基站关联起来；当移动站离开 BSS 的时候，通过这些服务与基站断开联系。这 5 种分发服务如下。

1）关联（Association）。移动站利用该服务连接到基站上。典型情况下，当一个移动站进入到一个基站的无线电距离范围之内的时候，这种服务就会被用到。

2）分离（Disassociation）。不管是移动站，还是基站，都有可能解除关联关系。一个站在离开或者关闭之前先使用这项服务，基站在停下来进行维护之前也可能会用到该服务。

3）重新关联（Reassociation）。利用这项服务，一个站可以改变它的首选基站。这项服务对于那些从一个 BSS 移动到另一个 BSS 中的移动站来说是非常有用的。

4）分发（Distribution）。这项服务决定了如何路由那些发送给基站的帧。如果帧的目标对于基站来说是本地的，则该帧将被直接发送到空中。否则的话，它们必须通过 DS 来转发。

5）融合（Integration）。如果一帧需要通过一个非 802.11 的网络来发送，并且该网络使用了不同的编址方案或者不同的帧格式，则通过这项服务可以将 802.11 格式的帧翻译成目标网络所要求的帧格式。

余下的 4 种服务都是在 BSS 内部进行的。当关联过程完成之后，这些服务才可能会用到。这 4 种服务如下。

1）认证（Authentication）。因为未授权的站很容易发送或者接收无线通信流量，所以，任何一个站必须首先证明它自己的身份，之后才允许发送数据。典型情况下，当基站接收了一个移动站的关联请求之后，基站将给它发送一个特殊的质询帧，以确定该移动站是否知道原先分配给它的密钥（口令）；移动站需要加密质询帧，并送回基站，如果结果正确的话，就可以证明它是知道密钥的，则移动站就被完全接纳。

2）解除认证（Deauthentication）。如果一个已经通过认证的移动站要离开网络，则它需要解除认证。

3）私密性（Privacy）。如果在无线 LAN 上发送的信息需要保密的话，则它必须要被加密。这项服务管理加密和解密。

4）数据投递（Data Delivery）。服务真正的目的是为了传输数据，所以，802.11 必须要提供一种传送和接收数据的方法。802.11 的传输过程不保证可靠性，上面的层必须处理检错和纠错工作。

9.2 无线个人区域网（WPAN）

无线个人区域网（Wireless Personal Area Network，WPAN）是当前计算机网络发展最为迅速的领域之一。WPAN 就是在个人工作或生活的地方把属于个人使用的电子设备（如便携式计算机、PDA、便携式打印机以及蜂窝电话等）用无线技术连接起来的自组网络。WPAN 可以是一个人使用，也可以是若干人共同使用（例如，一个教研小组的几位教师把几米范围内使用的一些电子设备组成一个无线个人区域网）。这些电子设备可以很方便地进行通信，并且解决了用导线的麻烦。

WPAN 的 IEEE 标准由 IEEE 的 802.15 工作组制定，这些标准也包括 MAC 子层和物理层这两层的标准。WPAN 都工作在 2.4GHz 的 ISM 频段。

WPAN 被广泛关注的技术及其标准有 3 个：

1）IEEE 802.15.1，覆盖了蓝牙（BlueTooth）协议栈的物理层/媒体接入控制层（PHY/MAC 层）；

2）IEEE 802.15.3a，超宽带（Ultra-Wide Band，UWB）标准；

3）IEEE 802.15.4，低速无线个人区域网（LR-WPAN），覆盖了 ZigBee 协议栈的物理层/媒体接入控制层（PHY/MAC 层）。

本节简要介绍这 3 种技术。

9.2.1 蓝牙技术与 IEEE 802.15.1 标准

1998 年 5 月，5 家世界著名的 IT 公司爱立信、IBM、英特尔、诺基亚和东芝联合宣布了"蓝牙"计划，使不同厂家的便携设备在没有电缆连接时利用无线技术在近距离范围内具有相互操作的性能。随后这 5 家公司组建了一个特殊的兴趣组织（SIG）来负责此项计划的执行。这项计划一经公布，就得到了包括摩托罗拉、朗讯、康柏、西门子以及微软等大公司在内的近 2000 家厂商的广泛支持和采纳。1999 年 7 月，蓝牙 SIG 推出了蓝牙协议 1.0 版。

IEEE 802.15.1 标准是由 IEEE 与蓝牙 SIG 合作共同完成的。源于蓝牙 v1.1 版的 IEEE 802.15.1 标准已于 2002 年 4 月 15 日由 IEEE-SA 的标准部门批准成为一个正式标准，它可以同蓝牙 v1.1 完全兼容。

IEEE 802.15.1 是用于 WPAN 的无线媒体接入控制层和物理层规范。标准的目标在于在个人操作空间（POS）内进行无线通信。

1. 蓝牙组网方式

蓝牙有两种网络形式。

一是微微网（Piconet）。由一个主控设备（Master，即主结点）和 10m 之内的 1~7 个从属设备（Slave，即从结点）组成。同时，一个微微网最多可以有 255 个静观的设备（静观状态的从结点）。一个处于静观状态的设备，除了响应主结点的激活或者指示信号以外，不做其他任何事情。

二是分散网。一个 IEEE 802.15.1 设备可在一个微微网中充当主控设备，而在另一个或几个微微网中充当从属设备，从而将不同的微微网桥接起来，如此组成一个分散网（Scatternet）。也可通过从设备桥接，如图 9-9 所示。

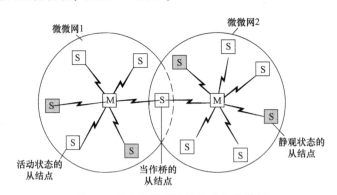

图 9-9　两个微微网连接构成的分散网

2. 蓝牙的主要特性

1）蓝牙是一个低功率的系统，工作在 2.4GHz 的 ISM 频段，频段被分成 79 个信道，每个 1MHz，覆盖半径为 10m。

2）采用 GFSK 调制，每赫兹 1 位，所以总数据率为 1Mbit/s，但是，这段频谱中有相当一部分被消耗在各种开销上。

3）蓝牙使用了跳频扩频技术，每秒 1600 跳，停延时间为 $625\mu s$。一个微微网中的所有结点同步跳频，主结点规定了跳频的序列。采用快速跳频的目的是减少同频干扰。

4）支持 64kbit/s 的实时语音，具有一定的组网能力。

5）2004 年，蓝牙工作组推出 2.0 版本，带宽提高 3 倍，且功耗降低一半。

3. 介质访问控制层的主要特征

（1）微微网的跳频分时机制

蓝牙的微微网采用 TDM 系统，时隙的间隔为 $625\mu s$，支持主/从模式，主控设备控制时钟（即决定每个时隙中的哪个设备可以进行通信），从属设备基本上都是哑设备。所有的通信都是通过主控设备进行的，从属设备和从属设备之间不能直接通信。

主结点的传输过程从偶数时隙开始，从结点的传输过程从奇数时隙开始。所有的从结点共享一半的时隙，帧的长度可以为 1、3 或者 5 个时隙。

在跳频分时机制中，每一跳一般有一个 $250 \sim 260 \mu s$ 的停顿时间，这样才能使无线电路变得稳定。对于一个单时隙的帧来说，在停顿之后，625 位中的 366 位被留下来了；在这 366 位之中，其中的 126 位是访问码和头部，余下的 240 位才是数据。

（2）逻辑信道

蓝牙的微微网支持以下两种逻辑信道。

一是面向连接的同步信道（Sychronous Connection-Oriented，SCO），主要用于实时数据，例如提供双向 64kbit/s 的 PCM 语音通路。这种信道是在每个方向的固定时隙中分配的。由于 SCO 链路的实时性本质，在这种链路上发送的帧永远不会被重传，相反，通过前向纠错机制可以提供高的可靠性。一个从属设备与它的主控设备之间可以有多达 3 条 SCO 链路。每条 SCO 链路可以传送一个 64kbit/s 的 PCM 音频信道。

二是无连接异步信道（Asychronous Connection-Less，ACL），用于那些无时间规律的分组交换数据。采用确认重传机制，不对称时，数据传输速率可达 723.2kbit/s，对称时可达 433.9kbit/s。

（3）协议与接口

链路管理协议（Link Manager Protocol）负责物理链路的建立和管理。

逻辑链路控制及适配协议（Logical Link Control and Adaptation Protocol，L2CAP）负责对高层协议的复用，数据包分割（Segmentation）和重新组装（Reassembly），处理与服务质量有关的需求（例如在建立链路时，需要协商最大可允许的净荷长度）。

蓝牙规定了一个标准化的控制接口（Host Control Interface，HCI）。

IEEE 802.15 工作组是对无线个人局域网做出定义说明的机构。除了基于蓝牙技术的 802.15 之外，IEEE 还推荐了其他两个类型：低频率的 802.15.4，也被称为 ZigBee；高频率的 802.15.3a，也被称为超宽带或（UWB）。

9.2.2 UWB 技术

超宽带（UWB）技术起源于 20 世纪 50 年代末，此前主要作为军事技术在雷达探测和定位等应用领域中使用。美国 FCC（联邦通信委员会）于 2002 年 2 月准许该技术进入民用领域，用户不必申请即可使用。作为室内通信用途，FCC 已将 $3.1 \sim 10.6GHz$ 频带向 UWB 通信开放。

超宽带无线通信技术是一种使用 1GHz 以上带宽的无线通信技术，又称脉冲无线电（IR）技术。UWB 不需要载波，而是利用纳秒至微微秒级的非正弦波窄脉冲来传输数据，需占用很宽的频谱范围，有效传输距离在 10m 以内，传输速率可达几百 Mbit/s 甚至更高。

通常把相对带宽（信号带宽与中心频率之比）大于 25% 且中心频率大于 500MHz 的宽带称为超宽带。

传统的"窄带"和"宽带"都是采用无线电频率（RF）载波来传送信号的，利用载波的状态变化来传输信息。而超宽带是基带传输，通过发送代表 0 和 1 的脉冲无线电信号来传送数据。这些脉冲信号的时域极窄（纳秒级），频域极宽（数 Hz 到数 GHz，可超过

10GHz)，其中的低频部分可以实现穿墙通信。

UWB 技术主要有两种相互竞争的标准：以 Intel 和 Texas Instrument 为代表的 MBOA 标准，主张采用多频带方式来实现 UWB 技术；以及以 Motorola 为代表的 DS-UWB 标准，主张采用单频带方式来实现 UWB 技术。

UWB 技术有如下几个突出的特点。

1）超宽带技术使用了瞬间高速脉冲，因此信号的频带很宽，可支持 100～400Mbit/s 的数据率，可用于小范围内高速传送图像或 DVD 质量的多媒体视频文件。

2）UWB 只在需要传输数据时才发送脉冲，信号的功率谱密度极低，发射系统比现有的传统无线电技术功耗低得多。在高速通信时，系统的耗电量范围仅为几百 μW 到几十 mW。民用的 UWB 设备功率一般是传统移动电话所需功率的 1/100 左右，是蓝牙设备所需功率的 1/20 左右，因此，UWB 设备在电池寿命和电磁辐射上相对于传统无线设备有着很大的优越性。

3）由于 UWB 的脉冲非常短，频段非常宽，因此能避免多路径传输的信号干扰问题，同时，短而弱的脉冲也使 UWB 与其他无线通信技术（802.1lx、微波等）间产生干扰的可能性大幅降低，因此可与其他技术共存。

4）由于 UWB 信号射频带宽可以达到 1GHz 以上，它的发射功率谱密度很低，信号隐蔽在环境噪声和其他信号之中，用传统的接收机无法接收和识别，必须采用与发送端一致的扩频码脉冲序列才能进行解调，因此增加了系统的安全性。

UWB 技术还有一些优点，其实现技术也存在诸多问题（如 UWB 天线设计），这里不再讨论。

IEEE 802.15.3a 工作组提出使用超宽带（UWB）技术的超高速 WPAN。由于 UWB 技术功耗低、带宽高、抗干扰能力强、安全性好，超高速 WPAN 无疑具有非常好的发展前景。

9.2.3 IEEE 802.15.4 与 ZigBee

IEEE 802.15.4 标准主要针对低速无线个人区域网（Low-Rate Wireless Personal Area Network，LR-WPAN）制定。该标准把低能量消耗、低速率传输、低成本作为重点目标。而 ZigBee 标准是在 IEFE 802.15.4 标准的基础上发展而来的。IEEE 802.15.4 定义了 ZigBee 协议栈的最低的两层（物理层和 MAC 层），而上面的两层（网络层和应用层）则是由 ZigBee 联盟定义的。

ZigBee 一词难以翻译，来源于蜂群使用的赖以生存和发展的通信方式。蜜蜂通过跳 Z 形（即 zigzag）的舞蹈来通知其伙伴所发现的新食物源的位置、距离和方向等信息，因此就把 ZigBee 作为新一代无线通信技术的名称。

ZigBee 技术主要用于各种电子设备（固定的、便携的或移动的电子设备）之间的无线通信，其主要特点是通信距离短（10～100m 之间），传输数据速率低，功耗低，并且成本低廉。

1. IEEE 802.15.4 及 ZigBee 协议栈

IEEE 802.15.4 标准定义了物理层和介质访问控制子层，符合开放系统互联模型（OSI）。物理层包括射频收发器和底层控制模块，介质访问控制子层为高层提供了访问物理信道的服务接口。图 9-10 给出了 IEEE 802.15.4 及 ZigBee 协议栈。

其中的 ZigBee 联盟成立于 2001 年 8 月,最初成员包括霍尼韦尔 (Honeywell)、Invensys、三菱 (Mitsubishi)、摩托罗拉和飞利浦等,目前拥有超过 200 个会员。ZigBee 联盟对网络层协议和应用程序接口 (API) 进行了标准化。ZigBee 协议栈架构基于开放系统互联模型的 7 层模型,包含 IEEE 802.15.4 标准以及由该联盟独立定义的网络层和应用层协议。另

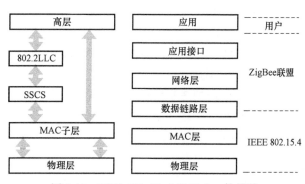

图 9-10 IEEE 802.15.4 及 ZigBee 协议栈

外,ZigBee 联盟也负责 ZigBee 产品的互通性测试与认证规格的制定。

2. ZigBee 的组网方式

IEEE 802.15.4 的网络设备分为两类:完整功能设备 (Full Functional Device, FFD),支持所有的网络功能,是网络的核心部分;精简功能设备 (Reduced Functional Device, RFD),只支持最少的必要的网络功能,因而,它的电路简单,存储容量较小,成本较低。

ZigBee 主要有两种组网方式,如图 9-11 所示。

1) 星形网络,以一个完整功能设备为网络中心。

2) 簇形网络,在若干星形网络的基础上,中心的完整功能设备再互相连接起来,组成一个簇形网络。可以将该网络中的一个星形 ZigBee 网络单元理解为一个簇。

FFD 结点具备控制器 (Controller) 的功能,能够提供数据交换的功

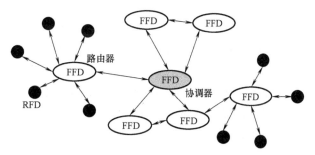

图 9-11 ZigBee 的组网方式

能,是 ZigBee 网络中的路由器。RFD 结点只能与处在该星形网的中心的 FFD 结点交换数据,是 ZigBee 网络中数量最多的端设备。在一个星形 ZigBee 网络中,有一个 FFD 充当该网络的协调器 (Coordinator)。协调器负责维护整个星形 ZigBee 网络的结点信息,同时还可以与其他星形 ZigBee 网络的协调器交换数据。通过各网络协调器的相互通信,可以得到覆盖更大范围、多达 65000 个结点的 ZigBee 簇形网络。

ZigBee 网络有 16 位和 64 位两种地址格式。其中,64 位地址是全球唯一的扩展地址,16 位段地址用于小型网络构建,或者作为簇内设备的识别地址。

需要说明的是,IEEE 802.15.4 标准也支持点对点网络拓扑结构。

3. 物理层的主要特性

物理层采用的工作频率分为 868MHz、915MHz 和 2.4GHz 这 3 种,各频段可使用的信道分别有 1 个、10 个、16 个,各自提供 20kbit/s、40kbit/s 和 250kbit/s 的传输速率,具体实现如下。

1) 信道 0,频率范围 868 ~ 868.6MHz,中心频率为 868.3Hz,BPSK 调制,提供 20kbit/s 的数据通路。

2）信道 1~10，中心频率=906+2×（信道号−1）MHz，BPSK 调制，每信道提供 40kbit/s 的数据通路。

3）信道 11~26，中心频率=2405+5×（信道号−11）MHz，O-QPSK 调制，每信道提供 250kbit/s 的数据通路。

由于规范使用的 3 个频段是 ITU-T 定义的用于工业、科研和医疗的 ISM 开放频段，被各种无线通信系统广泛使用。为减少系统间的干扰，协议规定在各个频段采用直接序列扩频（DSSS）编码技术。与其他数字编码方式相较，直接序列扩频编码技术可使物理层的模拟电路设计变得简单，且具有更高的容错性能，适合低端系统的实现。

4. MAC 层的访问模式

IEEE 802.15.4 在 MAC 层定义了两种访问模式。

其一为 CSMA/CA。这种方式参考 WLAN 中 IEEE 802.11 标准定义的 DCF 模式，易于实现与无线局域网（WLAN）的信道级共存。IEEE 802.15.4 的 CSMA/CA 在传输之前先侦听介质中是否有同信道（Co-Cannel）载波，若不存在，意味着信道空闲，将直接进入数据传输状态；若存在载波，则在随机退避一段时间后重新检测信道。这种介质访问控制层方案简化了实现自组网络应用的过程，却在大流量传输应用时对提高带宽利用率带来了麻烦。同时，因为没有功耗管理设计，所以要实现基于睡眠机制的低功耗网络应用，需要做更多的工作。

IEEE 802.15.4 定义的另外一种访问模式是可选的超级帧分时隙机制，类似于 802.11 标准定义的 PCF 模式。该模式通过使用同步的超帧机制提高信道利用率，并在超帧内定义休眠时段，从而很容易实现低功耗控制。在此模式下，FFD 设备作为协调器控制所有关联的 RFD 设备的同步、数据收发过程，可以与网络内的任何一种设备进行通信；而 RFD 设备只能和与其关联的 FFD 设备互通。在此模式下，一个 ZigBee 网络单元中至少存在一个 FFD 设备作为网络协调器，起着网络主控制器的作用，担负簇间和簇内的同步、分组转发、网络建立、成员管理等任务。

5. ZigBee 技术的优点

ZigBee 技术有如下主要优点。

1）省电（功耗低）。两节五号电池支持长达 6 个月到 2 年的使用时间。

2）可靠。采用了碰撞避免机制，同时为需要固定带宽的通信业务预留了专用时隙，避免了发送数据时的竞争和冲突；结点模块之间具有自动动态组网的功能，信息在整个 ZigBee 网络中通过自动路由的方式进行传输，从而保证了信息传输的可靠性。

3）延迟短。针对延迟敏感的应用做了优化，通信延迟和从休眠状态激活的延迟都非常短。

4）网络容量大。可支持达 65000 个结点。

5）安全和高保密性：ZigBee 提供了数据完整性检查和鉴权功能，加密算法采用通用的 AES-128。

6. ZigBee 技术的应用领域

ZigBee 技术的目标就是针对工业、家庭自动化、遥测遥控、汽车自动化、农业自动化和医疗护理等应用领域，如灯光自动化控制、传感器的无线数据采集和监控等。另外，它还可以对局部区域内的移动目标（如城市中的车辆）进行定位。

通常，符合如下条件的一个或几个的无线应用，就可以考虑采用 ZigBee 技术进行无线传输：

1）需要数据采集或监控的网点多。
2）要求传输的数据量不大，而要求设备成本低。
3）要求数据传输可靠性高，安全性高。
4）设备体积很小，不便放置较大的充电电池或者电源模块。
5）电池供电。
6）地形复杂，监测点多，需要较大的网络覆盖。
7）现有移动网络的覆盖盲区。
8）使用现存移动网络进行低数据量传输的遥测遥控系统。
9）使用 GPS 效果差或成本太高的局部区域移动目标的定位应用。

9.3 无线城域网（WMAN）

20 世纪 90 年代，宽带无线接入技术快速发展起来，但是相关市场一直没有繁荣扩大，一个很重要的原因就是没有统一的全球性标准。1999 年，IEEE 成立了 IEEE 802.16 工作组来专门研究宽带固定无线接入技术规范，目标就是要建立一个全球统一的宽带无线接入标准。为了促进达成这一目的，几家世界知名企业还发起成立了 WiMAX 论坛，力争在全球范围推广这一标准。IEEE 802.16 的出现大大地推动了宽带无线接入技术在全球的发展，特别是 WiMAX 论坛的发展壮大，强烈地刺激了市场的发展。

近年来，无线城域网（WMAN）又成为无线网络中的一个热点，可提供"最后一英里"的宽带无线接入（固定的、移动的和便携的）。在许多情况下，无线城域网可用来代替现有的有线宽带接入，因此它有时又称为无线本地环路（Wireless Local Loop）。

现在无线城域网共有两个正式标准。一个是 2004 年 6 月通过了 802.16 的修订版本，即 802.16d，是固定宽带无线接入空中接口标准（2~66GHz 频段）。另一个是 2005 年 12 月通过的 802.16 的增强版本，即 802.16e，是支持移动性的宽带无线接入空中接口标准（2~6GHz 频段），在其频段上向下兼容 802.16d。

9.3.1 基本概念

1. WiMAX

WiMAX，即全球微波接入互操作性，是 2001 年 4 月成立的旨在推动 802.16 技术的论坛。现在已有包括 Intel 公司在内的超过 150 家著名 IT 行业的厂商参加了这个论坛。为了推动无线城域网的使用，WiMAX 论坛给通过 WiMAX 的兼容性和互操作性测试的宽带无线接入设备颁发"WiMAX 论坛证书"。在许多文献中，常用 WiMAX 来表示无线城域网（WMAN）。

2. 空中接口

在 IEEE 802.16 活动中，主要的工作都围绕空中接口展开。802.16e 中定义的参考模型如图 9-12 所示。

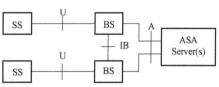

图 9-12 802.16e 中定义的参考模型

802.16e 网络由移动用户站（SS）、基站（BS）、认证和业务授权（ASA）服务器组成，其中，ASA 服务器实际上就是人们常说的 AAA 服务器，可提供认证、授权和计费等功能。虽然在 802.16e 中定义了 U、IB 和 A 接口，但是目前主要对 U 接口进行规范。

3. 网络结构

IEEE 802.16 协议中定义了两种网络结构，即点到多点（PMP）结构和网格（Mesh）结构，如图 9-13 所示。

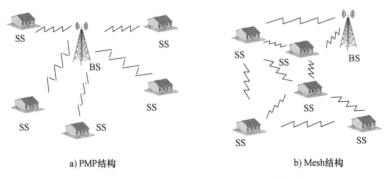

a) PMP结构　　　　　　　　　　　　b) Mesh结构

图 9-13　IEEE 802.16 协议定义的网络结构

一个完整的 802.16 系统应包含的网络实体有用户设备（UE）、用户站（SS）、基站（BS）、核心网（CN）。图 9-14 所示为其示意图。

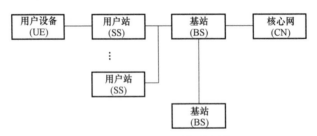

图 9-14　802.16 系统示意图

4. 协议栈

最终制定的 802.16 系列标准协议栈按照两层体系结构组织，主要对网络的低层（即 MAC 层和物理层）进行了规范。

IEEE 802.16 系列协议栈如图 9-15 所示。空中接口由物理层和 MAC 层组成，MAC 层又分成了 3 个子层：特定服务汇聚子层（Service Specific Convergence Sublayer）、公共部分子层（Common Part Sublayer）、安全子层（Privacy Sublayer）。802.16 系列协议中各协议的 MAC 层功能基本相同，差别主要体现在物理层上。

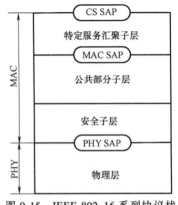

图 9-15　IEEE 802.16 系列协议栈

9.3.2　IEEE 802.16 物理层

宽带无线网络需要大段的毫米波频谱，工作在 10~66GHz 频段的毫米波像光线一样的直线传播。此特性也导致了这样的结果：基站可以有多个天线，每个天线指向周边地区的不同扇形区域。每个扇区有它自己的用户，与相邻的扇区保持相对独立，这是蜂窝单元无线电波所不具备的特性，因为蜂窝无线电波是全方向的。同时，这个频段对于像建筑物和树这样的障碍物无穿透能力，所以要求基站和用户站是视距（LOS）链路，这限制了基站的覆盖范围。

因为毫米波段信号的强度会随着与基站距离的增加而急剧地衰减，所以信噪比也会随着与基站距离的增加而下降。因而，工作在毫米波段（10~66GHz 频段）的 802.16 采用了 3 种不同的单载波调制方案，到底使用哪一种取决于用户站离基站的距离。对于距离比较近的用户，使用 QAM-64（64 相正交幅度调制），可以达到 6 位/波特；对于中等距离的用户，使用 QAM-16（16 相正交幅度调制），可以达到 4 位/波特；对于距离较远的用户，使用 QPSK（正交移相键控），可以达到 2 位/波特。该波段使用单载波的原因是工作波长较短，必须要求视距传输，而多径干扰造成的衰减是可以忽略的。

为了更好地使用带宽（灵活支持上下行流量），802.16 可支持 TDD（时分双工）和 FDD（频分双工）两种无线双工方式。TDD 的工作示意图如图 9-16 所示，其实质是对每一帧的时分多路复用，并把其中的时隙动态分配给下行与上行流量，对于中间的防护时间，各站用来切换方向。利用这两种方式可以进行介质访问控制，这将在 MAC 层介绍。

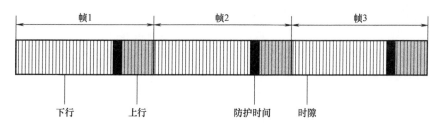

图 9-16　TDD 的工作示意图

802.16 采用了前向纠错技术，这是由于在宽带无线城域网环境下传输错误可能会频繁发生，因此在物理层上进行错误纠正。下面具体介绍 802.16d 和 802.16e 的物理层。

1. 802.16d 的物理层

802.16 可支持 TDD 和 FDD 两种无线双工方式，根据使用频段的不同，分别有不同的物理层技术与之相对应：单载波（SC）、正交频分复用（OFDM，256 点）、OFDMA（2048 点）。其中，10~66GHz 固定无线接入系统主要采用单载波调制技术，而对于 2~11GHz 频段的系统，将主要采用 OFDM 和 OFDMA 技术。

OFDM 是 802.16 中的核心物理层技术。在 OFDM 技术的基础上结合频分多址（FDMA），将信道带宽内可用的子载波资源分配给不同的用户使用，就是 OFDMA。

与高频段相比，2~11GHz 频段能以更低的成本提供更大的用户覆盖，系统受雨衰减影响不大，系统可以在非视距传输环境下运行，大大降低了用户站安装的要求。同时，由于 OFDM、OFDMA 具有的明显优势，OFDM 和 OFDMA 将成为 802.16 中两种典型的物理层应用方式。

802.16 未规定具体的载波带宽，系统可以采用 1.25~20MHz 之间的带宽。对于 10~66GHz 的固定无线接入系统，还可以采用 28MHz 载波带宽，提供更高的接入速率。

2. 802.16e 的物理层

802.16e 的物理层实现方式与 802.16d 是基本一致的，主要差别是对 OFDMA 进行了扩展。在 802.16d 中仅规定了 2048 点 OFDMA。而在 802.16e 中，可以支持 2048 点、1024 点、512 点和 128 点，以适应不同地理区域从 20~1.25MHz 的信道带宽差异。

当 802.16e 物理层采用 256 点 OFDM 或 2048 点 OFDMA 时，802.16e 后向兼容 802.16d（物理层），但是当物理层采用 1024、512 或 128 点 OFDMA 方式时，802.16e 无法后向兼容 802.16d。

9.3.3 IEEE 802.16 的 MAC 层

1. MAC 层各子层的功能

1）CS 子层为 MAC 层和高层的接口，汇聚上层不同业务。它将通过服务访问点（SAP）收到的外部网络数据转换和映射为 MAC 业务数据单元，并传递到 MAC 层的 SAP。协议提供了多个 CS 规范作为与外部各种协议的接口，可实现对 ATM、IP 等协议数据的透明传输。

2）CPS 子层实现主要的 MAC 功能，包括系统接入、带宽分配、连接建立和连接维护等功能。它通过 MAC 层 SAP 接收来自各种 CS 层的数据并分类到特定的 MAC 连接，同时对物理层上传输和调度的数据实施 QoS 控制。

3）安全子层的主要功能是提供认证、密钥交换和加解密处理。该子层支持 128 位、192 位及 256 位加密系统，并采用数字证书的认证方式，以保证信息的安全传输。

2. 介质访问机制

媒体访问控制机制的设计是任何一个采用共享信道方式的无线接入系统必须要考虑的问题。与 IEEE 802.11 的 CSMA/CA 不同，IEEE 802.16 采取的方式是在物理层将时间资源进行分片，通过时间片区分上行和下行。每个物理帧的帧长度固定，由上行和下行两部分组成，上行和下行的切换点可以通过 MAC 层的控制自适应调整。在 TDD 模式下，每一帧由 n 个时隙组成。下行是广播的，上行是 SS 发向 BS 的。下行在先，上行在后。

上行时，物理层基于时分多用户接入（TDMA）和按需分配多用户接入（DAMA）相结合的方式。上行信道占用了许多个时隙，初始化、竞争、维护、业务传输等应用都是通过占用一定数目的时隙来完成的，其占用的数目由 BS 的 MAC 层统一控制，并根据系统要求而动态改变。下行信道采用时分复用（TDM）方式，BS 侧产生的信息被复用成单个的数据流，广播发送给扇区内的所有 SS。每个 SS 接收到广播消息后，在 MAC 层中提取检查消息连接的 CID（连接标识符）信息，从而判断出发给自己的信息，丢弃其他信息。BS 还可以以单播、多播的方式向一个或一组 SS 发送消息。

首先，对于宽带无线接入系统而言，这种媒体访问机制兼顾了灵活性和公平性，每个 SS 都有机会发送数据，避免了长期竞争不到信道的现象出现；其次，每个 SS 都只在属于自己的发送时段内才发送数据，可以保证任何时刻媒体上只有一个数据流传输；最后，这种机制便于进行 QoS、业务优先级以及带宽等方面的控制。

3. MAC 层的链路自适应机制

IEEE 802.16 的 MAC 层提供多种链路自适应机制以保证链路尽可能高效地运行，其中比较常见的链路自适应机制如下。

（1）自动请求重传（ARQ）

接收端在正确接收发送端发来的数据包之后，向发送端发送一个确认信息（ACK），否则发送一个否认信息（NACK）。

（2）混合自动重传请求（H-ARQ）

混合自动重传请求是一种将自动重传请求（ARQ）和前向纠错编码结合在一起的技术，对于前向纠错无法纠正的错误，采用了最为简单的停等重传机制，以降低控制开销和收发缓存空间。此时如果使用 OFDMA 物理层，则可以巧妙地解决停等协议信道利用率低的问题。因此，协议中仅规定 OFDMA 物理层提供对 H-ARQ 的支持。

（3）自适应调制编码（AMC）

自适应调制编码是指 IEEE 802.16 可以根据信道情况的变化来动态地调整调制方式和编码方式。通过改变调制编码方式而不是发射功率来改善性能，还可以在很大程度上降低因发射功率提高而引入的额外干扰。

4. QoS 保证机制

IEEE 802.16 是第一个提出在 MAC 层提供 QoS 保证的无线接入标准。众所周知，无线信道上多径、衰落等因素的影响会导致较高的误码率和丢包率，数据传输的可靠性和有效性难以得到保障。为满足高速多媒体业务对延迟、带宽、丢失率等指标的更高要求，802.16 的 MAC 层定义了一系列严格的 QoS 控制机制，可以在无线接入网部分为不同业务提供不同质量的服务。

802.16 的 MAC 层是基于连接的，即所有终端的数据业务以及与此相关的 QoS 要求都是基于连接进行的。每一个连接均由一个标识符（CID）来唯一进行标识。

802.16 系统的 QoS 机制可以根据业务的实际需要来动态分配带宽，具有较大的灵活性。为了更好地控制上行数据的带宽分配，标准还定义了 4 种不同的业务，与之对应的是 4 种上行带宽调度模式，分别如下。

1）非请求的带宽分配业务：用于恒定比特率的服务。

2）实时轮询业务：周期性地为终端分配可变长度的上行带宽、位速率可变的实时服务。

3）非实时轮询业务：不定期地为终端分配可变长度的上行带宽、位速率可变的非实时服务。

4）尽力而为业务：尽可能地利用空中资源传送数据，但是不会对高优先级的连接造成影响，尽力投递服务。

习　题

1. IEEE 802.11 无线局域网有哪两种配置实现方案？简单说明这两种配置方式。

2. 试解释无线局域网中的名词：BSS、ESS、AP、DCF、PCF 和 NAV。

3. 无线局域网的物理层主要有哪几种？

4. 你对无线局域网环境下的暴露站和隐蔽站的问题是如何理解的？

5. 802.11 采用的是 CSMA/CA 协议，其中 CA 为冲突避免，请问其 CA 是通过哪些机制实现的？

6. 无线局域网的 MAC 协议中的 SIFS、PIES 和 DIFS 的作用是什么？

7. 802.11 提供哪些服务？

8. 蓝牙有哪两种组网方式？

9. 简述蓝牙的物理层和 MAC 子层的主要特性。

10. 什么是超宽带？与通常所说的"窄带"和"宽带"有何区别？

11. UWB 技术有哪些突出的特点？

12. ZigBee 有哪两种组网方式？

13. 简述 ZigBee 的物理层和 MAC 子层的主要特性。

14. 结合 ZigBee 的优点，分析其主要的应用领域。

15. IEEE 802.16 协议中定义了哪两种网络结构？

16. 简述 802.16 的物理层和 MAC 子层的主要特性。

附录

附录 A　双绞线的制作

一、实验目的

1. 掌握双绞线与 RJ-45 水晶头的接法。
2. 学会双绞线的测试方法。

二、实验内容

在双绞线的两头卡接水晶头，制作直通线，并测试其连接的正确性。利用做好的直通线组建对等网。

三、实验环境

每组准备超 5 类双绞线 2m、RJ-45 水晶头两个、双绞线压线钳一把；每组配计算机 4 台、小型非管理交换机一台；配双绞线测试器两台。双绞线、水晶头、压线钳、双绞线测试器分别如图 A-1~图 A-4 所示。

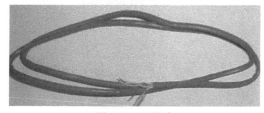

图 A-1　双绞线

图 A-2　水晶头

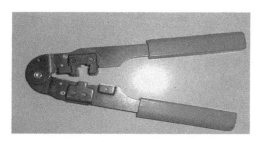

图 A-3　压线钳

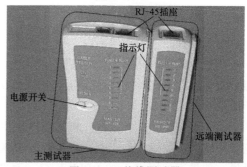

图 A-4　双绞线测试器

四、实验说明

从计算机网卡到 Hub 或交换机间的双绞线连线，以及计算机的网卡与安装在墙壁上的信息点之间的双绞线连线为直通方式，即双绞线两端的两个 RJ-45 水晶头的 8 根连线在逻辑上是平行的，如图 A-5 所示。

但是，为了减小信号之间的串扰干扰，最好按照规范的接法将不同颜色的线与相应的 RJ-45 水晶头上的铜片相接。有两种接线规范，即 EIA/TIA 568A 规范和 EIA/TIA 568B 规范。表 A-1 为 EIA/TIA 568A 规范，图 A-6 为 EIA/TIA 568A 示意图。

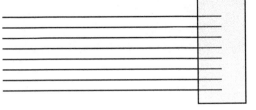

图 A-5 双绞线直通方式

表 A-1 EIA/TIA 568A 规范

编号（PIN）	1	2	3	4	5	6	7	8
信号名	T3	R3	T2	R1	T1	R2	T4	R4
线色	白绿	绿	白橙	蓝	白蓝	橙	白棕	棕

表 A-2 为 EIA/TIA 568B 规范，图 A-7 为 EIA/TIA 568B 示意图。

表 A-2 EIA/TIA 568B 规范

编号（PIN）	1	2	3	4	5	6	7	8
信号名	T2	R2	T3	R1	T1	R3	T4	R4
线色	白橙	橙	白绿	蓝	白蓝	绿	白棕	棕

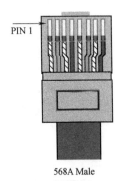

568A Male

图 A-6 EIA/TIA 568A 示意图

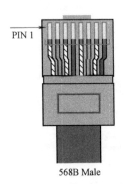

568B Male

图 A-7 EIA/TIA 568B 示意图

注意：有的书上按照橙白、橙、蓝白、绿、绿白、蓝、棕白、棕色顺序压线也可以。

如果做的是 Hub（或交换机）与计算机的连线，双绞线两端的 RJ-45 水晶头同时按 EIA/TIA 568A 标准制作，或同时按 EIA/TIA 568B 标准制作就可以了。大多数施工人员习惯于用 EIA/TIA 568B 规范，所以本实验将用 EIA/TIA 568B 规范制作双绞线水晶头。

如果是制作交叉级联线，则只要一端用 EIA/TIA 568A 规范，另一端用 EIA/TIA 568B 规范就可以。级联线常用于直接将两台计算机通过网卡互联、两台 Hub 之间的级联等。也就是说，如果不使用 Hub 的 UPLINK 口，而是通过两个普通端口将 Hub 连起来，则网线一端需要使用 EIA/TIA 568A 标准，另一端使用 EIA/TIA 568B 标准的交叉级联线。

五、实验步骤

1. 按 EIA/TIA 568B 标准将水晶头与双绞线相接

1）利用压线钳的剪断刀口或斜口钳剪下所需要长度的双绞线，至少 0.6m，最多不超过 100m（注：目前的压线钳大多有剪断刀口、剥线刀口和压线器）。图 A-8 所示为利用压线钳的剪断刀口将双绞线剪断。

2）利用双绞线压线钳的剥线刀口将双绞线的外皮剥去 2cm 左右，如图 A-9 所示。

3）将露出的"双绞线对"按照橙、绿、蓝、棕的顺序排列好。其中，"橙线对"包括白橙和橙色两根线，"绿线对"包括白绿和绿色两根线，"蓝线对"包括白蓝和蓝色两根线，"棕线对"包括白棕和棕色两根线，总共 8 根，如图 A-10 所示（左一：白橙；左二：橙；左三：白绿；左四：绿；左五：白蓝；左六：蓝；左七：白棕；左八：棕）。

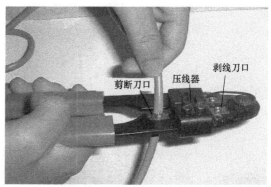

图 A-8　用压线钳剪断刀口剪断双绞线

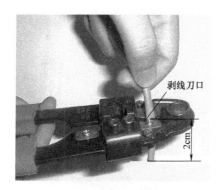

图 A-9　剥去双绞线外皮

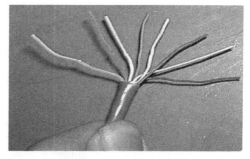

图 A-10　展开后的双绞线

4）再将蓝色和绿色两根线的位置互换，得到白橙、橙、白绿、蓝、白蓝、绿、白棕、棕的线序，这就是 EIA/TIA 568B 规范的顺序。

5）将按步骤 4 排列好的 8 根线用手拉着向上、下、左、右方向摆动数次，从而将它们拉直，将裸露出的 8 根线拉平后，用压线钳的剪断刀口或斜口钳剪下，留下约 1.4cm 的长度，1.4cm 是正好可以伸入到 RJ-45 水晶头内的长度，如图 A-11 所示。

6）右手拿着水晶头，水晶头有金属铜触片的一面朝上。左手拿着拉平后的 8 根双绞线，棕色线朝向操作者，小心地将 8 根线插入水晶头内。注意：插入时，每根线的顺序不要错位，水晶头内有 8 个导向槽，只要每个槽内只有一根导线，并且按照白橙、橙、白绿、绿、白蓝、蓝、白棕和棕色顺序就不会有错，插入的线应顶住水晶头的最右边，如图 A-12 所示。

为了防止错误，插好后再仔细检查一下线序是否正确。如果不正确，将线从水晶头中抽

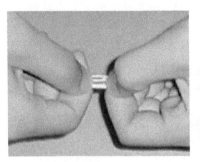
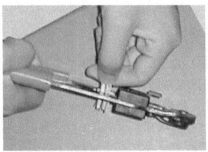

图 A-11　双绞线拉直、剪断

棕色线

图 A-12　将线插入水晶头

出，再重复以上过程，直到插入水晶头内的线序正确为止。

7）将水晶头放入压线钳的压线器的最里边，直到推不动为止。用 1~2kg 的压力压接 RJ-45 接头，如图 A-13 所示。

压线器

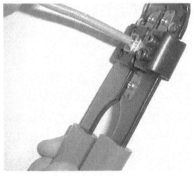

图 A-13　压线器压水晶头

8）重复步骤 2~7，再制作另一端的 RJ-45 接头。制作完成后的效果如图 A-14 所示。

2. 测试双绞线

1）将接好的 RJ-45 插头分别插入双绞线测线器的头部和尾部，如图 A-15 所示。

图 A-14　制作完成后的效果

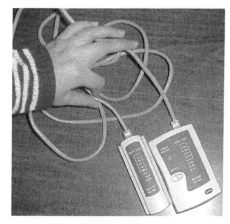

图 A-15　双绞线测线器测试双绞线

2）打开测线器的 Power 开关，如果双绞线与 RJ-45 插头之间的接线正确，测线器的主机和远端都按照 1、2、3、4、5、6、7、8 的顺序发绿光。如果 RJ-45 插头没接好，不会是上面的情况。如果是接反了，则发红光。如果某线断路，则对应的灯不亮。如果出现错误，那么必须将原 RJ-45 插头剪掉，重新用一个新的 RJ-45 插头进行卡接，直到测试灯依次点亮为止。

说明：如果没有测线器，可以用万用表进行测量，方法是，将万用表拨向电阻档，用万用表测量双绞线两头的 RJ-45 上露出的金属片，两个 RJ-45 插头上排序一样的金属片之间的电阻为 0Ω，不同的金属片之间的电阻为断开状态。

附录 B　Wireshark 的使用与 PackerTracer 的使用

一、实验目的

1. 掌握网络协议分析软件 Wireshark 的常用操作。
2. 掌握网络模拟器 PackerTracer 的常用操作。

二、实验环境

计算机若干、直通双绞线若干、小型非管理交换机 10 台。

三、实验步骤

1. 配置对等局域网（Wireshark 可用上网环境替代、PackerTracer 单机环境即可）
2. Wireshark 的使用

1）启动系统。单击 "Wireshark" 图标，将会出现图 B-1 所示的系统界面。

其中 "俘获（Capture）和分析（Analyze）" 是 Wireshark 中最重要的功能。

2）分组俘获。选择 "Capture→Interface" 命令，出现图 B-2 所示的对话框。

如果该机具有多个接口卡，则需要指定希望在哪个接口卡俘获分组。单击 "Options" 按钮，则出现图 B-3 所示的对话框。

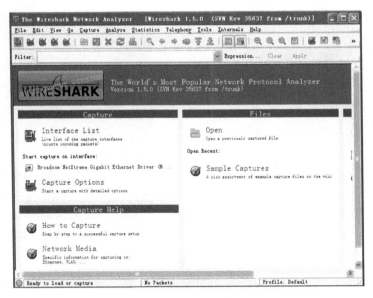

图 B-1　Wireshark 系统界面

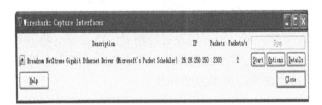

图 B-2　Wireshark：Capture Interfaces 对话框

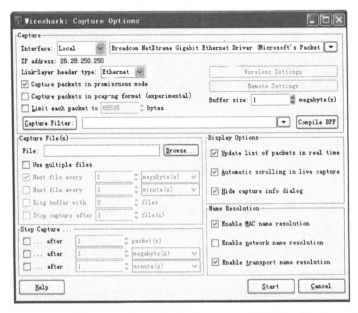

图 B-3　Wireshark：Capture Options 对话框

在该对话框上方的下拉列表框中将列出本机发现的所有接口，可选择一个所需要的接口，也能够在此改变俘获或显示分组的选项。

此后，在图 B-2 或者图 B-3 界面中单击"Start（开始）"按钮，Wireshark 开始在指定接口上俘获分组，并显示类似于图 B-4 所示的界面。当需要时可以选择"Capture→Stop"命令停止俘获分组，随后可以选择"File→Save"命令将俘获的分组信息存入踪迹（Trace）文件中。当需要再次俘获分组时，可以选择"Captuer→Start"命令重新开始俘获分组。

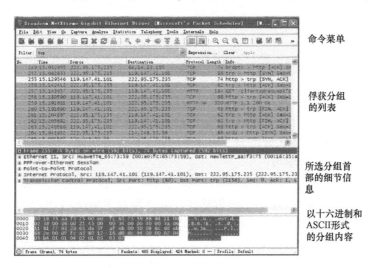

图 B-4　Wireshark 的俘获分组界面

3）协议分析。系统能够对 Wireshark 俘获的或打开的踪迹文件中的分组信息（选择"File→Open"命令）进行分析。如图 B-4 所示，在上部的"俘获分组的列表"窗口中有编号（No）、时间（Time）、源地址（Source）、目的地址（Destination）、协议（Protocol）、长度（Length）和信息（Info）等列（栏目），各列下方依次排列着俘获的分组。中部的"所选分组首部的细节信息"窗口给出了选中协议数据单元的首部详细内容。下部的"分组内容"窗口中是对应所选分组以十六进制数和 ASCII 形式显示的内容。

若选择其中某个分组（如第 255 号帧）进行分析。从图 B-4 中的信息可见，从源 IP 地址 119.147.41.101 传输到目的 IP 地址 222.95.175.235；帧的源 MAC 地址和目的 MAC 地址分别是 00.e0.fc.65.73.59 和 00.16.35.aa.f3.75（从中部分组首部信息窗口中可以看到）；分组长度 74 字节；TCP 层所携带的上层报文为 HTTP 报文。

从"所选分组首部的细节信息"窗口可以看到各个层次协议及其对应的内容。例如，对应图 B-5 的例子，包括了 Ethernet II 帧及其对应数据链路层信息，可以对 Ethernet II 帧协议来解释对应下方协议字段的内容。接下来，可以发现 Ethernet II 协议上面还有 PPP-over-Ethernet 协议、Point-to-Point 协议、IP 和 TCP 等，同样可以对照网络教材中对应各种协议标准分析解释相应字段的含义。

注意：当我们分析自行俘获分组时，即使无法得到与图 B-4 所示的完全一样的界面，但也能够得到非常相似的分析结果。在后面的实验中，读者应当有意地改变相应的报文内容或 IP 地址等，培养这种举一反三的能力。

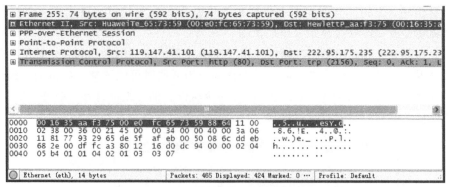

图 B-5　Ethernet Ⅱ 帧及其对应数据链路层信息

当俘获的分组太多、类型太杂时，可以使用 Analyze 中的"使能协议（Enabled Protocols）"和"过滤器（Filters）"等功能，对所分析的分组进行筛选，排除无关的分组，提高分析效率。Wireshark 网络协议分析软件还具有其他丰富的功能，读者可以参阅随软件的"Wireshark 帮助"文档自行学习。

思考：

1）通过使用 Wireshark 网络协议分析软件，应当理解 Wireshark 的工作原理，对与之相关的网络接口（指出网络接口卡类型）、网络地址（指出 IP 地址、MAC 地址）、网络协议等重要概念要有基本的理解。

2）在图 B-4 上部的"俘获分组的列表"窗口中，有编号（No）、时间（Time）等字段信息。对于一段时间范围内往返于相同源和目的地之间的相同类型的分组，这些编号、时间等能否构成分析网络协议运行、交互轨迹的信息？

3．Packet Tracer 的使用

（1）使用 Packet Tracer 模拟器

1）启动系统。单击"Cisco Packet Tracer"图标，将会出现图 B-6 所示的系统界面。

图 B-6　Cisco Packet Tracer 的主界面

菜单栏中包含新建、打开、保存等基本文件操作命令，其下方是一些常用的快捷操作图标。工作区则是绘制、配置和调试网络拓扑图的地方。

操作工具位于工作区右边。部分操作工具的作用分别是：选择（Selected），用于选中配置的设备；移动（Move Layout），用于改变拓扑布局；放置标签（Place Note），用于给网络设备添加说明；删除（Delete），用于去除拓扑图中的元素，如设备、标签等；检查（Inspect），用于查询网络设备的选路表、MAC 表、ARP表等；增加简单的 PDU（Add Simple PDU），用于增加 IP 报文等简单操作；增加复杂的 PDU（Add Complex PDU），可以在设置 IP 报文后再设置 TTL 值等操作。增加简单的 PDU 和增加复杂的 PDU 两个工具用于构造测试网络的报文时使用，前者仅能测试链路或主

图 B-7　用增加简单的 PDU 工具测试设备之间的联通性

机之间是否路由可达，后者则具有更多的功能。例如，要测试 PC0 到 Router0 之间的联通性，可以先用增加简单的 PDU 工具单击 PC0，再用该工具单击 Router0，就可以看出两设备之间是否联通，如图 B-7 所示。

增加复杂的 PDU 工具的使用方法稍复杂些，也是先用工具依次单击所要测试链路的两端，再设置所要发送的报文。设置报文如图 B-8 所示。

在主界面右下角有转换实时模式与模拟模式的按钮。在实时模式下，所有操作中报文的传送是在瞬间完成的。在模拟状态下，报文的传送是按操作一步一步地向前进行，有助于人们仔细地观察报文的具体传输过程。

2）绘制网络拓扑图。绘制网络拓扑图主要有以下几个步骤：增加网络设备，增加设备硬件模块，连接设备和配置设备等。

① 增加网络设备：在主界面下方有增加网络设备的功能区，该区域有两个部分：设备类别选择区域以及显示某个类别设备的详细型号区域。用户应先单击设备类别，再

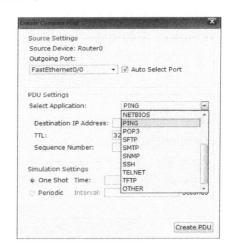

图 B-8　定制增加复杂的 PDU 中的报文

选择具体型号的设备。例如，先从左下角区域选择路由器类别，此时右侧区域将显示可用的各种 Cisco 路由器型号列表，选择后可以将其拖入工作区。这样，可以从中选用所要的网络设备。

② 增加设备硬件模块（选项）：如果选用的网络设备恰好适用，则可以进行下一步。有时有些设备基本适合，但还缺少某些功能，如某种硬件接口数量不够等，这就需要通过增加设备硬件模块来解决。例如，如果选择了路由器 2620XM，发现它仅有一个 10/100Mbit/s 的以太端口、一个控制端口和一个辅助设备端口。若需要扩展一个光纤介质的 100Mbit/s 的以太端口和一些 RJ-45 的以太端口，双击工作区路由器 2620XM 图标，可以看到图 B-9 所示的界面。从图中左侧的物理模块列表中找出模块 NM-1FE-FX，从左下方窗口中的描述发现它符合要求，就可以将其拖入物理设备视图中。由此，可以完成所有相关操作。

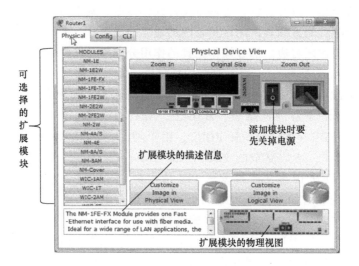

图 B-9　路由器 2620XM 的物理接口界面

③ 连接设备：在设备类型区域选取"连接（Connections）"，再在右侧选取具体连接线缆类型。注意，连接线缆有如下不同类型：线缆控制口（Console）、直连铜线（Copper Straight-Through）、交叉铜线（Copper Cross-Over）和光纤（Fiber）等，用户需要选取适当的线缆类型才能保证设备能够正确联通。

④ 配置设备：配置网络设备是一件细致的工作，将在附录 D 中讲解配置网络设备详细过程。

下面讲解绘制简单的网络拓扑图的过程。

先用上述方法从设备区拖入两台 PC 和一台交换机，再用直通铜线与某个 RJ-45 以太端口连接，如图 B-10 所示。稍候片刻，线缆端的点就会变绿色，表示所有的物理连接都是正确的，否则要检查并排除所存在的物理连接方面的问题。

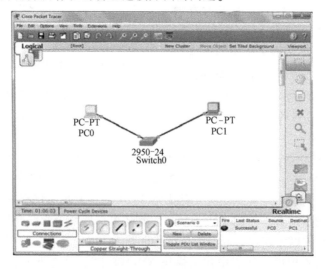

图 B-10　经交换机连接两台 PC

为了使两台 PC 之间的 IP 能够联通，需要进一步配置该网络的网络层协议。双击 PC0 的图标，进入 "Config/FastEthernet" 界面，开始配置 "IP Configuration"。选择静态（Static）方式，IP 地址可以输入 192.168.1.1，子网掩码可以选 255.255.255.0。对 PC1 图标，也进行类似的配置，只是 IP 地址可以为 192.168.1.2。为了检验配置是否正确，双击 PC0，进入 "Desktop/Command Ptompt" 界面，输入 ping 192.168.1.2，这时就应当出现 PC1 对该 ping 响应的信息。由于交换机是一种自配置的设备，因此无须配置就能使用其基本功能工作。

（2）ping 命令实验

1）启动系统。在网络设备库中选择型号为 1841 的路由器一台，PC 两台，如图 B-11 所示。

2）创建链路。在设备库中选择链路，选择自动添加链路类型，然后分别单击需要添加链路的设备，结果如图 B-12 所示，此时链路两端的红色表示链路不通。

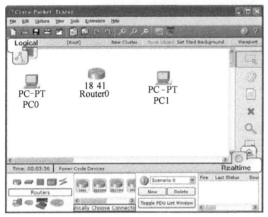

图 B-11　选择设备　　　　　　图 B-12　创建链路

3）配置网络设备。双击设备，打开设备的配置界面。在 PC 的配置界面中，选择 Desktop 选项卡，选择 IP Configuration 选项，配置 PC 的地址信息，如图 B-13 所示。按上述方法，将 PC0 的 IP 设置为 192.168.1.2，设置子网掩码为 255.255.255.0，设置默认网关为 192.168.1.1。用同样的方法设置 PC1 的 IP 为 192.168.2.2，设置子网掩码为 255.255.255.0，设置默认网关为 192.168.2.1。

4）配置路由器端口。设置 Router0，在路由器配置界面中选择 Config 选项卡，选择 FastEthernet0/0，将 IP 设置成 192.168.1.1，设置子网掩码为 255.255.255.0。同样地设置 FastEthernet0/1，将 IP 设置成 192.168.2.1，设置子网掩码为 255.255.255.0，如图 B-14 所示。注意将路由器端口打开。

5）使用 ping 命令，并在模拟模式下观察。如图 B-15 所示，进入模拟模式。双击 PC0 的图标，选择 Desktop 选项卡，选择 Command Prompt 选项，输入 ping 192.168.2.2，如图 B-16 所示。同时，单击 "Auto Capture/Play" 按钮，运行模拟过程，观察事件列表 "Event List" 中的报文。

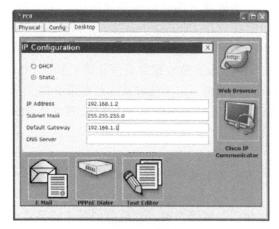

图 B-13　PC 配置　　　　　　　　图 B-14　路由器配置

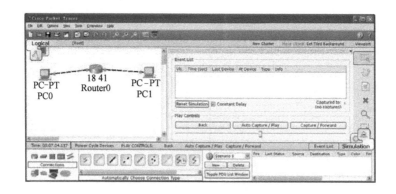

图 B-15　进入模拟模式

图 B-16　运行 ping 命令

注意事项：

当物理连接正确时，与设备端口连接的线缆上的点应当变为绿色，否则应当检查线缆的类型是否正确以及接口卡是否处于"开（on）"的状态。

附录 C　以太网帧分析与 IP 报文结构分析

一、实验目的

1. 深入理解 Ethernet II 帧结构、深入理解 IP 报文结构和工作原理，掌握使用 Wireshark 进行以太网帧和 IP 报文结构分析。

2. 分析俘获的踪迹文件的基本技能。

二、实验环境

1. 运行 Windows 2008 Server、Windows 7、Windows 10 操作系统的 PC 即可。

2. 每台 PC 具有以太网卡一块，通过双绞线与局域网相连，也可用上网环境替代。

3. Wireshark 程序（可以从 http://www.wireshark.org/下载）和 WinPcap 程序（可以从 http://www.winpcap.org/下载。如果 Wireshark 版本为 1.2.10 或更高，则已包含了 WinPcap 版本 4.1.2）。

三、实验步骤

1）4 人一组组建对等局域网，用 Wireshark 捕获互 ping 包（可用上网环境替代）。

2）分析以太网帧。

① 分析踪迹文件中的帧结构（例题参考）。

用 Wireshark 俘获网络上的收发分组或者打开踪迹文件，选取感兴趣的帧进行分析。如图 C-1 所示，选取第 10 号帧进行分析。在上部窗口中可以看到有关该帧的到达时间、帧编

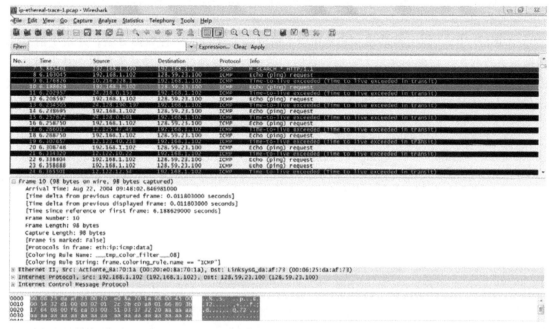

图 C-1　分析帧的基本信息

号、帧长度、帧中协议和着色方案等信息。在"帧中协议"中可看到该帧有"Ethernet：IP：ICMP：data"的封装结构。

为了进一步分析 Ethernet II 帧结构，单击中部窗口中的"Ethernet II"行，有关信息展开如图 C-2 所示。

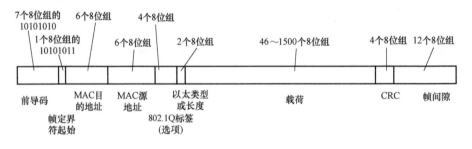

图 C-2　Ethernet II 帧详细信息

从其中可看到源 MAC 地址为 00：20：e0：8a：70：1a，目的 MAC 地址为 00：06：25：da：af：73；以太类型字段中值为 0x0800，表示该帧封装了 IP 数据报；MAC 地址分配的相关信息。

② 学生实际操作，分析以太帧结构。

将参与实验的计算机联入网络，打开 Wireshark 俘获分组，并解答下列问题：

a. 本机的 48 位以太网 MAC 地址是什么？

b. 以太帧中的目的 MAC 地址是什么？如果从本机向选定的 Web 服务器发送 ping 报文，那么 MAC 地址是你选定的远地 Web 服务器的 MAC 地址吗？提示：不是。那么，该地址是什么设备的 MAC 地址呢？注意：这是一个经常会误解的问题，希望搞明白。

c. 给出 2 字节以太类型字段的十六进制的值。它表示该以太帧包含了什么协议？

相关知识：

1）IEEE 802.3 以太帧结构。它是在以太网链路上运行的一种数据分组，开始于前导码和帧定界符起始，后继的是以太首部的目的和源地址。该帧的中部是载荷数据，其中包括了由该帧携带的其他协议（如 IP）的首部。该帧的尾部是 32 位的循环冗余校验码，以检测数据传输时可能的损伤。它完整的帧结构如图 C-3 所示。

图 C-3　802.3 以太帧结构

2）Ethernet II 帧结构。有几种不同类型的帧结构，尽管它们的格式和最大传输单元不同，但却能够共存于相同的物理媒体上。Ethernet II 帧（又称 DIX 帧）是目前使用最广的以太帧。图 C-4 显示了 Ethernet II 帧结构（该帧前后的辅助字段没有显示）。与 802.3 以太帧结构相比，它较为简单。其中的以太类型字段标识了封装该帧数据中的较高层协议。例如，以太类型值为 0x0800，指示该帧包含了 IPv4 数据报；0x0806 表明指示该帧包含了 ARP 帧；0x8100 指示该帧包含了 IEEE 802.1Q 帧。

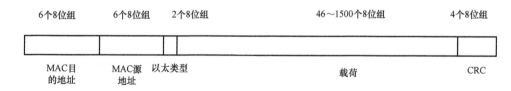

图 C-4 Ethernet II 帧结构

3）IP 报文结构分析。

① 分析俘获的分组。

打开踪迹文件，选择感兴趣的帧，单击鼠标右键出现图 C-5 所示的快捷菜单。该菜单提供了许多非常有用的功能，详细情况可以参见系统软件自带的《Wireshark 用户指南》表 6.1。例如，当选中编号为 10 的分组，用鼠标指向其源地址并单击鼠标右键，打开图 C-5 所示的快捷菜单，选择 "Selected" 命令，就会出现图 C-6 所示的界面。可见，系统已经自动用其源地址作为过滤条件，从众多分组中过滤出与 192.168.1.102 有关分组了。更一般的定义过滤条件，可以选择 "Analyze→DisplayFilters" 菜单。有关过滤条件的表示，可以参见系统软件自带的《Wireshark 用户指南》6.4 节的内容。

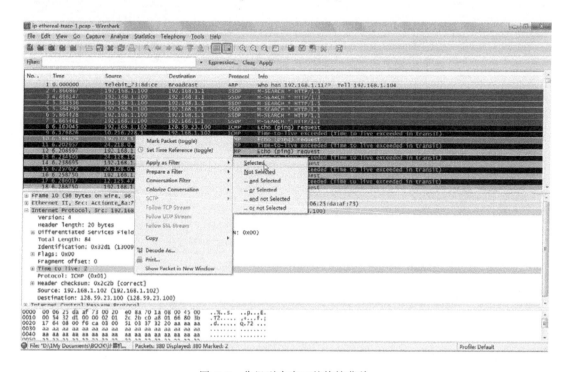

图 C-5 分组列表窗口的快捷菜单

Filter: ip.src == 192.168.1.102 ▼ Expression... Clear Apply

No.	Time	Source	Destination	Protocol	Info
8	6.163045	192.168.1.102	128.59.23.100	ICMP	Echo (ping) request
9	6.176826	10.216.228.1	192.168.1.102	ICMP	Time-to-live exceeded (Time to live exceeded in transit)
10	6.188629	192.168.1.102	128.59.23.100	ICMP	Echo (ping) request
11	6.202957	24.218.0.153	192.168.1.102	ICMP	Time-to-live exceeded (Time to live exceeded in transit)
12	6.208597	192.168.1.102	128.59.23.100	ICMP	Echo (ping) request
13	6.234505	24.128.190.19	192.168.1.102	ICMP	Time-to-live exceeded (Time to live exceeded in transit)
14	6.238695	192.168.1.102	128.59.23.100	ICMP	Echo (ping) request
15	6.251674	24.18.0.101	192.168.1.102	ICMP	Time-to-live exceeded (Time to live exceeded in transit)
16	6.258750	192.168.1.102	128.59.23.100	ICMP	Echo (ping) request
17	6.286017	12.125.47.49	192.168.1.102	ICMP	Time-to-live exceeded (Time to live exceeded in transit)
18	6.288750	192.168.1.102	128.59.23.100	ICMP	Echo (ping) request
19	6.307657	12.123.40.218	192.168.1.102	ICMP	Time-to-live exceeded (Time to live exceeded in transit)
20	6.308748	192.168.1.102	128.59.23.100	ICMP	Echo (ping) request
21	6.334320	12.122.10.22	192.168.1.102	ICMP	Time-to-live exceeded (Time to live exceeded in transit)
22	6.338804	192.168.1.102	128.59.23.100	ICMP	Echo (ping) request
23	6.358888	192.168.1.102	128.59.23.100	ICMP	Echo (ping) request
24	6.365501	12.122.12.54	192.168.1.102	ICMP	Time-to-live exceeded (Time to live exceeded in transit)
27	6.382957	12.205.32.106	192.168.1.102	ICMP	

⊞ Frame 10 (98 bytes on wire, 98 bytes captured)
⊞ Ethernet II, Src: Actionte_8a:70:1a (00:20:e0:8a:70:1a), Dst: LinksysG_da:af:73 (00:06:25:da:af:73)
⊟ Internet Protocol, Src: 192.168.1.102 (192.168.1.102), Dst: 128.59.23.100 (128.59.23.100)

图 C-6　以源地址作为条件进行过滤的界面

有时为了清晰起见，需要屏蔽较高层协议的细节，可以选择 "Analyze→Enable Protocols" 命令打开 "Profile：Default" 窗口，若不选择 IP 选项，则将屏蔽 IP 相关的信息。

② 分析 IP 报文结构。

将实验操作计算机联入网络，打开 Wireshark 俘获分组，从本机向选定的 Web 服务器发送 ping 报文。选中其中一条 ping 报文，该帧中的协议结构是 Ethernet：IP：ICMP：data。为了进一步分析 IP 数据报结构，单击 "所选分组首部的细节信息" 窗口中的 "Internet Protocol" 行，有关信息展开后如图 C-7 所示。

Filter: ▼ Expression... Clear Apply

No.	Time	Source	Destination	Protocol	Info
1	0.000000	Telebit_73:8d:ce	Broadcast	ARP	who has 192.168.1.11? Tell 192.168.1.104
2	4.866867	192.168.1.100	192.168.1.1	SSDP	M-SEARCH * HTTP/1.1
3	4.868147	192.168.1.100	192.168.1.1	SSDP	M-SEARCH * HTTP/1.1
4	5.363536	192.168.1.100	192.168.1.1	SSDP	M-SEARCH * HTTP/1.1
5	5.364799	192.168.1.100	192.168.1.1	SSDP	M-SEARCH * HTTP/1.1
6	5.864428	192.168.1.100	192.168.1.1	SSDP	M-SEARCH * HTTP/1.1
7	5.865461	192.168.1.100	192.168.1.1	SSDP	M-SEARCH * HTTP/1.1
8	6.163045	192.168.1.102	128.59.23.100	ICMP	Echo (ping) request
9	6.176826	10.216.228.1	192.168.1.102	ICMP	Time-to-live exceeded (Time to live exceeded in transit)
10	6.188629	192.168.1.102	128.59.23.100	ICMP	Echo (ping) request

⊟ Internet Protocol, Src: 192.168.1.102 (192.168.1.102), Dst: 128.59.23.100 (128.59.23.100)
　Version: 4
　Header length: 20 bytes
⊞ Differentiated Services Field: 0x00 (DSCP 0x00: Default; ECN: 0x00)
　Total Length: 84
　Identification: 0x32d0 (13008)
⊞ Flags: 0x00
　Fragment offset: 0
⊞ Time to live: 1
　Protocol: ICMP (0x01)
⊞ Header checksum: 0x2d2c [correct]
　Source: 192.168.1.102 (192.168.1.102)
　Destination: 128.59.23.100 (128.59.23.100)
⊟ Internet Control Message Protocol
　Type: 8 (Echo (ping) request)
　Code: 0 ()
　Checksum: 0xf7ca [correct]
　Identifier: 0x0300
　Sequence number: 20483 (0x5003)
⊟ Data (56 bytes)
　Data: 373220AAAAAAAAAAAAAAAAAAAAAAAAAAAAAAAAAA...
　[Length: 56]

```
0000  00 06 25 da af 73 00 20  e0 8a 70 1a 08 00 45 00   ..%..s.. ..p...E.
0010  00 54 32 d0 00 00 01 01  2d 2c c0 a8 01 66 80 3b   .T2..... -,...f.;
0020  17 64 08 00 f7 ca c3 00  50 03 37 32 20 aa aa aa   .d...... P.72 ...
0030  aa aa aa aa aa aa aa aa  aa aa aa aa aa aa aa aa   ........ ........
```

图 C-7　"Internet Protocol" 行详细信息

回答下列问题：

a. 你使用的计算机的 IP 地址是什么？

b. 在 IP 数据报首部，较高层协议字段中的值是什么？

c. IP 首部有多少字节？载荷字段有多少字节？

d. 该 IP 数据报分段了没有？如何判断该 IP 数据报有没有分段？

e. 关于高层协议有哪些有用信息？

相关概念：

1）网际协议（Internet Protocol，IP）数据报格式。它是 TCP/IP 体系中两个最主要的协议之一，也是最重要的因特网标准协议［RFC 791］之一。图 C-8 显示了 IP 数据报的格式。

2）互联网控制报文协议格式。互联网控制报文协议（Internet Control Message Protocol，ICMP）由［RFC 792］定义，它用于主机路由器彼此交互网络层信息。ICMP 最典型的用途是差错报告。图 C-9 为 ICMP 的报文格式。

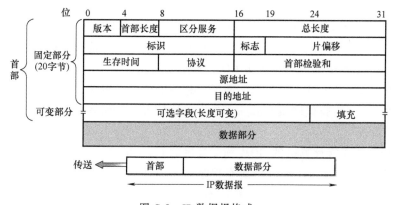

图 C-8　IP 数据报格式

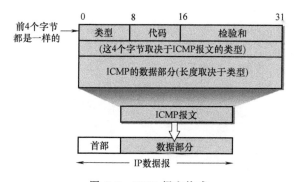

图 C-9　ICMP 报文格式

注意事项：

Wireshark 还有很多其他功能，用户可以自行阅读软件带有的《Wireshark 用户指南》。

附录 D　交换机、路由器、VLAN 基本配置

一、实验目的

1. 掌握交换机路由器基本配置。

2. 掌握 VLAN 基本配置。

3. 采用 PacketTracer 进行 PPP 验证配置，选用实际设备进行配置的读者可不做该部分。

二、实验环境

1. 4 人一组，每组有运行 Windows 2008 Server、Windows XP、Windows 7、Windows 10 操作系统的 PC 4 台，装有 Cisco 公司提供的 PacketTracer 版本 5.2.1。

2. 每组配锐捷二、三层交换机各一台，配置线两根，双绞线若干。

三、实验步骤

1. 登录交换机路由器

（1）需要的工具

1）配置线（反转线）、带有超级终端和 COM 口的计算机。

2）计算机上的 COM 接口在机箱后面，在显示器接口的旁边，上面有 9 根针。如果是没有 COM 接口的笔记本电脑，请自行买 COM 转 USB 的线。

3）交换机的 Console 口：设备前面面板上有一个接口，标注了 "Console"。

4）配置线：（一头类似网线水晶头，另一头比较大，上面有 9 个孔）。

（2）登录设备

1）请用配置线连接计算机的 COM 和交换机的 Console 接口。

2）在计算机中选择 "开始"→"所有程序"→"附件"→"通信" 命令，打开其中的 "超级终端" 程序（Windows Server 2003 默认不安装 "超级终端"，需在 "控制面板" 的 "添加/删除程序" 中进行添加）。

3）进入超级终端，界面如图 D-1 所示。

4）选择 "程序" → "附件" → "通信" → "新建连接" 命令，在打开的对话框中，在 "连接时使用" 下拉列表中选择当前配置线连接的 COM 口，这里选择 "COM1" 选项，然后单击 "确定" 按钮，如图 D-2 所示。

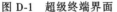

图 D-1　超级终端界面

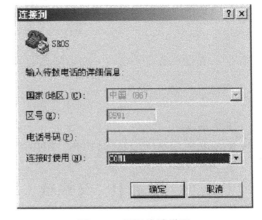

图 D-2　超级终端设置

在 "COM 属性" 中单击 "还原默认值" 按钮，然后单击 "确定" 按钮，这时会打开超级终端配置窗口，窗口左上角可看到光标在闪烁。

设备出厂时的波特率是 9600，如果 9600 进不去设备，建议在"还原默认值"后把波特率修改为 57600 或 115200。

自检后，按 Enter 键即进入了网络设备的用户模式（Ruijie）。

2. 交换机与路由器的基本配置（常用命令）（交换机路由器通用）

Router>　　　//用户模式

Router>enable

Router#　　　//特权模式

Router#config terminal　　//全局配置模式

Router(config)#

Router(config)#interface FastEthernet0/0　　//进入 FastEthernet0/0

Router(config-if)# no shutdown　　　　//开启已经关闭的端口

Router(config-if)#exit

Router(config)#exit

Router#show running-config　　　　　　//查看当前运行的配置（RAM 中的配置文件）

Router#show interface　　//查看端口信息

3. VLAN 的划分实验

VLAN 的划分拓扑图如图 D-3 所示。

图 D-3　VLAN 的划分拓扑图

第一步：建立两个 VLAN。

SwitchA(config)#vlan 10　　　　//创建 VLAN 10

SwitchA(config-vlan)#exit　　　　//退出 VLAN 配置模式

SwitchA(config)#vlan 20　　　　//创建 VLAN 20

SwitchA(config-vlan)#end　　　　//退出 VLAN 配置模式,返回到特权模式

SwitchA#show vlan　　　　//显示 VLAN 配置信息

第二步：把端口 F0/1 放入 VLAN 10 中。

SwitchA(config)#interface fastethernet 0/1　　//进入 Fastethernet0/1 端口配置

SwitchA(config-if)#switch access vlan 10　　//将 Fastethernet0/1 端口加入到 VLAN 10

第三步：把端口 F0/2 放入 VLAN 20 中。

Switch(config)#interface fastethernet 0/2　　//进入 Fastethernet0/2 端口配置

Switch(config-if)#switch access vlan 20　　//将 Fastethernet0/1 端口加入到 VLAN 20

SwitchA(config-if)#end　　//退出到特权模式

第四步：显示 VLAN 配置。

SwitchA#show vlan　　　　//显示 VLAN 配置信息

第五步：检测实验结果

通过命令 ping 测试两台计算机。如果不能通过，说明 PC 属于不同的 VLAN，即不同的

VLAN 之间不能直接通信。

注意事项：

1）默认情况下，交换机的所有端口都属于 VLAN1。该 VLAN 不能被删除。建议在划分 VLAN 前，将 PC 接入交换机的任意端口，并测试其联通性。

2）交换机的所有端口在默认情况下都属于 access 模式，可以直接将端口加入到某一 VLAN。具有 access 模式的端口只能属于一个 VLAN。可以通过 switch mode access/trunk 命令更改端口的模式。

4. 跨交换机的 VLAN 划分实验（本部分内容选做或课外完成）

跨交换机的 VLAN 划分拓扑图如图 D-4 所示。

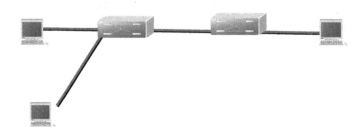

图 D-4　跨交换机的 VLAN 划分拓扑图

第一步：在交换机 A（SwitchA）上建立 VLAN 10、VLAN 20。

SwitchA(config)#vlan 10　　　//创建 VLAN 10

SwitchA(config-vlan)#exit　　//返回到全局模式

SwitchA(config)#vlan 20　　　//创建 VLAN 20

SwitchA(config-vlan)#end　　//返回到特权模式

SwitchA#show vlan　　　　　//显示 VLAN 的配置

第二步：将端口 0/5、0/15C1 分别放入 VLAN10 和 VLAN20。

SwitchA(config)#interface fastethernet 0/5　　//进入接口 F0/5 配置模式

SwitchA(config-if)#switchport access vlan 10　//将 F0/5 分配给 VLAN 10

SwitchA(config-if)#exit

SwitchA(config)#interface fastethernet 0/15　//进入接口 F0/15 配置模式

SwitchA(config-if)#switchport access vlan 20　//将 F0/15 分配给 VLAN 20

SwitchA(config-if)#exit

第三步：把交换机 SwitchA 与 SwitchB 连接的 0/24 接口做成 trunk 模式。

SwitchA(config)#interface fastethernet 0/24　//进入接口 0/24 配置

SwitchA(config-if)#switchport mode trunk　　//配置 Trunk

SwitchA(config-if)#end　　　　　　　　　//退出到特权模式

第四步：显示 VLAN 配置和 Trunk 配置。

SwitchA #show vlan　　　　　　　　//显示 VLAN 配置信息

SwitchA #show interface fastethernet 0/24 switchport

或

SwitchA #show interface fastethernet 0/24 trunk

第五步：返回到 RCMS，选择 S2，并登录到交换机 B。

操作方式同第一步。注意，交换机改名为 SwitchB。

第六步：在交换机 Switch B 上建立 VLAN 10。

SwitchB(config)#vlan 10

SwitchB(config-vlan)#exit

第七步：把端口 0/5 放入 VLAN 10 中。

SwitchB(config)#interface fastethernet 0/5   //进入接口 F0/5 配置模式

SwitchB(config-if)#switch access vlan 10   //将 F0/5 分配给 VLAN 10

SwitchB(config-if)#exit

第八步：把交换机 SwitchB 与 SwitchA 连接的 0/24 接口做成 trunk 模式。

SwitchB(config)#interface fastethernet 0/24   //进入接口 0/24 配置

SwitchB(config-if)#switchport mode trunk   //配置 Trunk

SwitchB(config-if)#end   //退出到特权模式

第九步：显示 VLAN 配置和 Trunk 配置。

SwitchB #show vlan   //显示 VLAN 配置信息

SwitchB #show interface fastethernet 0/24 switchport

或

SwitchB #show interface fastethernet 0/24 trunk

第十步：检测与实验结果分析。

通过 ping 测试配置结果：PC1 和 PC3 属于同一个 VLAN，可以直接通信；PC2 和 PC1 或 PC3 不能直接通信。

注意事项：

Trunk 端口在默认模式下支持所有 VLAN 的传输，即 Trunk 模式的端口可以属于多个 VLAN。

附录 E　路由协议基本配置

一、实验目的

1. 掌握路由器的静态路由基本配置。

2. 掌握 RIP 和 OSPF 基本配置，选用实际设备进行配置的读者只配置 RIP 即可。

二、实验环境

1. 4 人一组，每组配运行 Windows 2008 Server、Windows XP、Windows 7 操作系统的 PC 两台，装有 Cisco 公司提供的 PacketTracer 版本 5.2.1。

2. 每组路由器两台，配置线两根，双绞线若干。

三、实验拓扑图

路由实验拓扑图如图 E-1 所示。

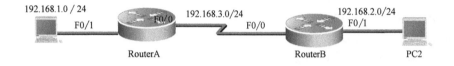

图 E-1　路由实验拓扑图

四、实验步骤

1. 登录路由器 RouterA 与 RouterB

2. 静态路由配置

（1）配置路由器 RA 接口 IP

Ruijie>enable　　　　　　　　//进入特权模式

Ruijie#configure terminal　　　　//进入全局配置模式

Ruijie（config）#interface fastethernet 0/1　　//进入 fastethernet 0/1 配置 IP 地址

Ruijie（config-if-FastEthernet 0/1）#ip address 192. 168. 1. 254 255. 255. 255. 0

Ruijie（config-if-FastEthernet 0/1）#exit

Ruijie（config）#interface fastethernet 0/0　　//进入 fastethernet 0/0 配置 IP 地址

Ruijie（config-if-FastEthernet 0/0）#ip address 192. 168. 3. 1 255. 255. 255. 0

Ruijie（config-if-FastEthernet 0/0）#exit

（2）配置路由器 RB 接口 IP

Ruijie>enable

Ruijie#configure terminal

Ruijie（config）#interface fastethernet 0/1　　//进入 fastethernet 0/1 配置 IP 地址

Ruijie（config-if-FastEthernet 0/1）#ip address 192. 168. 2. 254 255. 255. 255. 0

Ruijie（config-if-FastEthernet 0/1）#exit

Ruijie（config）#interface fastethernet 0/0　　//进入 fastethernet 0/0 配置 IP 地址

Ruijie（config-if-FastEthernet 0/0）#ip address 192. 168. 3. 2 255. 255. 255. 0

Ruijie（config-if-FastEthernet 0/0）#exit

（3）配置路由器 RA 静态路由

Ruijie（config）#ip route 192. 168. 2. 0 255. 255. 255. 0 192. 168. 3. 2

//目的地址是 192. 168. 2. 0/24 的数据包，转发给 192. 168. 3. 2

（4）配置路由器 RB 静态路由

Ruijie（config）#ip route 192. 168. 1. 0 255. 255. 255. 0 192. 168. 3. 1

//目的地址是 192. 168. 1. 0/24 的数据包，转发给 192. 168. 3. 1

（5）配置验证

1）在内网计算机上 ping 对端内网的地址，若能 ping 通，代表静态路由配置正确。

选择"开始→运行"命令，在打开的对话框中输入 cmd，按 Enter 键后输入 ping x.x.x.x（x.x.x.x 是对端内网的地址）。

2）使用命令 Ruijie#show ip route 查看路由。

举例：

Ruijie#show ip route

Codes：C-connected，S-static，R-RIP，B-BGP

O-OSPF，IA-OSPF inter area

N1-OSPF NSSA external type 1，N2-OSPF NSSA external type 2

E1-OSPF external type 1，E2-OSPF external type 2

i-IS-IS，su-IS-IS summary，L1-IS-IS level-1，L2-IS-IS level-2

ia-IS-IS inter area，* -candidate default

Gateway of last resort is no set

S　　192.168.2.0/24 ［1/0］ via 192.168.3.2

C　　192.168.3.0/24 is directly connected，FastEthernet 0/0

C　　192.168.3.1/32 is local host.

C　　192.168.1.0/24 is directly connected，FastEthernet 0/1

C　　192.168.1.254/32 is local host.

3. RIP 路由配置

RIP 路由的拓扑与路由器及主机的配置与静态路由相同，只需要修改路由器的路由配置即可。

（1）在路由器 RouterA 上配置动态路由

RouterA（config）# router rip　　　　//创建 RIP 路由进程

RouterA（config-router）#network 192.168.1.0

//定义关联网络 192.168.1.0（必须是直联的网络地址）

RouterA（config-router）#network 192.168.3.0

//定义关联网络 192.168.3.0（必须是直联的网络地址）

（2）在路由器 RouterB 上配置动态路由

RouterB（config）# router rip　　　　//创建 RIP 路由进程

RouterB（config-router）#network 192.168.2.0

//定义关联网络 192.168.2.0（必须是直联的网络地址）

RouterB（config-router）#network 192.168.3.0

//定义关联网络 192.168.3.0（必须是直联的网络地址）

（3）验证 RouterA、RouterB 上的路由

RouterA（config）#exit

RouterA#show ip route

RouterA#show running-config   //显示路由器 RouterA 上的全部配置

RouterB（config）#exit

RouterB#show ip route

RouterB#show running-config   //显示路由器 RouterB 上的全部配置

4. 测试网络的联通性

在内网计算机上 ping 对端内网的地址，若能 ping 通，代表 RIP 路由配置正确。在内网计算机上 ping 对端内网的地址，若能 ping 通，代表静态路由配置正确。

参 考 文 献

[1] TANENBAUM A S. Computer Networks［M］. 4th ed. Upper Saddle River：Prentice-Hall, 2003.

[2] STALLINGS W. Data & Computer Communications［M］. 7th ed. Upper Saddle River：Prentice-Hall, 2004.

[3] 谢希仁. 计算机网络［M］. 7 版. 北京：电子工业出版社, 2017.

[4] 吴黎兵. 计算机网络实验教程［M］. 北京：机械工业出版社, 2011.

[5] 徐格，吴建平，徐明伟. 高等计算机网络：体系结构、协议机制、算法设计与路由器技术［M］. 2 版. 北京：机械工业出版社, 2009.

[6] 吴功宜. 计算机网络［M］. 3 版. 北京：清华大学出版社, 2011.

[7] 史忠植. 高级计算机网络［M］. 北京：电子工业出版社, 2002.

[8] KUROSE J F, ROSS K W. 计算机网络：自顶向下方法　第 7 版［M］. 陈鸣，译. 北京：机械工业出版社, 2018.

[9] 张世勇. 交换机与路由器配置实验教程［M］. 北京：机械工业出版社, 2017.

[10] 张曾科. 计算机网络与通信［M］. 北京：机械工业出版社, 2016.

[11] 许骏. Internet 应用教程［M］. 北京：科学出版社, 2003.

[12] 汪涛. 无线网络技术导论［M］. 北京：清华大学出版社, 2008.

[13] 郭诠水. 全新计算机网络技术教程［M］. 北京：北京希望电子出版社, 2002.

[14] 陈向阳，谈宏华，巨修练. 计算机网络与通信［M］. 北京：清华大学出版社, 2005.

[15] 廉飞宇. 计算机网络与通信［M］. 2 版. 北京：电子工业出版社, 2006.

[16] 陈代武. 计算机网络技术［M］. 北京：北京大学出版社, 2008.

[17] 赵艳玲. 计算机网络技术案例教程［M］. 北京：北京大学出版社, 2008.

[18] 刘钢. 计算机网络基础与实训［M］. 北京：高等教育出版社, 2004.